KB145698

내일의 경제

내일의 경제

복잡계 과학이 다시 만드는 경제학의 미래

FORECAST

WHAT PHYSICS, METEOROLOGY, AND THE NATURAL SCIENCES CAN TEACH US ABOUT ECONOMICS

마크 뷰캐넌 이효석 정형채 옮김

사이언스북스
SCIENCE BOOKS

케이트에게

영국 역사학자 에드워드 핼릿 카(Edward Hallett Carr, 1892~1982
년)가 한때 말했듯이, 역사에서 혁명만큼 흥미를 불러일으키는 것
은 없다. 그리고 세계 경제 위기만큼, 금융 시장과 경제생활의 기묘
한 격변의 이면에 무엇이 있는지 폭넓은 관심을 유발하는 것도 없
다. 2007~2008년 금융 위기가 시작된 이래로, 나는 이 주제에 관
한 20~30권의 책을 읽었다. 그 책들, 예를 들면 마이클 루이스
(Michael Lewis, 1960년~)의 『빅 숏(*The Big Short*)』과 존 랜체스터(John
Lanchester, 1962년~)의 『웁스!(*Whoops!*)』, 질리언 테트(Gillian Tett)의
『풀스 골드(*Fool's Gold*)』 같은 책들은 한편으로 몹시 짜증나기도 했지
만, 재미있었고 아주 유익했다. 이 책들 모두 세계 금융 시스템의 성
격에 대해, 그리고 최근에 금융 시스템이 어떻게 바뀌었는지, 경제 위
기 이전 10년 동안의 다양한 인센티브(또는 효과 없는 인센티브)가 어

떻게 국가들 및 금융 기관, 개인에게 엄청난 위험을 떠안게 했는지 탐구한다. 또한 경제 위기가 마침내 모습을 드러내기 바로 전날까지 재앙이 다가오는 것을 거의 모든 사람이 보지 못하게 한 심리적, 제도적 요인들을 조사했다.

이 모든 책에서 나는 한 가지가 빠졌다고 느꼈다. 바로 경제학적 사고의 특이한 개념에 대한 조사, 즉 현대 경제 이론의 아이디어가 풍기는 분위기에 대한 조사이다. 그 특이한 개념은 시장의 자기 규제적인 성격과 "평형"이 되려는 경향 때문에, (400년 동안 거의 계속적으로 세상을 떠들썩하게 만든) 경제와 금융 위기, 혼란의 역사가 우리 시대에 기적적으로 끝나게 되었다고 사람들로 하여금 믿게 만들었다. 나는 그 차이를 메우기 위해, 그리고 또한 경제 시스템의 좀 더 현실적이고 자연스러운 이해를 위한 건설적인 아이디어를 탐색하고자 이 책을 썼다.

오늘날 경제 이론은 매우 수학적이며, 경제학자들이 (때로) 물리학이나 다른 자연 과학과 똑같은 특권과 확실성을 경제학에도 주기 위해 수학을 사용한다는 비난, 즉 "물리학에 대한 선망(physics envy)"을 가지고 있다는 비난을 받는다. 나는 여기에 오해를 불러일으킬 소지가 있다고 생각한다. 경제 이론학자들이 물리학을 모방하려 했다 해도, 오직 잘못되고 왜곡된 관점에서만 그렇게 했다고 나는 주장할 것이다. 이 책은 물리학에 있는 몇몇 아이디어와 개념을 더 정확하게 사용하는 것이 어떻게 보다 자연적인 기반 위에서 우리가 경제와 금융을 이해하는 데 큰 도움이 될 수 있는지 점검한다. 확실히 그런 물리학 개념은, 시장이 어쨌든 본질적으로 안정되고 자기 규제를 한다는 위험한 관점을 바로 잡는 데 도움을 줄 수 있다.

많은 과학자가 이 책에 있는 아이디어를 개선하는 데 도움을 주었다. 그들의 이름은 책의 뒤편 감사의 글에 실어 두었다.

2012년 11월 9일
영국, 런던
마크 뷰캐넌

차 례

서문 7

평형이라는 환상

경제학은 평화로운 시대를 위한 학문이다. 그래서 어떻게 비정상적인 것이 정상적인 것에서 생겨날 수 있는지와 그 다음에 무슨 일이 일어날지 전혀 이해하지 못한다. 경제 전문가들은 폭풍우를 이해하지 못하는 기상 예보관과 같다.

— 윌리엄 니콜라스 허턴(William Nicolas Hutton, 1950년~),

언론인, 《옵저버》, 런던

나는 물리학자는 인류의 피터팬이라고 생각한다. 그들은 결코 어른이 되지 못한 채, 자신의 호기심을 유지한다.

— 이지도어 아이작 라비(Isidor Isaac Rabi, 1898~1988년), 물리학자

미국 중서부의 대평야에 걸쳐서 퍼져 있는 많은 도시처럼 캔자스

주에 있는 오버랜드 파크에서는 극한의 날씨가 낯설지 않다. 로키 산맥을 넘어온 차가운 공기판 아래로, 매년 봄과 초여름에 멕시코 만에서 올라온 덥고 습한 공기가 파고든다. 통상적으로 사람들이 아는 "더운 공기는 위로 올라간다."라는 지극히 평범한 구절이 여기 적용된다. 중력 차이로 더운(가벼운) 공기가 차가운(무거운) 공기층을 뚫고 10마일 높이까지 올라간다. 이것이 대기를 난폭하게 요리하는 첫 번째 재료이다. 두 번째는 서쪽에서 북쪽으로 부는 지상풍인데, 이 바람은 이제 막 시작한 폭풍의 원형을 회전문처럼 돌게 한다. 그래서 몇십억 톤의 덥고 습한 공기를 불안정하게 회전하는 폭풍에 섞어 놓는다. 그 결과 지름이 1마일에 이르고 시간당 400마일의 속도로 바람이 부는 강력한 회오리가 발생할, 거의 완벽한 조건이 만들어진다.

대다수의 사람들에게 회오리는 자연스럽지 않으며 비정상적이고 별난 현상처럼 보인다. 그렇지만 캔자스 주만 해도 매년 수백 개의 회오리를 볼 수 있으며, 그 회오리는 완전히 평범한 대기 운동 과정에서 발생한다. 넓게 말하면 그것은 대기에서 그냥 일어나는 현상의 일부분이다. 즉 일상적인 사건이 또 다른 사건 위에 생긴 다음, 그 위에 또 다른 사건이 생겨서 예사롭던 회색 하늘이 난폭하고 잊지 못할 회오리가 된다. 전문 용어로 과학자들이 "양의 되먹임(positive feedback)"이라고 부르는 현상이 대기 운동에서 쉽게 발생해, 우리 인간들이 상상하기 힘든 결과가 자주 나타나는 것이라고 정리할 수 있다.

아마 여러분은 다른 곳에서 이 용어를 들었을 것이다. 양의 되먹임은 과학에서 오래 지속된 개념으로, 주어진 시스템에서 생긴 작은 변동을 점점 더 커지게 하는 과정을 말한다. 양의 되먹임은 지구 온난화에 대한 논의에서 흔히 언급된다. 녹고 있는 빙하는 얼음을 바닷물로 만들어서, 대기 속으로 반사하는 햇빛을 줄인다. 그 과정은 지구 온난화를 가속시킬 수 있다. 양의 되먹임은 심리학과 생물학, 전자 공학, 물리학, 컴퓨터 공학과 더불어 다른 많은 학문에서도 생긴다. 우리 중 상당수는 양의 되먹임의 개념을 인정하지만 그 결과로 일어날 수 있는 일들을 추정하면 두려워진다.

1,000달러(약 100만 원)를 갖고, 매년 10퍼센트의 이율로 이자를 주는 금융 상품에 투자한다고 하자. 복리로 투자해 30년 동안 가지고 있다면 30년 후에 얼마가 되겠는가? 글쎄 1,000달러의 10퍼센트는 100달러니까, 여러분은 그 금액이 매년 100달러 정도씩 증가해야만 한다고 생각할 수도 있다. 그렇게 해서 30년이면 3,000달러 정도 이자를 받아, 총 4,000달러가 된다. 물론 금액이 늘어나면서 여러분은 늘어나는 돈에 대한 10퍼센트의 이자를 받을 것이라서, 4,000달러보다 좀 더 많은 금액을 기대할 것이다. 아마도 계산기 없이, 여러분은 5,000달러나 6,000달러로 짐작하지 않을까? 1만 달러(약 1,000만 원)도 가능할 수 있다고 생각하면서 벌써 희망에 부풀기 시작할 수도 있다. 하지만 인간의 직관은 수학과 대적이 안 된다. 30년 후의 실제 금액은 2만 달러를 약간 넘는다. 그 금액은 스스로를 키워서, 어느 누가 기대할 수 있는 것보다 더 빠르게 늘어난다.

여기에는 돈에 관한 배움, 그 이상의 것이 있다. 그것은 인간 사고에 대해, 그리고 왜 세상이 그렇게 자주 우리를 놀라게 하는지에 대해 배우게 한다.

우리 인간은 양의 되먹임이 가져올 가능한 결과를 잘 상상하지 못한다. 종이 1장을 꺼내서 접어 보자. 그런 다음 그 접힌 종이를 또 접고, 이렇게 30번을 해 보자. 사실 시간을 낭비할 필요도 없다. 여러분은 실제로 그것을 할 수 없다는 것을 알게 될 텐데, 그런 식으로 종이를 접을 수 있다면 두께가 70마일이 될 것이기 때문이다. 친구에게 오늘 사과 1개를 달라고 하고, 내일은 2개를, 셋째 날은 4개를 달라고 하면서, 매일 2배씩 늘려 1개월(31일) 동안 계속해 보자. 마지막 날에는 2조 개의 사과를 받을 것이기 때문에 큰 창고를 빌리는 것이 좋다. 이것이 양의 되먹임이 지닌 힘이다. 즉 각 단계는 일을 더 크게 만들 뿐만 아니라, 커지는 값 자체를 증가시켜, 우리 기대를 훨씬 뛰어넘는 결과를 낳는 방식으로 일이 커지도록 가속시킨다.

양의 되먹임은 어떤 형태로든 우리 세상을 풍부하고 놀랍고, 변화무쌍하고, 활기 넘치고 예측할 수 없게 만드는, 거의 모든 것의 배후에 있기 때문에, 우리가 생각하는 것보다 훨씬 더 중요하다. 그것은 씨가 싹이 터서 나무로 자라게 하며, 성냥이 타오르게 하고, 세포 1개를 분열시켜 생명력을 지닌 생각하는 인간으로 증식하게 한다. 그것은 정치 혁명과 새로운 종교를 일으키며, 완벽하게 평화로운 파란 하늘에 경고도 거의 없이 캔자스의 그 회오리를 만드는 폭풍처럼 무서울 정도로 난폭한 폭풍이 생기게 한다. 우리의 뇌는 이 모든 것에 대한 직관이 부족하다. 기상학 등 거의 모든 과학에서, 양의 되먹임이 아니라면 달리 예상조차 할 수 없는 사건들을 일으키는 데 양의 되먹임이 어떻게 그리고 왜 결정적인 역할을 하는지 알아내기까지 수 년이 걸렸다. 그렇지만 이런 영역 밖의 분야에서는 양의 되먹임의 강력한 역할에 대해 충분한 인식이 이루어지지 않아 여전히 진전을 이루지 못하고 있다. 이것은 여러 학문 중 사회 과학, 특히 경제학과 금융 분야에서 그 정도가 가장 심하다. 예를 들어 2010년 5월 6일에 일어났던 일을 생각해 보자.

4분 동안의 대혼란

캔자스의 오버랜드 파크는 회오리가 자주 생기는 지역일 뿐만 아니라, 워델 앤드 리드 파이낸셜(Waddell and Reed Financial, Inc)이라는 중요한 투자 회사의 본거지이기도 하다. 금융업자였던 캐머런 리드(Cameron K. Reed)와 천시 워델(Chauncey L. Waddell, 1896~1984년)이 1937년에 소자본으로 설립한 이 회사는 한 상가 사무실에서 시작했지만, 오늘날 총 600억 달러가 넘는 펀드를 운용할 정도로 성장했다. 비록 유명하지는 않지만 이 회사가 내린 투자 결정이 양의 되먹임의 도움을 받는다면 충분히 전 세계 경제의 안정성을 위협할 만큼 거대한 힘을 지녔다. 5분도 안 되는 시간에 말이다.

2010년 봄, 워델 앤드 리드가 운용하는 뮤추얼 펀드(mutual fund)는 가장 많이 거래되는 주가 지수 선물 중 하나인 스탠더드 앤드 푸어스(Standard & Poor's, S&P) 사의 주가 지수 선물 계약에 집중 투자했다. 그러한 선물 계약을 산다는 것은 S&P 500을 지금은 아니지만 미래의 어떤 정해진 날짜에 사기로 한다는 것을 의미한다. 하지만 미래에 얼마에 살 것인가 하는 가격은 지금 정해져 있다. 선물 계약은 가장 단순한 "파생" 금융 상품 중 하나이며, 그 상품의 가치는 다른 것(이 경우는 S&P 500)의 가치에서 "파생"된다. S&P 500의 주가 지수의 가치가 높아지면, 이 주가 지수의 미래 가치에 대한 기대 값이 커져서, 선물의 가치도 높아진다. 워델 앤드 리드는 자신의 다른 투자와 균형을 맞추기 위한 헤지(hedge)로 선물에 깊이 관여하고 있었다. 그들의 전략은 5월의 어느 이른 아침, 그리스 재무부가 자국의 채무 수준이 유럽 중앙은행(ECB)이 정한 한계를 훨씬 초과했다고 인정할 때까지는 견실해 보였다. 갑자기 유럽 은행가와 국제 은행가들이 그리스의 채무 불이행을 막기 위한 방법을 찾으려고 만났을 때, 유럽 통화 연합의 미래에 의문이 일었다. 투자가들은 근심에 휩싸였다. 5월 6일에 주식 시장이 열린 시간부터 정오까지 다우존스 지수는 2.5퍼센트 떨어졌다.

오후 2시 32분에 유럽의 문제가 미국까지 퍼지는 것을 걱정한 워델 앤드 리드 사는 바클레이스 은행의 중개인에게 선물 시장에서 빠져나오라고 요청했다. 컴퓨터 프로그램을 사용해 거래를 하는 그 중개인은 소위 E-mini S&P 500 주가 지수 선물에 41억 달러(약 4조 2800억 원)어치를 매도하려 했다. 매물이 많아지면 가격이 떨어질 수 있으므로, 그 프로그램은 한 번에 조금씩, 여러 번에 걸쳐 하루 동안 파는 식으로 매우 조심스럽게 작동하도록 설정되어 있었다. 한 10분 동안, 상황은 매끄럽게 돌아갔다. 하지만 오후 2시 41분에 무엇인가가 연쇄적인 사건을 폭발적으로 불러일으키기 시작했다. 컴퓨터로 1초에 수천 건의 거래를 하는 초단타 매매자가 워델 앤드 리드 사가 선물을 파는 대로 사고 있었다. 이 중 많은 매매자는 "시장 조성자"로서 돈을 번다. 즉 그들의 컴퓨터는 어느 순간에도 사거나 팔 준비를 하고 대기하고 있다가, 그들이 정해 놓은 가격보다 싸면 사고 비싸면 팔아서, 얼마 안 되는 시세 차이로 이익을 낸다. 그런데 그날 이 프로그램은 너무 많은 선물을 매입하게 되었다. 거래 자료에 따르면 원한 것보다 더 많이 매입한 것처럼 보였다. 오후 2시 41분에 이 프로그램 중 하나가 시장 조성에서 빠져나오기로 결정하고 공격적으로 팔기 시작했고, 이 행위는 선물 가격을 수직 하락하게 만들었다.

이제 이 선물 거래에 관여하던 완전히 자동화된 프로그램이 만들어 내는 양의 되먹임은 E-mini 선물의 가치를 단 4분 만에 3퍼센트 이상 깎아 내리는 결과를 가져왔다. 하지만 이것은 앞으로 펼쳐질 드라마의 1막일 뿐이었다.

선물 시장에서의 이 소동은 주식 시장 자체의 내부 붕괴라는 2막을 불러왔다. 주식 거래인들은 곧 선물 가격의 급격한 폭락을 알아채고, 이 싼 선물을 사서 이익을 내기 위해 뛰어들었으며, 그러기 위해 이에 맞먹는 양의 주식을 팔았다.[1] 사실상 5개월 후의 S&P 500은 지금의 지수 가격보다 매우 낮아질 수도 있다. 하지만 그 기간에 걸쳐 지수가 심하게 오르거나 떨어질 특별한 이유가 없다고 생각하며, 투자자들은 선물을 매입하기 위해 주식을 내다 팔았다. 몇 분 만에 엄청난 거래량이 발생했다. 그래서 뉴욕 증권 거래소(NYSE) 등 여러 증권 거래소에서 컴퓨터 거래를 막는 자동 보호 규정이 발동되었다. 매물을 사려는 사람을 찾을 수 없었고 주가는 자유 낙하했다. 프록터 앤드 갬블(P&G)의 블루칩 주식은 3분 30초 만에 시가의 3분의 1을 잃었다. 엑센츄어(accenture) 주식은 주당 1페니 아래까지 떨어졌다. 모두 합쳐 다우존스 평균 지수는 몇 분 만에 그 가치의 9.2퍼센트를 잃었다. 짧은 시간에 이루어진 변동으로는 최대 낙폭이었다.

잠시 후 시장은 떨어질 때와 거의 같은 속도로 회복되었다. 그날 다우존스 지수와 대부분 회사의 주식은 시작했을 때의 값과 몇 퍼센트 차이가 나지 않는 상태로 되돌아와 마감되었다. 주식 가격은 다시 올라가 이전의 상태를 회복하기 전에, 제트기처럼 대단히 파괴적인 난기류 속으로 들어가서 무시무시한 죽음의 소용돌이로 수천 피트 급강하한 것 같았다.

무슨 일이 벌어진 것일까? 이런 "플래쉬 크래쉬(flash crash, 급격한 주가 폭락 사태)" 이후의 몇 주 동안, 대중들의 추측은 컴퓨터 오작동이나 아마도 (주식 거래인이 자판키를 잘못 눌러서 잘못된 거래를 시작했다는) "살찐 손가락(fat finger)"이 원인일 것이라는 쪽으로 쏠렸다. CNBC 웹사이트의 기사는 어떤 사람이 P&G 주식을 거래할 때 100만(million)의 m을 치려다가 10억(billion)의 b를 잘못 쳤다는 소문을 보도했다. (한 블로거가 b와 m 사이에 있는 n을 건드리지 않고서 m을 놓치고 b를 치다니, 그 손가락은 매우 뚱뚱하고 이상한 모양이었음이 틀림없다고 지적했을지라도 말이다.) 다른 사람들은 어떤 유력한 금융 천재가 컴퓨터를 사용하는 거래자들이 그 크래쉬를 일으키도록 꾀어, 자신의 이익을 내기 위해서 시장을 조작했다고 우려했다.

그 이후 5개월에 걸쳐 미국 증권 거래 위원회(SEC)가 조사했지만 이러한 추측을 뒷받침할 어떤 증거도 찾지 못했다. SEC가 그 하루 동안 많은 시장에서의 거래를 세세하게 보여 주는 산더미 같은 자료를 샅샅이 살펴본 후에 찾아낸 것은 워델 앤드 리드 사의 거래가 이 혼란의 주요 시발점이었고, 그 다음 상황은 이 혼란 자체의 에너지로 번져 나갔다는 것이다. 「2010년 5월 6일에 주식 시장에서 일어난 사건에 관한 결론」이라고 제목이 붙은, 이 사건에 대한 미국 증권 거래 위원회-미국 상품 선물 거래 위원회(CFTC)의 최종 보고서[2]는 매우 복잡한 일련의 사건들을 기록한다. 하지만 양의 되먹임 측면에서 보면 개념적으로 상당히 단순하게 요약이 되는 사건이다. 2~3개의 주요 단계를 거치며, 모든 양의 되먹임처럼 결국 어느 누구도 예상하지 못한 상상 이상의 결과에 이른 것이다.

하지만 아마도 SEC-CFTC 보고서에서 가장 흥미로운 점은 "되먹임"이나 "불안정성"이라는 말을 절대 사용하지 않았고, 대기 중 폭풍이나 어떤 종류의 자기 강화 현상과도 유사점을 밝히지 않았다는 것이다. 진수성찬을 묘사하며 향이나 질감, 색을 언급하지 않는 음식 비평가처럼, SEC 보고서는 기본 아이디어를 결코 언급하지 않고 시장을 관통하는 양의 되먹임을 설명하려 애쓴다. 이런 설명은 시장 등의 경제 시스템에 대해 왜곡되어 있는, 기존의 사고방식 대부분이 갖는 두드러진 약점을 말해 준다.

SEC 보고서가 양의 되먹임이라는 자연스러운 말을 사용하지 않은 데는 두 가지 이유가 있다. 첫째, 그렇게 하면 이 사건이 흔치 않은 예외적인 사건이라고 주장할 수 없다. 즉 다시 일어날 가능성이 없는 단 한번의 기이한 사건이라고 말하면서, 동요하는 투자자들을 안심시키려는 보고서의 주된 목표를 손상시킬 것이다. (SEC 보고서가 나온 후에 약간 작은 규모지만 플래쉬 크래쉬가 또 있었다. 예를 하나 들면 2012년 3월 23일 거대 컴퓨터 회사인 애플 사의 주가가 5분 만에 9퍼센트 떨어졌다. 그 회사의 주식 가격은 그날 시장 마감 전에 상당히 회복되었다.) 투자자들은 사악한 범죄자가 그 모든 것을 지휘해 수백만 달러를 벌어들였지만, 결국은 누군지 밝혀져 체포되었다는 말을 듣고 싶어 한다. 적어도 동시에 일어날 것 같지 않은 여러 음모가 큰 거래와 우연히 일치해 이번 사건이 발생했다고 듣고 싶어 한다. 그래서 문제는 이제 해결되었다고 말하고 싶어 한다. 자연적인 되먹임과 불안정성에 관해 이야기하고 어떻게 그 사건이 시장에서 흔히 있는 일에서 발생했는지를 설명하는 것이 진실에 훨씬 더 가깝겠지만 그것이 사람들을 안심시킬 가능성은 높지 않다.

금융 관련 기자들 대부분은 이 관점에 동조했다. 그들은 워델 앤드 리드 사의 큰 거래가 그 크래쉬를 일으켰으며 약간 애매한 방식으로 크래쉬의 원인이 되었다고 충실히 보도했지만, 어떻게 그렇게 되었는지에 대해서는 설명하지 않았다. 《뉴욕 타임스》가 보도[3]한 것처럼 41억 달러짜리 단독 거래가 5월에 "플래쉬 크래쉬"를 일으켰다.

SEC 보고서가 양의 되먹임을 언급하지 못한 이유는 좀 더 근본적이고, 따라서 길게 봤을 때는 더 큰 중요성을 가지고 있다. 일반적으로 경제는, 특히 금융은 오랫동안 균형과 평형의 개념에 기초해 있었다. 즉 대부분의 경제와, 특히 금융 시장은 균형 상태 쪽으로 자연스럽게 가는 경향이 있다는 발상을 바탕에 깔고 있었다. 사람들은 어떤 동요나 충격도 그 시스템이 균형을 잡도록 되돌려 놓는 힘(음의 되먹임)을 자극할 것이라고 생각했다. 음의 되먹임은 컵 속의 물을 휘저었을 때 다시 잔잔해지게 하는 것이다. 초기에 힘을 가해, 잔잔한 형태의 균형을 깨뜨려도, 힘을 더 이상 가하지 않으면, 물의 흐름이 느려지면서 다시 잔잔함을 되찾는 것과 같다. 경제학자들은 시장도 마찬가지라고 주장한다. 길게 돌고 도는 길을 따라가 보면, 그 발상은

시장에 관여하는 사람들의 모순되면서 전형적으로 이기적인 동기에
도 불구하고 시장을 좋은 결과로 이끈다고 알려져 있는 애덤 스미스
(Adam Smith, 1723~1790년)의 보이지 않은 손으로 돌아간다. 양의 되
먹임은 경제 사건에 대한 잠재적인 설명에서 거의 고려되지 않는다.

플래쉬 크래쉬에 관한 SEC 보고서는, 그 사건에 관해 얘기할 때
자연스러운 말을 쓰지 않는다. 양의 되먹임 개념을 사용한 자연스러
운 설명은 주류 경제 사상의 핵심 개념, 특히 최근 수십 년에 걸쳐 형
성된 주류 경제 사상에 반하기 때문이다.

대신에 이 보고서는 매우 다른 접근 방식을 따르면서, 실제로는 전
혀 설명하려 하지 않는다. 보고서는 어떻게 한 사건이 다음 사건의 원
인이 되었는지 설명하며 워델 앤드 리드 사의 거래가 그럴듯한 연쇄
사건을 통해 플래쉬 크래쉬를 일으켰다는 것을 기록할 뿐이다. 그들
은 왜 그렇게 폭발적으로 연속적인 사건들이 그 특정한 날에 가능했
는지, 가끔은 일어날 수도 있는 크기의 거래가 왜 그토록 큰 크래쉬
의 발단이 되었는지, 훨씬 더 심각한 결과를 가져올 수도 있는 크래쉬
가 다시 일어날 가능성이 없다고 생각해야 하는 이유가 무엇인지는
한번도 묻지 않았다. 만약 그 거래가 두어 시간 뒤에 이루어졌다면,
시장은 1,000포인트 떨어진 채로 그날을 마감해, 전 세계에 비슷한
크래쉬를 촉발했을 수 있었음에도 말이다.

평형에 대한 생각은 대부분의 경제학자들에게 너무 깊이 박혀 있
어서, 그들은 다른 용어를 생각하기를 어려워한다. 표준적인 경제 분
석은 항상 어떤 상황에 관여하는 단체의 목적과, 가능한 여러 행동을
취했을 때 그들의 이익과 손해를 확인하며 시작한다. 그 다음에 경제

학자들은 이 모든 단체들 사이의 경쟁에서 발생한 것으로 추측되는 평형 상태나 균형점의 세부 사항을 수학적으로 계산한다. (수학으로 표현하면 기본적으로 항상 같은 식이 된다.)[4] 거의 모든 경제 정책의 조언은 경제학자들이 어떻게 새롭게 안정된 평형에 빨리 적응할지를 분석한 데에서 따라 나온다. 예를 들면 정부가 세금을 올리거나 이산화탄소 배출 규정을 바꾼다면 예상되는 평형의 성질이 어떻게 바뀌는지, 또는 캔자스에 있는 거래자가 다량의 선물 상품을 팔기 시작하면 금융 시장의 평형 상태는 어떻게 변화할지를 분석한다. 하지만 평형 상태로 돌아가 자리 잡기보다는, 석유로 흠뻑 젖은 헝겊 조각과 흡사한 상태나 본질적으로 폭풍이 몰아치는 혼돈으로 가기 쉬운 여름의 캔자스 대기처럼 시장 상태가 변화하면 어떻게 할 것인가? 경제학자들이 흔히 하는 모든 계산에서는 그것을 설명할 수 있는 것이 전혀 없다.[5]

평형 상태에 대한 믿음은 안정감과 예측 가능성(predictability)을 주며, 자연을 넘어선 인간 논리의 승리를 확신하고 있음을 나타낸다. 평형 상태에 대한 가정은 경제학자들이 세상에서 일어난다고 상상할 수 있는 일의 종류를 확실히 제한한다. 이러한 한계는 왜 SEC가 몇 달 동안 플래쉬 크래쉬를 시장에서 일어난 실수나 살찐 손가락, 컴퓨터 결함에서 나온 예외적이고 비정상적인 뭔가의 결과로 설명하려고 했었는지를 이 한계가 가장 그럴듯하게 설명해 준다. 그 이유는 항상 안정된 평형 상태로 유지되게끔 되어 있는 시장의 평범하고 내부적인 활동에서는 플래쉬 크래쉬가 나올 수 없었기 때문이다.

예외적인 경우만 제외하고는 평형 상태 이론을 적용하면 된다는 것이다. 그런데 이 관점의 가장 곤란한 문제는, 우리가 여기서 이야기한 예외적인 현상이 자주 일어난다는 것이다. 또한 양의 되먹임으로 발생했던 최근의 세계 경제 위기나, 지난 수백 년에 걸쳐 시장과 경제를 덮쳤던 크고 작은 금융 위기에 대해서도 같은 얘기를 할 수 있다. 경제학의 역사는 대체로 양의 되먹임에서 발생한 놀라움의 역사이다. 플래쉬 크래쉬 이후로, 미국 시장은 개별 회사의 주식이 이상하게도 몇 분 만에 1페니 아래로 뚝 떨어졌다가 조금 뒤에 다시 회복하는 "미니 플래쉬 크래쉬"를 수없이 경험했다. 나넥스(Nanex)라는 회사는 모든 종류의 시장 활동에 관한 데이터를 기록했다. 그들의 연구는 지금 이런 종류의 사건들이 시장에서 고질적으로 나타나고 있음을 보여 준다. 예를 들면 2011년의 첫 3개월 동안, 개별 주식이 1초도 안 되는 시간에 약 1퍼센트 이상 떨어지거나 오르다가 나중에 회복되는 당혹스러운 움직임을 139건 볼 수 있다. 나넥스는 그러한 일이 발생한 경우를 2009년에 2,715건, 2010년에 1,818건 찾았다.[6] 2010년 5월 6일에 있었던 크래쉬는 항상 일어나고 있는 비슷한 사건보다 단순히 좀 더 큰 경우였던 것으로 보인다.

그렇다 할지라도 대부분의 경제학자들은 경제 시스템은 본질적으로 안정되고 스스로 조절되며, 항상 균형 상태로 가는 경향이 있어 어떤 **흥미로운 날씨**도 갖지 않는다는 신념을 고집한다.

이 책에서 나는 이것은 마치 중세의 물리학 같은 것으로, 정말 말도 안 되는 현상이라고 말하려 한다. 플래쉬 크래쉬처럼 작은 충격부터 세계 경제 붕괴에 이르기까지 모든 종류의 금융 위기는 정말로 사회 경제 시스템의 폭풍과 매우 흡사하다고 주장할 것이다. 대기 중의 폭풍이 그렇듯이, 이것을 이해하는 데 있어 핵심은 빠르고 놀라운 변화를 초래하는 불안정성과 양의 되먹임을 찾는 것이다. 이러한 양의 되먹임은 모든 시장에서 가장 중요한 요소이다. 그것은 전혀 예외적이지 않다. 양의 되먹임으로 생긴 불안정성은 별의 초신성부터 지구 생태계와 지각 운동에 따른 기후까지, 또 인터넷을 통한 전자의 흐름부터 도시의 성장에 이르기까지 우주에 있는 거의 모든 것에 영향을 미친다. 그러므로 나는 또한 이것이 예외적이라는 생각이 완전히 경악스러운 것이라고 주장할 것이다.

세상에 있는 거의 모든 다른 복잡계와 달리 경제와 시장이 홀로 본질적으로 안정되고 어떤 내부적인 변화무쌍함도 없다는 얼빠진 발상을 극복하기 전에는 결코 경제와 시장을 이해하지 못할 것이다. 이제는 우리가 사회 경제적인 기상에 대해 배우고, 그 폭풍을 분류하며, 폭풍을 예방하는 방법 또는 폭풍이 오는 것에 맞서서 우리 자신을 보호하는 방법을 배우기 시작할 때다. 앞으로 탐구해 나가겠지만, 이것을 하는 데 또는 적어도 괜찮게 착수하기 위해 필요한 개념과 발상은 이미 다른 과학 분야에, 특히 물리학에 존재한다. "금융 물리학"에 대한 발상은 전혀 낯설지 않고 완벽하게 자연스러우며, 아마도 피할 수 없을 것이다.

시장 붕괴

2007년 8월 1일 수요일, 제임스 해리스 사이먼(James Harris Simons, 1938년~)의 메달리온(Medallion) 펀드와 그의 회사인 르네상스 테크놀로지 사는 거래가 시작된 지 처음 몇 시간 동안은 여느 때처럼 돈을 벌고 있었다. 지난해 30억 달러 이상을 긁어모은 사이먼의 헤지펀드(hedge fund)에게 또 다른 좋은 날이 시작되고 있었다. 월 스트리트의 기준에 따르면, 그들은 진짜 위험을 무릅썼고 불안감을 견뎌 냈기 때문에 그런 성과를 얻을 만했다. 메달리온은 작고 일시적인 기회를 찾아내기 위해 수학을 이용하는 똑똑한 사람들에게 의존했으며, 레버리지로 자신의 이익을 확대하기 위해 은행으로부터 많은 돈을 빌렸다. 그것은 실패할 수 없을 듯한 비결이었다. 무엇인가가 굉장히 잘못되어 가고 있었던 바로 그 수요일 오전 10시 45분까지는.

그 다음 45분 동안, 이전에 (지난 몇 달 동안뿐만 아니라 지난 1주 동안) 잘되었던 모든 것이 갑자기 어그러졌다. 1시간도 안 되어서, 그 펀드는 그때까지 벌었던 1년의 모든 이익을 잃었다. 그들이 곧 알게 되었듯, 비슷한 원리로 거래하는 다른 (AQR 자본 운용사와 골드만삭스(Goldman Sachs)가 운용하는 잘 알려진 펀드도 포함한) 헤지펀드도 바로 같은 시간에 믿기 어려울 만큼 많은 돈을 잃고 있었다. 그러다가 그냥 갑작스럽게, 상황은 며칠 동안 정상으로 돌아왔다. 하지만 그 다음 주 월요일, 시장이 오전 8시에 열리고 다시 그런 일이 생겼다. 이번에는 문제가 더 오래 지속되었고 훨씬 더 안 좋았다. 한낮까지 메달리온은 거의 5억 달러를 잃었다.

이 두 짧은 에피소드 동안, 세상에서 가장 정교하고 성공적인 몇 안 되는 헤지펀드가 전례 없는 손실을 입었다. 어떤 회사들은 폐업했고, 다른 회사들은 엄청난 돈을 잃었다. 골드만삭스의 글로벌 주식 펀드(Global Equity Opportunities Fund)는 총 자산 가치의 30퍼센트를 잃었다. 돈을 버는 것보다 더 쉬워 보이는 것이 없었다가, 그 다음에 갑자기 돈을 잃지 않는 것보다 더 어려운 일은 없게 되었다. 무슨 일이 일어닌 것일까?

이 극적인 붕괴는 월 스트리트에 "퀀트 붕괴(quant meltdown)"라고 알려졌고, 그때 일어난 일은 상당히 단순한 것으로 밝혀졌다. 헤지펀드는 자신들의 회사 돈만을 투자하지 않는다. 자신의 위치를 "레버리지(leverage)"시키려고 은행에서 많은 돈을 빌린다. 그래야 자신의 잠재적인 이익을 더 확대할 수 있기 때문이다. 펀드들은 투자자를 끌기 위해 경쟁하며, 한 펀드가 더 많은 레버리지를 사용해 좀 더 높은 수익을 내면, 다른 펀드들도 곧 따라할 수밖에 없다. 그렇게 하지 않으면 투자자들을 잃을 것이기 때문이다. 이 경쟁은 예상하지 못한 결과를 낳았다. 즉 제대로 된 사건에 걸리면, 사나운 금융 폭풍을 유발하는 양의 되먹임의 순환 고리로 그 펀드들을 함께 묶는, 결코 예상치 못한 일이 일어난다.

그 사건은 8월 1일에 일어났다. 정확한 세부 사항은 헤지펀드의 비밀 유지 때문에 알려지지 않은 채로 남아 있지만, 뒤따른 연구에서 실제 일어났을 법한 시나리오가 밝혀진다. 오전 10시 30분경에 (우연하고 순간적인 가격 침체 같은) 무언가가, 적어도 한 헤지펀드가 현금을 만들기 위해 소유하고 있는 약간의 주식을 싸게 팔도록 했다. 이것은 선택의 문제가 아니었다. 즉 헤지펀드에 대출을 해 준 은행들은 그 펀드들이 전체 가치의 특정 비율 아래로 빚을 유지하도록 요구한다. 그래서 헤지펀드의 주식이 가치를 잃을 때, 펀드 회사들은 빚을 줄이기 위해 은행에 마진 콜(margin call)을 하도록 되어 있으며, 바로 이 매도가 주식 가격을 더 떨어뜨리게 할 것이다. 이날 이런 종류의 매도는 차례로 동일한 주식을 소유했던 몇 개의 다른 헤지펀드의 총자산을 낮추었다. 그리고 되먹임 순환이 계속되었다. 이 펀드들은 각각의 마진 콜에 직면해 주식을 팔아 상환했으며, 다시 주식 가격이 내려가는 악순환이 계속되었지만 계약 때문에 거기서 빠져나올 수 없었다.

그 이야기의 골자는 이것이다. 헤지펀드들이 투자자를 끌어들이려 했던 경쟁은 자연스레 레버리지를 증가시켰는데, 그것이 사건 하나가 차례로 폭발적인 연쇄 사건들을 일으킬 수 있는 불안정한 상황 속에 시장을 몰아넣었다. 한번 시작되면, 그 과정은 거의 기계적으로 움직이며, 사람들이 빠져나오기 위해 할 수 있는 것이 많지 않다. 2007년 8월 첫 주에 있었던 마구잡이 시가 변동은, 그것이 연쇄 반응을 촉발할 정도가 되자 두 경우의 큰 가격 변동이 일어나게 된 것이다.

경제학자가 그런 사건들에 익숙하지 않다고 말하는 것은 불공평하다. "유동성 위기"에 대한 경제 문헌은 방대하며, 상황이 좋을 때 어떻게 모든 사람이 불타고 있는 빌딩에서 도망치는 사람들처럼 시장에서 벗어날 수 있는지를 설명한다. 하지만 그런 사건에 대한 일반적인 경제 전망은 평형 상태 용어로 가공되어 있어서 왜, 그리고 어떻게 이런 불안정성이 생기며 자연스럽게 발달하는지, 또는 왜 그것이 터지지 않고 오랫동안 지속될 수 있는지 전혀 설명하지 않는다.

사실 내가 사용하는 설명은 전통적인 경제 연구에는 나오지 않는다. 이 설명은 기상학자가 기상을 모델링하는 방식처럼 은행과 헤지펀드, 투자자들 사이의 자연적인 상호 관계를 따르는 컴퓨터 시뮬레이션으로 이 시장을 모델링하기 위해, 한 경제학자와 함께 일하는 두 물리학자의 노력에서 나왔다. 내가 이러한 방식에 대한 연구를 처음

쓸 때(2009년 8월 《네이처》지에 기고[7]), 《네이처》의 편집자가 이런 종류의 상황을 모델링하는 다른 경제학자들의 연구에 대한 소개를 첨가하라고 나에게 요청했었다. 편집자는 경제학자들이 투자자들 사이의 역동적인 상호 작용을 조사하는 수천 개의 모델을 연구하며, 자료를 가지고 테스트하여, 복잡한 되먹임에 대한 자세한 이론이 있을 것이라고 가정했다. 우리 경제에서 금융 시장이 차지하는 결정적 역할을 감안할 때, 편집자의 가정은 합리적으로 보인다. 그러나 이에 대한 다른 모델은 없었다. 적어도 그러한 것이 때때로 일어날 수도 있다는 것과 레버리지가 그것을 더 잘 일으킬 수 있다는 점을 인정하는 수준 이상의 모델은 없었다.

물론 우리는 천둥 번개를 동반한 폭풍부터 눈비 없는 폭풍과 회오리, 허리케인에 이르기까지 흥미로운 것들을 보여 주는 날씨에 익숙하다. 인간의 평범한 행동에서 나오는 사건들처럼 금융과 경제도 매우 다양한 폭풍을 가지고 있다. 퀀트 붕괴는 비슷한 전략을 사용하는 한 줌의 헤지펀드만을 강타했다. 그것은 보스턴 북쪽 해안을 강타했지만 그 크기가 몇 마일되지 않는, 지역적이며 강력한 폭풍에 비유될 수 있다. 플래쉬 크래쉬는 주식과 주식 선물 시장을 강타했지만 오직 몇 분 동안만 지속되었으며, 시장은 다시 회복되었다. 그것은 마치 짧지만 강력한 대기 난류가 터져 나온 것 같았다. 그리고 서브프라임 재앙과 그것이 초래한 세계 경제 위기는 대단히 강력한 허리케인이 수 년 동안 힘을 얻어 강화되면서 육지에 접근하고 있었던 것과 비슷해 보인다. 허리케인이 힘을 축적하는 수 년 동안 (오직 잔잔한 푸른 하늘에 대한 이론만을 다루는 금융 날씨 교과서를 보던) 경제학자들은 모든 것이 잘 돌아가고 있다고 주장했다.

발상에 대한 분위기

욕심 많은 은행가들이 최근의 금융 경제 위기 때문에 많은 비난을 받았는데, 나는 개인적으로 그들이 비난을 받을 만했다고 생각한다. 그 위기와 근원, 여파에 관해 폭넓게 읽어 보라. 그러면 욕심의 핵과 낱낱이 보이는 오랜 부패를 보지 않기 어렵다. 국제 투명성 기구는 매년 각 나라의 부패 정도를 수치화해 순위를 매기고 있다. 2000년에 미국은 14위였다. 2010년 기준으로 미국은 22위로 떨어졌다. 여러분은 순위가 왜 떨어졌는지 이해할 수 있을 것이다. 골드만삭스와 J.P. 모건이 방대한 규모로 법을 무시했지만, 이 기관이나 다른 어떤 큰 은행에서 일하는 단 한 사람도 감옥에 가지 않았다. 《롤링스톤》지의 매트 타이비(Matthew C. Taibbi, 1970년~)가 이것에 대해 가장 유창하게 말했다.

아무도 감옥에 가지 않는다. 이것이 금융 위기 시대의 주문이다. 그 주문은 월가에 있는 사실상 모든 대형 은행과 금융 회사가 수백만 명을 빈곤에 빠뜨리고 세계의 수천 억 달러, 아니 사실 수조 달러어치 부를 집단적으로 파괴하는 것을 보았다. 그러고도 아무도 감옥에 가지 않는다. 아무도. 부유하고 유명한 다른 사람들을 피해자로 만들었던 화려하고 병적인 사기꾼인 버나드 로런스 메이도프(Bernard Lawrence Madoff, 1938년~)만 빼고는.[8]

그가 옳았다. 그 많은 욕심과 부패는 처벌되지 않았다. 하지만 그러한 부도덕을 한쪽에 밀쳐 두고, 나는 더 심각한 책임이 경세학사들과 그들이 전개한 이론에 있다고 주장할 것이다. 물론 나는 모든 경제학자들을 공격하려는 것이 아니다. 어떤 경제학자들은 진정으로 중요한 일을 한다. 예를 들면 그들은 아프리카와 인도에서 빈곤 퇴치를 정말 어렵게 하는 미묘한 요소들을 알아내려 애쓰거나, 정부 정책의 성공과 실패를 시험하기 위해 자료를 모은다. 나는 주로 경제 이론의 몸통을 비판하려 한다. 그것은 규제 완화의 잠재적 혜택에서 금융 정책까지 이르는 이슈에 관한 주류 경제학을 대표한다.

경제학자 존 메이너드 케인스(John Maynard Keynes, 1883~1946년)가 말했듯이, "그들이 옳을 때나 틀릴 때나, 경제학자들과 정치 철학자들의 생각은 보통 알려진 것보다 영향력이 크다. 정말로 세상을 지배하는 것은 그 외 다른 것이 거의 없다." 당시 경제학에 만연된 생각은 대부분의 기업 결정과 정부 정책이 만들어질 때의 분위기를 결정한다. 문제는 현대 경제학자들이 (이해하기가 굉장히 어려운 문제라고 누구나 인정해야 하는) 경제 시스템을 이해하는 데 실패했다는 것이 아니라, 그들이 자신의 실패에 관해 정직하지 않았다는 것이다. 우리는 경제학자들이 실제로 아는 것보다 더 많이 안다고 세뇌당하고 있었다.

지난 30년 동안 주류 경제학의 요지는 전 세계적으로 정부가 산업을 민영화하고 시장의 규제를 완화해야 한다는 것이었다. 그들은 일반적으로 시장의 지혜에 맡겨 두면 모든 것이 더 잘 돌아갈 것이라고 주장했다. 경제학자들이 흔히 주장하는 이 충고는 1950년대에 처음으로 개발되어, 그때부터 지속적으로 개선된 정교한 수학 이론에 기반을 두고 있다. 많은 물리학자들이 그들의 전통적인 학문에서 벗어나 확장하고 물리학적 사고방식을 훨씬 더 폭넓게 적용하기 시작할 때, 나도 다른 많은 물리학자처럼 약 20년 전부터 금융과 경제 이론에 관심을 가졌다. 나는 경제학 이론의 기반을 공부하면서, 물리학이나 항공 공학, 신경 과학, 사회 심리학 등에서 과학적 정직함에 충실하게 전개되었던 생각의 몸통과 수학적 이론을 찾을 수 있을 것이라고 몹시 기대했었다.

진실은 충격적으로 달랐다. 시장이 어떻게 돌아가는지 설명한다는 경제학적 정리를 공부하고, 그러한 정리들이 성립할 수 있는 조건들을 자세히 들여다보고 나서, 그것들이 실제 시장에 관해 시사하는 것을 고려하면, 여러분은 경제학자들의 주장과 실제 시장 사이의 매우 놀라운 차이를 알게 될 것이다. 모든 경제학자는 아니지만 굉장히 많은 경제학자들의 주장이 이것에 해당한다. 이것은 마치 여러분이 알베르트 아인슈타인(Albert Einstein, 1879~1955년)의 상대성 이론을 자세히 탐구하고 나서, 이것이 실제로 가장 심오하고 잘 시험된 이론 중의 하나라는 명성을 누리는데도, 즉 물리학자들이 기회 있을 때마다 그것에 관해 정말로 열심히 이야기함에도, 실상은 상대성 이론을 믿을 근거가 거의 없다는 지적이 발견된 상황과 비슷하다. 만약 그런 일이 일어났다면, 물리학과 과학에 대한 여러분의 신뢰는 당연히 약화될 것이다. 경제학에 대해서도, 최소한 경제학을 시장에 적용할 때는 그렇게 살펴봐야 하고 근거가 약하다면 그것에 대한 믿음을 줄여야 한다.

물론 이것이 시장은 유용하지 않다거나 흥미로운 특성이 없다는 뜻은 아니다. 하지만 많은 경제학자들이 대중에게 경제적 발상을 제시할 때 과학적 사기에 해당하는 짓을 자행했음을 의미한다. 그것은 경제학자들이 경제 상황에 대한 이해가 좀 더 분명해진다고 자기들끼리 말할 때이다. 2009년 봄에 독일 달렘에서 열린 제98회 달렘 회의에서는 다수의 경제학자들이 금융 시장의 경제 모델에 대하여 5일 동안 토론했다. 그 회의 이후에 그들은 자신들이 금융 위기가 다가오는 것을 알지 못한 것이나 금융 위기의 혹독함을 판단하지 못한 것에 대해 실패를 자인하는 성명을 냈다. 그들은 회의 보고서에서[9] 이해 부족은 경제학의 연구 노력을 부적절하게 할당해 생겼다고 말한다. 우리는 이 실패의 근원이, 경제학자들이 경제 모델을 설계할 때, 현실 세계에서 결과를 만들어 내는 핵심 요소들을 무시한 데 있다는 것을 알아냈다. 경제학자들은 선호하는 모델의 한계와 약점, 심지어 위험에 대해서 대중과 의사소통하는 데 실패했다.

다음 장에서 나는 경제학이 어떻게 시장의 성과를 결정짓는 가장 중요한 사건들, 특히 가장 극적인 사건들을 무시하려고 애쓰는 이상한 위치에 처하게 되었는지에 대한 역사를 조금 살펴볼 것이다. 그러나 좀 더 중요한 점은 우리가 어떻게 더 잘할 수 있는지와 경제 과학이 어떻게 과학이라는 이름표를 붙일 만한 무언가로 바뀔 수 있는 있는지에 관한 것이다. 결정적인 문제는 평형에 대한 오래된 집착에서 벗어나 "비평형 시스템"의 과학에서 얻은 개념을 채택하는 것이라고 나는 주장할 것이다. 지구의 대기와 생태계가 자연에서 볼 수 있는 비평형 시스템의 예이다. 단순한 은유를 넘어, 금융 위기가 실제로 대기의 폭풍과 매우 비슷하고 물리계의 자연 대변동과 관련이 있다고 생각하는 데는 깊은 이유가 있다. 그런 사건들을 이해하는 것은 양의 되먹임과 자연적 불안정성의 개념을 다루려 노력함을 의미한다. 이러한 발상은 물리학에서 완벽하게 다룰 수 있다. 그래서 나는 적어도 우리에게 필요한 부분이 물리학에서 나오는 사고방식이라고 주장할 것이다. 이것은 이상해 보일 수도 있다. 어떻게 물리학이 금융 위기와 관계가 있을 수 있는가?

금융 물리학

"물리학"이라고 말하면 대부분의 사람들은 아인슈타인과 상대성 이론 또는 그 유명한 힉스 보손(higgs boson), 또는 아마도 허블 우주 망원경이 우주의 어마어마한 거리를 가로질러 이상한 은하의 사진을 찍는 것(그것은 천체 물리학이 될 것이다.)을 생각한다. 물리학은 알려진 것의 맨 가장자리 또는 그 존재가 가능한지조차 알 수 없는 것들을 탐구한다. 스티븐 호킹(Stephen W. Hawking, 1942년~)은 블랙홀과 뒤틀린 시공간에 대해서 말했고, 끈 이론가들은 순수 수학에 의하면 우리 우주가 (비록 대부분의 차원이 숨겨져 있지만) 11차원이라고 주장한다. 실제로 이 모든 것이 물리학의 일부분이다.

하지만 여기 비밀이 하나 있다. 물리학은 심오하고 빠르게 변하고 있으며, 오늘날의 물리학자들은 이런 것들을 대부분 연구하지 않는다. 지난 20년 동안 발간된 물리학 학술지를 살펴보면 이메일 사용 패턴에 대한 연구와 언어 진화에 대한 연구, 패션이 전 인구를 휩쓰는 방식에 대한 연구를 발견하게 될 것이다. 유전 신호 네트워크에 관한 연구와 기업의 성장 패턴, 인터넷 구조, 인간 심장의 동역학에 관한 연구 또는 금융 시장의 통계학에 관한 연구도 찾을 수 있을 것이다. 오늘날의 물리학은 더 이상 과거의 물리학처럼 보이지 않는다.

무슨 일이 있었냐 하면, 물리학자들은 새로운 계시를 받게 되었다.

오늘날의 물리학자들은 물리 세계를 연구하고 이해하는 데 필요한 엄청나게 풍부한 수학적 도구와 개념을 과거 세대로부터 물려받았다. 최근 몇 년 동안, 그들은 그 동일한 도구와 개념 중 대부분이 생물학과 생태학, 사회 과학과 같은 다른 분야를 이해하는 데 이상하게도 잘 맞는다는 것을 발견했다. 본질을 보면 물리학은 물리적인 대상만을 연구하는 학문이 전혀 아니다. 오히려 그것은 질서와 조직화, 변화에 대한 근본적인 질문에 답하는 데 맞춰진 과학으로 밝혀졌다. 분자나 은하계, 유전자, 박테리아, 사람들, 시장에서 상호 작용하는 투자자들이 모여 있는 곳에 질서와 형태가 존재하는지 답할 수 있는 과학인 것이다. 물리학은 상호 작용하는 많은 조각이나 부분들이나 요소들이, 어떻게 전체 시스템에서 놀랍도록 집단적인 패턴이나 행동을 초래하는지 이해하기 좋은 위치에 있다. 그 조각이나 부분들, 요소들이 전자나 원자일 필요는 없다. 그것들은 거의 아무것이나 될 수 있다.

여기 흔히 접할 수 있는 간단한 예가 있다. 커튼이 극장 무대에서 닫힐 때, 청중들은 박수갈채를 보낸다. 보통 몇 사람이 망설이며 시작하면 다른 사람들이 함께 친다. 박수는 개인이 연주자에게 신뢰를 보내려고 치는 것이지만 또한 사람들은 군중 속에 섞여서 치려 한다는 점이 재미있다. 여러분은 다른 사람보다 먼저 박수를 치고 싶어 하지도, 다른 사람들이 멈췄을 때 계속 하고 싶어 하지도 않는다. 사실 여러분이 그것을 잘 살펴보면 청중들이 침묵에서 우렁찬 박수갈채로 바꾸는 방식에는 확연한 패턴이 존재함을 발견할 수 있을 것이다. 전 세계 극장에서 한 녹음은 그 패턴이 문화적으로 다른 관습을 초월하고 청중들이 달라도 모두 하나의 보편적인 곡선을 따른다는 것을 보여 주는데, 그 곡선은 소리가 어떻게 몇 초에 걸쳐 올라가는지 보여 준다. 훨씬 더 놀랍게도 이 곡선은 한 그룹의 원자나 분자가, 한쪽이 하는 행동이 근처에 있는 다른 쪽의 행동에 매우 강하게 의존해, 어떻게 한 종류의 행동에서 다른 종류의 행동으로 집단적으로 빠르고 갑작스럽게 바꾸는지 설명하는 곡선과 완전히 똑같다. 그들은 실제로 전혀 독립적이지 않다.[10]

박수 치는 것은 그렇게 중요한 사회 현상은 아니다. 하지만 한 조건(침묵)에서 또 다른 조건(박수갈채)으로 바뀌는 이러한 집단행동의 패턴은 (인터넷, 주택 경기 호황 같이) 뭔가 새로운 것이 나타날 때, 그래서 모든 사람들이 남들이 하는 것을 보거나 듣고서 따라 할 때, 금융 시장에서 일어나는 일과 그리 다르지 않다.

물리학과 집단행동 패턴 사이의 이 놀라운 관련성이 물리학자들이 금융과 경제학에 갑자기 등장하는 계기가 되었다. 물론 월 스트리트에 있는 회사에 고용되어 돈을 벌기 위해 금융 상품에 가격을 매기는 계산을 하는 물리학자들이 많지만, 명확하게 말하면 나는 그런 물리학자들을 가리키는 것이 아니다. 대신 나는 우리가 지구의 지각이나 살아 있는 세포의 작용 원리를 규명할 때 사용하는 것과 같은 방법으로, 시장이나 경제를 자연적인 시스템으로 보고 이해하려 하는 물리학자들을 말하는 것이다. 그들은 시장이 평상시에 어떻게 돌아가는지와, 시장이 왜 그렇게 자주 그리고 (외관상으로 볼 때) 자연스럽게 위기에 빠지는지, 위기가 오는 것을 탐지하는 데에 경제학자들은 왜 그렇게 불운해 보이는지 탐구해 왔다.

이 연구에 나오는 짧은 대답은 이 장의 맨 처음에 인용했던 문구, 경제학자들은 "폭풍을 이해하지 못하는 기상 예보자 같다."라고 말한 영국 언론인이 대체로 맞다는 것이다.

이 책은 시장과 경제에 대해, 그러한 연구에서 현재 생겨나고 있는 새로운 전망에 대해 탐구한다. 나는 이런 물리학의 영향을 받아서 불안정성과 양의 되먹임을 출발점으로 삼는 관점의 주요 요소를 추출하려 시도한다. 여러분이 날씨에서 가장 흥미롭고 중요한 요소를 이해하고 싶다면, 하늘은 매일 푸를 것이라고 가정하고서 그렇지 않을 때 놀라는 수준을 뛰어넘어야 한다. 날씨는 폭풍과 허리케인, 비와 구름, 기상 전선, 그리고 이 모든 것을 일어나게 하는 대류환(convection cell)을 포함한다.

자연 과학자들은 화학에서 진화 생물학에 걸친 모든 다른 과학 분야에서 오래전에 그렇게 했다. 오늘날의 경제학은 여전히 효과적이지 못한 채로 남아 있는데, 그 이유는 대체로 경제학의 유일한 개념이 균형 개념에 기초한 반면, 현실적으로 대부분 중요한 것들은 바로 그 반대, 즉 불균형을 일으키고 회오리바람과 난류를 자극하는 힘에서 발생하기 때문이다.

더 나아가 우리는 시장이 굉장히 빨리 균형에서 벗어날 수 있다는 것과 매우 좋은 금융 날씨처럼 보이는 와중에도 격렬한 금융 폭풍이 꽤 자연스럽게 발생할 수 있다는 것을 인정해야만 한다. 우리는 탈평형에 대한 사고를 받아들이고 경제적 현실을 혁신과 셀 수 없이 많은 불안정한 되먹임으로 초래된 끊임없는 변화의 결과로 봐야 한다. 이러한 개념 전환은 보이지 않는 손에 대한 스미스의 은유로 도입된 개념만큼 급진적이어야만 하고, 시장에 관해 우리가 배웠던 것의 대부분을 근본적으로 뒤엎는 것이다.

평형 상태를 넘어서

앞으로 이야기하겠지만, 탈평형 사고방식은("정상적"일 때를 포함해) 시장이 어떻게 작동하는지에 대한 우리의 이해를 바꿔 놓는다. 평형의 경제학이 시장은 군중의 지혜를 이용해 주식과 채권, 파생 금융 상품, 융자, 주택을 포함한 다른 자산과 같은 것들의 진짜 현실적인 가치에 대한 효율적인 평가를 내린다고 주장한다면 (이것이 소위 "효율적인 시장" 가설(efficient market hypothesis, EMH)이다.), 시장에 대한 탈평형 관점은 이것을 환상이라고 일축한다. 시장에서 주식 등의 자산의 가격은 수백만 명의 개인들과 회사, 펀드, 주식 거래자, 중개인, 시장 조성자, 장단기 투자자, "세련된" 금융업자, 몽롱한 도박꾼, (점점 많아지고 있는) 컴퓨터 알고리즘을 따르는 체계적이지 못한 행위로 매겨진다. 이 모든 깃들은 시장을 통한 정보의 흐름에 영향을 주지만, "현명한" 결과와 비슷한 그 어떤 것도 보장하지 않는다. "세련된" 월가의 투자자가 행한 일들은 흔히 추세를 교정하기보다는 오히려 증폭시킨다. (실제로 그런 추세를 따르는 것이 인기 있는 투자 전략이다.) 이렇게 복잡하면서 변덕이 심한 많은 인간들의 행위에 의존하는 어떤 것이 기적적으로 효율적이고 안정된 균형 상태에 이르기를 바랄 수는 없다.

오히려 시장의 정상 상태는, 새로운 교란과 폭풍과 패턴이 자연적이지만 매우 불규칙하고 예측할 수 없는 방식으로 나타나는 지구 기후의 변화무쌍한 패턴과 좀 더 유사하다. 나는 이것을 역사뿐만 아니라, 플래쉬 크래쉬와 퀀트 붕괴, 서브프라임 위기, 1987년의 크래쉬, 1998년의 롱텀 캐피털 매니지먼트(Long-Term Capital Management, LTCM) 사의 대실패라는 맥락에서 꽤 자세히 살펴볼 것이다. 앞으로 보겠지만, 물리학의 영향을 받은 금융 시장 모델은 이러한 자연적인 변동을 경제학의 어떤 이론보다 훨씬 더 정확하게 설명한다.

실제로 탈평형 사고방식은 시장에서 일어나는 일의 인과 관계에 대한 우리의 근본적인 이해를 바꿔 놓는다. 우리는 극적인 사건에는 똑같이 극적이고 중대한 원인이 있어야만 한다고 생각해 왔다. 2010년 5월 6일에 있었던 시장 폭락 같은 갑작스런 사건은 큰 실수로 촉발된 것이어야만 했다. 예를 들면 살찐 손가락, 중대한 컴퓨터 결함이나 그 비슷한 것, 영리하고 사악하게 시장을 조정하는 어떤 사람의 범죄 행위 같은 큰 실수 말이다.

하지만 탈평형 시스템은 이런 식으로 작동하지는 않는다. 그것은 상대적으로 조용했던 긴 시기를 잠깐의 대변동으로 가끔씩 깨는 자연적인 리듬에 따른다. 탈평형 관점은 5월 6일의 크래쉬나 1987년과 2007~2008년에 있었던 크래쉬가, 2012년에 일본에서 일어났던 지진 혹은·1906년 샌프란시스코의 지진보다 더 비정상적이지 않다는 것을 시사한다. 물리학자들이 개발한 모델은, 극단적 사건이란 투자자들, 특히 다른 투자자들이 가질 법한 신뢰, 기대, 분위기를 공유하는 투자자들 간의 신뢰와 기대, 분위기의 패턴이 바뀌며 꽤 쉽게 생길 수 있음을 보여 준다. 시장 경제는 사람들의 인식과 기대에 크게 좌우되는 시스템으로, 스스로 참조하며 스스로 추진한다. 이런 시스템은 폭발적으로 증폭하는 되먹임을 일상적으로 발전시킨다. 이것이 암시하는 것은 시장에 관한 현재 생각은 아무런 실제 근거 없이, 사건들을 임의적으로, 정상과 비정상으로 나눈다는 것이다. 이런 식의 사고방식은 큰 사건이 생길 때마다 권위 있는 당국자들이 특별한 이유를 찾게 만든다. 사실 대부분의 경우, 그들은 특별한 이유를 찾을 것이 아니라 시장이 현재 설정된 대로 평범하게 작동하는지를 살펴봐야 한다. 경제 정책을 만드는 데 현재 책임을 지고 있는 연방 준비 제도 이사회(FRB)와 다른 기관들은 생각이 원시인들 같아서, 폭풍과 번개를 화가 난 신의 행동으로 본다. 탈평형의 현실을 받아들인다는 것은, 그렇게 격렬하고 특이한 사건들이 여전히 완전하게 평범한 근원을 가지고 있다는 진실을 받아들이려 애쓴다는 것을 의미한다.

또한 나는 위기가 항상 우리를 놀라게 하는 것처럼 보이는 이유를 설명하는 옳은 개념을 탈평형 사고방식이 어떻게 제공하는지 살펴볼 것이다. 탈평형 사고방식의 핵심 개념 중 하나는 "준안정성(metastability)" 개념이다. 그것은 어떻게 시스템이 안정된 것처럼 보이면서도 실제로는 황을 입힌 성냥개비처럼 매우 불안정해, 딱 불꽃만 튀기면 폭발할 준비가 되는지를 설명한다. 내재적으로 불안정하고 위험한 상황은 매우 오랜 기간 동안 문제를 일으키지 않고 지속될 수도 있지만, 반드시 궁극적인 재앙을 부른다. 준안정성은, 예를 들면 퀀트 붕괴를 설명하는 핵심으로 보인다. 인터넷 주식, 주택 융자, 외국 투자 등에서 발생했던 것을 포함해 모든 경제적 거품을 터뜨리는 데 주요 역할을 하는 것이 준안정성이다. 언제 거품이 붕괴할지를 예측하기는 어려우므로, 평형 경제학은 거품은 실제가 아니라고 결론짓는다. 탈평형 관점은 거품이 존재한다는 압도적인 증거를 (경제 역사는 거품이 가득 찬 진정한 샴페인 잔이다.) 액면 그대로 받아들이지만, 붕괴 순간을 예측하기가 왜 그렇게 어려운지 쉬운 용어로 설명한다. 그 순간을 촉발하는 사건의 등장은 전형적으로 우연의 문제다. 여기서 우리가 배워야 할 근원적 교훈은, 거품을 이해하려면 경제 시스템 안에서 위험한 피드백을 성장시키는 조건을 찾을 필요가 있다는 것이다.

시장에 대한 제한적인 평형 관점과는 뚜렷하게 대조적으로, 탈평형 사고방식은 시장을 위한 "날씨 매뉴얼"을 필요로 한다. 날씨는 풍부하고 가변적이며 끝없이 놀라운 일로 가득 차 있다. 세상에는 단순하고 보편적인 "날씨 이론"이 없다. 대신에 기상학자들이 날씨의 다른 측면들을 이해하는 데 유용하다고 생각하는 풍성한 관련 모델과 개념, 이론들이 있다. 그런 것들 중 하나는 평야 위의 천둥을 동반한 폭풍을 위해, 또 다른 것은 바다 위에서 발달한 허리케인을 위해, 그 외의 다른 것은 지구 표면에 형성되는 안개를 위해 쓸 수 있다. 마찬가지로 시장과 경제의 과학은 보편적인 이론을 추구해서는 안 된다. 오히려 특정한 현상에 맞춘, 즉 초단타 매매(HFTs)로 생긴 급속한 시장 변동, 추세를 따르는 투기자들 때문에 생긴 일상적인 움직임, 서브프라임 대출에서 보여 주었던 경향처럼 좀 더 큰 사회적 변화 탓에 몇 달 또는 몇 년 동안 형성된 불안정성에 맞춘 여러 가지 관련 모델과 이론을 추구해야만 한다.

가장 중요한 경제 현상이 개인들과 회사들, 정부, 다른 경제적 행위자들의 상호 작용에 존재하는 되먹임에서 어떻게 발생하는가에 초점을 맞추는 것이, 이 모든 것을 통일하는 설명이 될 것이다. 날씨의 경우처럼, 경제 시스템에서 가장 중대한 사건들은 한 조건에서 또 다른 조건으로의 급격한 전환(상승 장세에서 하락 장세로, 신용 규제에서 신용 확대로 등등)이다. 즉 항상 양의 되먹임으로 생긴 전환을 포함한다. 기본 물리학이 날씨가 어떻게 작동하는가에 대해 모든 세부 사항을 설명하지 못하는 것처럼, 시장에 대한 탈평형 관점은 시장에 관한 모든 질문에 즉시 답하지 못한다. 하지만 탈평형 관점은 정말 중요한 것, 즉 불안정성과 극적인 변화를 이끄는 되먹임에 초점을 맞춤으로써 시장 동역학을 이해할 수 있는 길의 윤곽을 보여 준다. 이제 할 일은, 언제 어느 곳에 그러한 되먹임이 활동할 가능성이 존재하는지 알아내고, 어떻게 우리가 그 존재를 감지할 수 있는지, 만약에 되먹임이 있다는 것이 확실하다면 어떻게 그 에너지를 분산시키는 과정을 밟을 수 있는지 알아내는 것이다.

　나중에 자세하게 살펴보겠지만, 탈평형 사고방식은 은행 연결망의 안정성(또는 불안정성)부터 시장에서 파생 금융 상품의 역할과 초단타 매매의 혜택(과 비용)까지 다양한 주제에 대한 우리의 이해를 바꾸기 시작하고 있다. 예를 들면 금융 시스템에서 은행 연결망은 어느 한 기관의 대차 대조표에 있는 (또는 없는) 문제보다, 훨씬 더 큰 위험을 내포하고 있다. 은행과 다른 금융 회사는, 특히 파생 금융 상품들의 확산으로 지난 몇 십 년 동안 연결이 강화되어 왔다. 이것은 새로운 종류의 잠재적으로 위험한 양의 되먹임을 폭발시켰다. 최근에 국제기구들은 새로운 은행 규제들(소위 말하는 제3의 바젤 협약)을 제안했지만, 이것들은 여전히 평형 이론에 의존하고 있다. 그래서 위험하고 불안정한 양의 되먹임을 초래하는, 기관들 사이의 결합 패턴을 감시하기 위한 조치는 아무것도 없다.

지난 20년 동안 파생 금융 상품들의 확산이 시장을 단지 좀 더 "완전"하게, 따라서 좀 더 효율적이고 안정하게 만들 것이라는 믿음이 금융계를 지배했다. 금융 이론의 이러한 기본적인 부분은 "평형 이론" 관점에 기초해 확립되었다. 하지만 탈평형 사고방식은 그 반대가 옳다는 것을 보여 준다. 파생 금융 상품은 흔히 불안정성을 높이고 시장을 벼랑 끝으로 내몬다. 따라서 탈평형 이론은 모든 사람의 공공재인 시장 기능을 보호하기 위해 파생 금융 상품을 규제해야 한다는 정책을 함의한다.

컴퓨터를 이용한 초단타 매매는 금융 시장의 안정성에 대한 새로운 위협이다. 1초에 수천 번 거래를 하는 컴퓨터는 지금 모든 거래의 반 이상을 차지하는데, 우리는 시장을 통제 불능으로 내몰 수 있는 컴퓨터들 간의 양의 되먹임이 있는지 사실상 아는 것이 아무것도 없다. 2010년 5월 6일 뉴욕 증권 거래소에서 5분 만에 500포인트가 떨어진 사건은 초기 경고였다. 우리는 상호 작용하는 거래 전략 사이의 되먹임을 모델링하기 위해 진지하게 노력해야 그것이 초래할 위험을 이해하게 될 것이다.

마지막으로 탈평형 관점은, 은유의 수준에서 시장은 "가장 잘 알고 있다."라고 말할 수 없다는 것을 보여 준다. 은유는 우리가 일반적으로 생각하는 것보다 우리의 세계관에 더 영향을 미치며 잘못된 은유는 특히 위험할 수 있다. 평형에 대한 망상은 (수도나 대중교통과 같은 기본 공익사업과 교육을 포함하는) 많은 사회적 활동이, 기업에 기초한 사적 시장에서 조직화되는 일을 지원하는 잘못을 저지르게 만들었다. 이러한 전환은, 기반 사업은 좀 더 효율적으로 필요한 상품들을 공급해야 한다는 평형 이론을 참조해 정당화되었다. 그렇지만 이런 이론들은 예상과 매우 다른 결과, 즉 때때로 재앙적인 결과로 흔히 이끄는 양의 되먹임을 완전히 무시한다.

한 예로 평형 경제학자들을 어리둥절하게 만들었던, 2000년 여름의 캘리포니아를 괴롭힌 전기 부족과 요금 폭등을 들 수 있다. 1990년대 중반에 단행된 전기 시장의 규제 완화로, 회사들이 고객을 끌어들이기 위해 가격을 낮추면서 경쟁이 심해져 가격이 떨어지게 될 것이라고 기대했었다. 그런데 시장은 결코 평형 상태로 자리 잡지 못했다. 엔론 같은 회사들은 전기 흐름을 조작할 수 있다는 것을 알고서, 캘리포니아 주의 일부 지역에 갑자기 일시적인 전기 부족 상황을 초래해 가격을 올려서 엄청난 이익을 냈다. 사실상 엔론은 회사의 이익을 위해 시장 폭풍을 만드는 방법을 배웠고, 그 결과 캘리포니아 시민들이 고통받았다. 2000년이 끝날 무렵 몇 달 동안 800퍼센트가 오를 정도로 전기 요금이 급등했을 때도, 이것은 평형 상태로 눈가리개를 한 경제학자들에게만 놀라운 일이었다.

좀 더 일반적으로 민영화의 이점에 대한 맹목적 믿음은 전체 사회의 신뢰 악화와 사회적 규범을 기반으로 한 전통적인 공공적 관계의 소멸, "훌륭히 일을 수행하는 것"에 대한 문화적 인센티브를 순전히 금전적인 인센티브로 대체하는 것을 포함한 부정적인 사회적 결과를 낳는다. 이렇게 우려스러운 추세는 하버드 대학교 로버트 데이비드 피드넘(Robert David Putnam, 1941년~)이 쓴 『나 홀로 볼링(Bowling Alone)』이라는 획기적인 책이나 프랜시스 후쿠야마(Francis Fukuyama, 1952년~)가 쓴 『트러스트(Trust)』라는 책에 잘 기록되어 있다. 좀 더 최근에 다수의 사회학자와 경제학자는 경쟁을 기반으로 한 시장 규범의 지배적 위치가 협동을 기반으로 한 유익한 사회적 규범을 어떻게 "몰아내는지" 보여 주었다. 그러한 결과로 효율성 때문에 추진한 시장 유인책이, 공동 사회의 응집력을 오랫동안 지탱한 사회적 규범의 영향력을 약화시킴으로써 의도하지 않은 피해가 흔히 생기게 되었다.

예보하기

현명한 정책을 만들기 위해서는 탈평형적 사고가 필요하다. 탈평형 사고는 물리학, 화학, 생물학, 생태학, 대기 과학, 지질학에서 나왔다. 대륙 운동이 지진과 산맥의 성장을 일으키고, 생태계는 항상 변하는 기후에 대응해 지속적으로 진화한다. 지난 50년간 과학적 사고에서 일어난 가장 큰 변화는 평형을 벗어난 시스템을 이해하려는 움직임이다. 이것은 풍부한 동역학을 보여 주면서 어떠한 (지속되는) 균형 상태에도 안주하지 않으며, 끊임없이 놀랍고 참신한 것을 불러일으킨다. 현재 진행 중인 변화로 특정한 역할을 하는 시스템을 설명하기에는, 고전 물리학의 방정식들과 유사한 정적 방정식들은 잘 맞지 않아서, 과학적 관점의 변화는 방법론의 변화도 불러왔다.

이런 움직임은 현대 경제학의 개념적 문제들, 특히 자기 강화라는 되먹임을 (겉으로는 의도적으로) 보지 못하는 문제를 적나라하게 부각시키는 데 도움이 되었다. 이 움직임을 살펴보면서 부득이하게 오늘날 경제학 이론과 단점에 대한 세부 사항 몇 개를 분석하겠다. 하지만 이런 오래된 이론을 훌쩍 뛰어넘는 창의적이고 획기적인 일에서 나오는 새로운 통찰에 주로 초점을 맞추고자 한다. 우리는 경제학과 과학의 역사에서 진정 혁명적인 순간에 서 있다. 나는 여러분이 이 책을 읽고 이 순간이 주는 엄청난 기회를 깨닫기 바란다. 역설적이지만 최근 경제 위기는 결국 경제와 금융 과학을 위한 긍정적인 사건이 될 수 있다. 우리는 현대 물리학과 다른 과학에서 나온 발상들 덕분에 경제적 전통의 지적인 구속에서 빠져나와 자유로워지고, 그 경제적 전통을 훨씬 더 좋은 것으로 대체할 기회를 마침내 가지게 되었다.

나는 지식은 예측 능력을 가져다준다는 단순한 이유 때문에 이 책에 『내일의 경제(Forecast)』라는 제목을 붙였다. 몇 세기에 걸쳐 우리는 지구의 대기와 그 불안정성, 그 성질을 만드는 되먹임에 대해 점점 더 많이 이해하게 되었고, 그 이해를 바탕으로 예측의 능력을 갖게 되었다. 물론 날씨만큼 변덕스럽고 우리를 쉽게 놀라게 하는 것도 없지만, 적어도 기상학은 다른 상황에서 생길 수 있는 다양한 결과의 가능성은 예측하는 방법은 구축했다. 불안전한 정확도, 즉 무엇이 가능한지에 대한 단순한 지식마저 굉장한 가치를 지닐 수 있다. 나는 확실히 누군가가 곧 미래 경제나 금융을 더할 나위 없이 정확히 예측할 것이라고 생각하지 않지만 우리가 무엇인가를, 예를 들면 어떤 조건하에서 생길 수 있는 문제를 예측하고, 그것의 방지책을 모색할 수 있기를 바란다. 평형 상태의 안정성에 대한 비전이 대체로 환상에 불과하다는 것과 훨씬 더 격변하는 상황이 일어날 수 있음을 알고 내비할 수 있을 것이다. 나는 마지막 장에서 우리가 하고자 하는 것이 무엇인지와 어떻게 할 수 있는지를 살펴볼 것이다.

지난 5년 동안 우리는 서브프라임 위기를 논평하고 분석하며 재분석하고 있다. 은행가들과 금융 전문가들의 국회 증언도 들었고, 그것이 어떻게 일어났고 누구 잘못인지에 관한 셀 수 없이 많은 신문 기사와 블로그 포스트를 보았다. 그 에피소드에 대한 수많은 책과 논문은 대부분 9.11 이후 지속적인 저금리가 주택 거품에 얼마나 기름을 끼얹었는지, 고위험군의 서브프라임 대출을 날조해서 만든 파생 금융 상품을 전 세계의 속이기 쉬운 투자자들에게 팔아 엄청난 이윤을 남긴 월가의 은행가들을 끌어들인 것이 무엇인지에 대해 비슷한 이야기를 한다. 규제주의자들은 다른 것을 본 것이다.

그러나 사실일 수도 있는 이 이야기는 그리 중요하지 않다. 그 이야기 뒤에 있는 이야기, 즉 좀 더 근본적인 과학 이야기와 그 위기의 오래전에 무엇이 잘못되었는지에 대한 아이디어를 들려주어야 한다.

2
FORECAST

신기한 기계

주가의 움직임은 월가에 대한 종합적인 지식, 특히, 월가에서 앞으로 일어
날 일에 대한 종합된 지식을 나타낸다. 피도 눈물도 없는 시장의 판결까지
샅샅이 살펴본 모든 지식과 함께, 주식 시장은 모든 사람이 알고, 바라고,
믿고, 기대하는 모든 것을 대표한다.

— 윌리엄 피터 해밀턴(William Peter Hamilton, 1867~1929년),

《뉴욕 타임스》편집자, 「1922년 주식 시장 지표」

자유 시장에 관해 가장 중요한 하나의 사실은 양 편이 모두 이익이 되지
않으면 교환은 이루어지지 않는다는 것이다.

— 밀턴 프리드먼(Milton Friedman, 1912~2006년)

신기한 계산기를 상상해 보자. 이 계산기는 세상 모든 사람의 욕망

과, 소망, 걱정, 지식, 목표, 기대와 두려움을 집어넣을 수 있는 요술 기계다. 모든 정보를 집어삼켜 소화시키고, 상상을 초월하는 복잡한 계산을 수행하면서 웅웅 소리를 내고 나서 모든 사람이 오늘 무엇을 해야 할지, 어디에서 일해야 할지, 무엇을 생산해야 할지, 그것을 얼마에 누구에게 팔아야 할지 명확한 지시를 보내는 기계다.

과학자들이 이 기계를 연구해서 그것이 어떻게 작동하는지 알아냈다고 하자. 이 기계가 우리 집단 전체의 소망을 두려움 없이 충족시키는 최선의 계획을 준다고 수학자들이 확실하게 증명할 수 있었다는 상상을 해 보자. 이 세상의 어떤 지혜로운 인간 집단이, 무한한 지성을 가지고 우주의 나이만큼 오랫동안 노력해도 이 기계를 능가할 수는 없다는 것을 과학자들이 증명했다고 상상해 보자.

이 기계는 진정으로 경이로운 기계가 될 것이며, 여러분이 생각할 수 있는 거의 모든 사회 문제에 답을 제공해 줄 것이다. 하지만 사실 우리는 굳이 이런 기계를 상상할 필요가 없다. 여러분이 지난 200년에 걸쳐 경제학자들에 의해 전개된 이론을 그대로 받아들인다면, 자유 시장이 바로 이와 같은 종류의 기계다. 물론 시장이 속이 뒤틀릴 만큼 흔들리고 예측할 수 없는 파도처럼 위아래로 요동칠 수 있다. 가끔 국가가 채무를 이행하지 못하게 하고, 은행을 망하게 하고, 순진한 할머니들의 연금을 잃게 할 수도 있다. 그것은 심지어 부패와 사기, 절도를 부추길 수도 있다. 하지만 스코틀랜드의 경제학자 스미스가 처음 말했던 것처럼, 그 모든 혼란 뒤에는 놀라운 힘의 조정자, 즉 "보이지 않는 손"이 정말로 존재해 그것이 모두를 위한 지혜로운 결과로 이끈다. 많은 경제학자들은 시장이 미래에 관해 이용할 수 있는 모든 정보, 즉 수십 억 명의 사람들 마음속에 있는 무질서한 조각들에 숨겨진 정보를 모으는 데 효율적이며, 그 정보를 합해 투자를 안내하고 최선의 방식으로 우리 활동을 조종한다고 주장한다.

정말 그럴까? 경제학자가 말하기 좋아하는 것처럼, 시장이 정말 우리의 희소 자원과 능력을 할당하는 방법을 결정하는 그런 놀라운 기계가 될 수 있을까?

누군가가 나서서 기획하지 않아도, 스스로 조직하는 시장과 시장의 능력에는 무엇인가 놀라운 면이 있다. 지금 애플 아이폰과 아이패드에서는 여행을 예약하는 앱부터 하늘에 떠 있는 별들을 인식하는 앱에 이르기까지, 수십만 개의 앱을 이용할 수 있다. 2012년 4월까지, 가장 인기 있는 앱 중 하나는 플랜트 대 좀비이다. 이 앱은 사용자가 좀비를 죽이는 식물을 이용해 좀비가 자신의 집에 들어오지 못하게 막는 이상한 게임이다. 새로운 앱을 개발하는 것은 아이들 장난이 아니다. 기본 발상에 대한 영감과 비전 외에도 개발자는 애플 제품에서 실행할 수 있는 앱 개발 언어인 오브젝티브-C 언어로 컴퓨터 코드를 짤 수 있는 상당한 기술이 있어야 하고, 데이터를 저장하는 다양한 소프트웨어 기술에 꽤 익숙해야 하고, 사용하기 쉽게 앱을 설계하는 것도 필요하다. 시장의 경이로움은 애플의 어떤 기술자 팀도 이렇게 계속 늘어나는 앱을 만드는 수백만 개의 컴퓨터 코드를 쓰거나 오류를 수정하지 않았고, 애플 제품 마케팅 담당자도 사람들이 좀비에 대항하는 식물에 대한 게임을 그렇게 간절히 원할 것이라고 미리 내다보는 천재를 필요로 하지 않았다는 데 있다. 전 세계에서 알려지지 않은 수많은 사람들이 아이폰과 아이패드가 만들어 낸 기회에 자발적으로 반응해, 필요한 모든 것과 틈새를 채워 넣은 것이었다. 시장은 설계자 없이도 정교한 설계를 만들어 냈다.

그렇다 해도 경제학에서 전개된 것처럼 스스로 규제하고 안정시키는 신기한 장치로 시장을 보는 발상은 대개 환상에 사로잡힌 꿈에 불과하며, 시장이 작동하는 방법에 대한 우리의 이해는 실제로는 상당히 원시적이라고 나는 주장할 것이다. 실제로 경제학은 지난 반세기에 걸쳐 과학과 수학에서 이루어진 가장 중요하고 새로운 아이디어를 따라가지 못했고 그 아이디어의 혜택을 받지도 못했다. 오늘날 경제학은 컴퓨터 공학, 생태학, 진화 생물학, 특히 물리학 등의 현대 과학에서 많은 것을 배워야 한다. 그렇지만 많은 인재들이 아직도 시장에 대한 아이디어와 이것을 기술하는 수학에 사로잡혀 있으며, 그들을 논의에서 가볍게 제외시켜서는 안 된다. 그래서 나는 시장을 신기한 장치로 보는 경제학자들의 비전, 즉 지난 두 세기에 걸쳐 이론가들을 그렇게 흥분시키고 열정이 샘솟게 해서, 오늘날의 시장 이론의 형태를 세우게 한 비전을 알아보는 것으로 이 장을 시작하고자 한다.

물론 경제학자들마저도 시장이 내가 위에서 묘사한 장치만큼 놀랍다고 생각하지는 않는다. 시장은 흔히 다양한 방식으로 실패하고 이론적인 이상에는 한참 못 미친다. 이용 가능한 것에 대한 좋은 정보를 사람들이 충분히 갖지 못하거나 정보의 질이 떨어질 때 시장은 실패한다. 사람들은 헌 건전지를 새것인 것처럼 파는 벼룩시장에서 바가지를 쓴다. 경쟁자가 거의 없는 상태에서, 구매자나 판매자가 물건의 가격을 스스로 정할 수 있을 때, 시장은 실패한다. 사람들은 유일한 수돗물 공급자나 브로드밴드 공급자에게 그들이 요구하는 터무니없는 요금을 지불할 수밖에 없다. 시장이 한 판매자를 다른 판매자로 바꾸기 쉽지 않을 때도 실패한다. 또는 선택이 잘못되었을 때 고통받는 사람은 따로 있어서, 사람들이 비정상적인 위험을 무릅쓰고 바로 이익을 내는 식의, 왜곡된 인센티브를 얻는 것이 가능해진다면 시장은 실패한다.

하지만 경제학자들의 머릿속에 들어 있는 이상적인 시장, 즉 그들의 이론에서 전형적으로 묘사되는 시장은 그 신기한 기계와 비슷하다. 또한 실제 시장에 관한 대부분의 생각과 정책 결정이 이러한 이상적인 시장에 기반을 두고 이루어진다. 그것은 경제학자들이 머릿속에 담고 있는 실패 없는 시장에 대한 비전이다. 먼저 우리는 시장 이론의 방식으로 무엇을 이루었는지, 왜 대부분의 경제학자들은 시장이 정말로 놀라운 효율성을 가지고 있다고 생각하는지에 대한 분명한 그림을 제시할 필요가 있다. 그래서 이 신기한 기계가 어떻게 작동하게되어 있는지를 먼저 소개할 것이다.

두 천재

지난 50년에 걸쳐 시장 경제학에서 가장 강력한 말은 아마 "효율성"일 것이다. 과학과 공학에서 효율성은 낭비를 최소화하면서 일을 잘한다는 것을 의미한다. 자동차 엔진은 휘발유에 들어 있는 화학 에너지를 이용해, 목적이 있는 운동으로 바꾸는 장치이다. 효율적인 엔진은 마찰이나 열이나 낭비 등으로 잃어버리는 에너지를 최소화한다. 여러분은 경제적 효율성도 상당히 비슷한 원칙하에 좀 더 추상적으로 작동할 것이라고 기대할지 모른다. 경제적 효율성은 자원의 낭비를 최소화하면서 그 자원을 팔 수 있는 상품으로 바꾸는 것이라고 생각하면서. 그것은 거의 맞는 생각이지만, 완전히 옳지는 않다.

스미스는 카를 마르크스(Karl Marx, 1818~1883년)와 함께 경제 역사에서 가장 유명한 사람이다. 1776년에 출간된『국부론(*The Wealth of Nations*)』에서 그는 산업 혁명 동안 현실 경제를 움직이는 핵심 요소를 설명하려고 노력했다. 다른 무엇보다도 과학 기술이나 산업과 관련된 전문 기술에 기초한 노동 분업이, 생산 증대와 부를 이루게 한 가장 큰 원인이라고 그는 이야기했다. 스미스는 자신의 주변에서 산업 혁명이 시작되는 것을 보았다. 1743년에 그가 옥스퍼드 대학교에서 공부할 때, 근처 노스햄프턴에서 목화솜을 실로 만드는 기계 50대가 동시에 돌아가는 공장이 문을 열었다. 스미스는 그때 이후로 현대 경제학의 등대가 되어 버린 은유적 표현을 생각해 냈다. 보이지 않는 손에 대한 개념이 그것이다. 지난 세기에 경제학을 배우는 학생들의 기억 속에 박힌 이 표현에서, 그는 일반적으로 개인의 경제 활동은 자신만의 미래 보장을 목적으로 한다는 데 주목했다.

생산물이 가장 큰 가치를 가질 수 있는 방식으로 산업의 방향을 정함으로써, 개인은 그 자신만의 이익을 얻으려 한다. 하지만 다른 많은 경우에서처럼 이 경우에도, 보이지 않는 손의 조정으로 (개인이 의도하지 않았던) 목적 달성이 촉진된다. 개인이 의도하지 않았다고 해서, 사회에 항상 나쁜 결과만 생기는 것은 아니다. 자신만의 이익을 추구한 것이, 사회의 이익을 촉진하려고 의도했을 때보다 더 효과적으로 사회 이익을 촉진하기도 한다.[1]

우리 모두는 이기적이고 욕심이 많을 수 있다. 다르게 말하면 전형적으로 자기 자신만의 목적을 추구하는 존재이다. 그렇다 해도 우리가 하는 행위는 보통 다른 사람들뿐만 아니라 전체 공동체에도 도움이 되는 제품을 생산하거나 필요한 서비스를 제공한다.

경제학자들은 스미스에 관해 말하기를 좋아하는데 거기에는 그럴 만한 이유가 있다. 스미스의 심오한 논리는 아주 오래된 편견을 잘라 냈다. 일에 대한 통제와 의도적인 설계를 줄이면 경제 조직과 결과를 오히려 개선시킬 수 있다는 반직관적인 발상으로 세상을 바꿔 놓았다. 앨런 그린스펀(Alan Greenspan, 1926년~)은 연방 준비 제도 이사회(FRB) 의장이었던 2005년에 한 연설에서 다음과 같이 말했다.

스미스는 경험에 의거한 형식적 증거도 거의 없이, 상업 조직과 기관의 성격에 관한 폭넓은 추론을 이끌어 냈다. 그의 추론은 당시의 문명화된 세계의 상당 부분에 심오한 영향을 끼쳐, 변화를 이끄는 일련의 원칙을 만들게 했다. 그 원칙에 입각한 경제는 먼저 인구가 증가하기에 적당한 지속 수준을 만들었고 나중에, 아주 나중에는 기대 수명을 연장시키는 삶의 물질적 조건을 만들어 내기에 적합한 수준을 만들었다. 스미스가 제시한 자유 시장 패러다임의 대부분은 오늘날까지 적용 가능한 것으로 남아 있다.[2]

하지만 그린스펀과 다른 현대 경제학자들이 스미스의 보이지 않는 손에 사로잡혀 있는 이유는 단지 스미스가 자신이 말하고 있는 것이 무엇인지 알고 있었다고 생각하기 때문이거나, 데이비드 리카도(David Ricardo, 1772~1823년)와 앨프리드 마셜(Alfred Marshall,

1842~1924년)부터 프리드리히 아우구스트 폰 하이에크(Friedrich August von Hayek, 1899~1992년)와 프리드먼까지 지난 2세기에 걸쳐 있는 유명한 경제학자들이 그러한 발상을 찬양했기 때문이다. 그들의 확신은 200여 년 동안 경제학자들이 스미스의 글과 은유적 표현을 뒷받침하기 위해 만든 어려운 수학적 이론에서 나왔다. 역설적이게도 그 모든 것은 19세기 후반에 경제학자들이 자신들의 분야에 물리학의 최신 아이디어를 적용하려고 애쓸 때 시작되었다.

균형 상태나 평형 상태에 대한 개념은 선사 시대까지 거슬러 올라가, 초기 종교의 우주론적인 가정 속에 나타난다. 몸의 평형은 그리스의 내과의사 히포크라테스(Hippocrates, 기원전 460?~기원전 377년?)의 시대 이래로 의학적 사고의 중심에 있었고, 그리스의 물리학자이자 발명가인 아르키메데스(Archimedes, 기원전 287~기원전 212년)는 평형 균형에 대한 아이디어를 지렛대나 다른 간단한 기계를 이용하는 데 사용했다. 하지만 평형 상태에 대한 아이디어는 1678년에 아이작 뉴턴(Isaac Newton, 1642~1727년)의 『프린키피아(Principia)』, 즉 '자연 철학의 수학적 원리'가 출간된 이후에 은유적 표현 이상이 되었다. 뉴턴은 이 책에서 평범한 물체와 기계는 물론, 행성의 운행에도 적용되는 운동 법칙과 중력 이론을 설명했다. 뉴턴의 이론은 돌이든 새든, 행성이든 어떤 물체에 가해진 불균형한 힘은 그 물체를 가속시키고, 그 힘이 작용을 멈추거나 그 힘에 대항해 다른 힘이 균형을 맞출 때까지 가속은 계속된다고 설명한다. 땅 위에 안정적으로 놓여 있는 돌의 경우나, 여러 조각들이 맞물려 거대한 다리를 만들어 안정적으로 스스로를 떠받치는 경우와 같이 각 부분에 작용하는 힘들이 균형을 이룰 때가 평형이다.

물론 평형 상태라는 아이디어가 잘못되었다는 것은 아니다. 그것은 최상의 천재적인 개념이고 많은 것을 설명한다. 대기를 단지 평형 상태의 공기층으로 생각해 보면, 지표에서 타당한 대기압을 구할 수 있고, 고도에 따라 어떻게 대기압이 떨어지는지, 즉 매 13마일 정도 높아질수록 대기압은 10분의 1로 떨어진다는 것을 알 수 있다. 19세기 후반부에 뉴턴의 물리학이 모든 과학과 공학을 지배하게 되고 산업 혁명을 촉발했을 때, 조제프 루이 라그랑주(Joseph Louis Lagrange, 1736~1813년)와 윌리엄 로언 해밀턴(William Rowan Hamilton, 1805~1865년)의 연구를 보면 뉴턴 물리학은 특별히 우아한 수학적 형식으로 나타난다. 특히 라그랑주는 그 당시 알려진 수리 물리학 법칙들이 "최소 작용"의 원리(principle of least action)를 내포한다는 것을 보였다. 즉 우주에서 물체의 운동은 아무리 복잡해 보일지라도, 항상 어떤 양을 최소화하는 방향으로 작용한다는 것이다. 그건 마치 우주 자체가 최대 효율성 원리를 가지고 있는 것과 같다.

그 당시의 많은 사람들처럼 프랑스 수학자 앙투안 오귀스탱 쿠르노(Antoine Augustin Cournot, 1801~1877년)는 사회에 대해서도 비슷한 수리 과학적 방법을 적용할 수 있을 것이라고 확신하고, 평형 균형의 아이디어를 수요 공급을 분석하는 데 저용하면서 특히 도전이 있을 때 가격이 올라가는 것은 자연스러운 일이라고 지적했다. 그 당시 경제학에서는 (쿠르노를 제외하고는) 여전히 수학을 사용하지 않는 구두 논증이 팽배해 있었다. 하지만 쿠르노의 노력은 다른 사람들, 특히 프랑스 경제학자의 아들이며 일찍이 공학을 공부해 경험을 쌓은 마리 에스프리 레옹 발라(Marie Esprit Léon Walras, 1834~1910년)로 하여금 분위기를 바꾸도록 자극했다. 1874년『순수 경제학의 구성 요소(*Elements of Pure Economics*)』라는 책에서 발라는 기계적 평형 상태의 개념이 비슷한 경제학 이론을 만드는 바탕이 될 수 있고, 스미스의 보이지 않는 손을 수학적으로 정확하게 표현하는 데도 사용될 수 있음을 보여 주었다.

평형 상태의 수학

모든 경제학 입문은 수요와 공급에 대한 기본 아이디어로 시작한다. 미국에서 난방 기름과 휘발유 가격은 의회의 법률이나 대통령 명령으로 정해지지 않고, 국제 석유 시장의 수요, 공급에 의해 정해진다. 대부분의 사람들은 사우디아라비아나 중동에 있는 다른 나라가 주로 석유를 공급한다고 생각하지만, 러시아가 10퍼센트 이상을 공급하고, 미국도 거의 10퍼센트를 공급하며 중국과, 캐나다, 멕시코, 브라질, 베네수엘라도 상당한 부분을 차지하는 공급 국가들이다. 이모든 석유는 상품 거래소를 통해 팔리는데 주로 런던에 있는 국제 석유 거래소에서 에너지 회사에 팔린다. 석유 가격이 오르면, 사람들은 난방 온도를 낮추거나 자동차 사용을 줄여서 일반적으로 석유 수요를 줄인다. 동시에 생산자는 더 큰 이윤을 남기려고 공급을 늘리고 싶어 한다. 내전이나 국제 분쟁이 생산이 지장을 받게 되면 가격은 자연스럽게 올라간다. 가격은 수요가 충분히 떨어질 때까지 계속 오르다가 수요와 공급이 같아지는 어떤 가격에서 멈출 것이다. 이러한 평형점에서는 생산자가 너무 많이 공급하여 잉여분이 남거나, 너무 적게 공급하여 소비자가 만족 못하게 되는 상황을 만들지 않을 것이다. 이 시점에서 공급은 수요와 같고 경제적 요인들은 균형을 이룬다.

이 기본적인 이야기는 발라의 시대에 이미 잘 알려져 있었다. 석유나 스패너, 등산용 신발처럼 한 상품에 관해 생각하면 충분히 단순하게 이해된다. 하지만 실제 경제는 수천 개 또는 수백만 개의 상품을 다루고, 과일, 조선, 미용 등과 같은 다른 시장을 구성하고 있다. 발라는 수요와 공급과 같은 종류의 균형이 다른 상품을 다루는 폭넓은 범위의 다양한 시장에서 생기는 좀 더 복잡한 경우에도 자연스럽게 성립함을 수학적으로 보여 주려고 노력했다. 그는 자신이 목표했던 바를 이뤘다고 생각했다. 그는 동료 수학자 폴 마티외 에르망 로랑(Paul Matthieu Hermann Laurent, 1841~1908년)에게 쓴 편지에서 "이 모든 결과는 요구 또는 유용성의 양적 개념에 수학을 단순히 적용한 경이로운 결과이다. …… 그 수학적 결과에서 나온 경제 법칙은 17세기 말의 천문학 법칙만큼 합리적이고, 정확하고 반박의 여지가 없다고 확신할 수 있다."라고 말했다.[3]

같은 시기에 다른 영국인 경제학자 윌리엄 제번스(William Stanley Jevons, 1835~1882년)는 독립적으로 대체로 비슷한 아이디어를 생각해 냈다. 발라와 제번스의 평형 이론은 보이지 않는 손에 대해 어느 정도 유효한 수학적 모델을 세웠지만, 거기에는 중요한 한계가 있었다. 그들의 결론은 수학적으로 완전하게 증명된 것이 아니라, 단지 제시되었을 뿐이라는 점이 그것이다.

결과적으로 스미스의 감질 나는 개념은 1954년 그 분야의 뉴턴이 나타날 때까지 기다려야 했다. 2명의 경제 이론가인 케네스 조지프 애로(Kenneth Joseph Arrow, 1921년~)와 제라르 드브뢰(Gerard Debreu, 1921년~)가 막대한 양의 심오한 통찰을 몇 줄의 수학으로 나타내면서, 마침내 많은 경제학자들이 경제에서 뉴턴의 『프린키피아』에 해당한다고 믿는 일을 해냈다.

애로와 드브뢰의 이론은 뉴턴 물리학의 계산만큼 수학으로 가득 차 있다. 공급은 수요와 같다는 단순한 아이디어를 수많은 다른 상품과 시장을 이루는 경제로 확장하기 위해, 그들은 1912년 네덜란드 수학자 라위트전 에흐베르튀스 얀 브라우어르(Luitzen Egbertus Jan Brouwer, 1881~1966년)가 증명한 정리에 의지했다. 브라우어르의 정리는 반직관적인 것을 증명하는 데 사용될 수 있다. 이에 대한 아이디어를 얻기 위해 다음을 고려해 보자. 미국 지도를 미국 어딘가의 지면 위에 평평하게 놓았다고 하자. 그 지도는 어디에 놓든 상관없다. 브라우어르의 정리는 그 지도에 있는 한 점은 지구상에 실제로 대응하는 지점 바로 위에 정확히 놓여 있다는 것을 증명한다. 누구나 생각할 수 있는 빤한 이야기는 확실히 아니지만, 이것은 수학적 사실이다.

브라우어르의 정리(이 정리의 원리는 지도 이외에 많은 주제로 확장된다.)에서 시작해, 애로와 드브뢰는 매우 중요한 것을 증명할 수 있었다. 많은 소비자와 생산자를 포함하는 추상적인 경제 모델에서, 그들은 보이지 않는 손처럼 사람들끼리 서로 양립할 수 있는 선택을 하도록 모든 사람들을 조직하는 가격 체계가 존재해야만 한다는 것을 보였다. 이것은 정확하게 발라와 제번스가 가정했던 것이었다. 시장에서 정신없이 사고팔 때 이 가격 체계가 어떻게 되는지에 대해 애로와 드브뢰는 설명할 수 없었다. 브라우어르의 정리는 사람들이 실제로 어떻게 결정을 내리는지에 대한 까다로운 문제를 피해 갈 수 있게 했을 뿐이다. 그러나 그들은 시장이 서로 상반되는 목표와 요구가 만들어 내는 엄청난 복잡성을 1개의 가격 체계로 조직하고 조정할 수 있다는 것을, 최소한 이론적으로는 증명했다.

그 당시의 경제학자들에게 그것은 경탄할 만한 업적이었다. 나중에 예일 대학교의 경제학자 존 지아나코플로스(John Geanakoplos, 1955년 ~) 교수는 1987년에 쓴 애로와 드브뢰의 결과에 대한 리뷰 논문에서 다음과 같이 말했다. "일반적인 평형 상태의 가장 두드러진 특징은 그 평형 상태에 필요한 최고의 조정력과 함께, 허용되는 자원과 목표의 다양성을 나란히 두고 비교하는 것이다. 소비자의 욕구가 아무리 엉뚱할지라도, 개별 소비자의 모든 욕구는 어떤 생산자의 자발적인 공급으로 충족된다. 그리고 이것은 모든 시장과 소비자에게 동시에 해당된다."[4]

이제 애로와 드브뢰는 그들의 결과를 증명할 때 이론상 엄청난 비약을 감행해야만 했다. 그들의 경제 모델에서 상품은 사과나 타이어와 같은 단순한 것들이 아니다. 상품은 언제, 어디에 있는지, 또 그 순간에 "세계의 상태"는 무엇인지 명시되어야 한다. 2012년 풍작 이후에 시장에 나온 오리건 주의 사과는 비록 품종은 같을지라도 1942년 전시에 파리 시내에서 팔리는 사과와는 경제적 가치도 완전히 다른, 전적으로 다른 상품이다. 그들은 또한 사람들이 다른 경제에 속하고 다른 세대에 살더라도 그러한 상품들을 교환하는 것이 언제나 가능하다고 가정해야만 했다. 즉 공간이나 시간, 또는 그 어떤 것도 사람들이 상상할 수 있는 거래를 막을 수는 없다고 가정했다.

하지만 이런 수준의 수학적 세부 사항을 고려해서, 애로와 드브뢰는 시장 평형의 이상을 증명할 수 있었다. 그들은 또한 모든 상품의 수요와 공급 사이에 있는 이 완벽한 "경쟁적 평형 상태"는, 모든 자원이 소비자의 요구를 만족시키는 데 가장 생산적으로 사용될 것이라는 의미에서, 가장 "효율적"이라는 것을 증명할 수 있었다. 이 평형은 경제학자들이 "파레토 최적(Pareto optimal)"이라고 부르는 상태가 될 것이다. 즉 더없이 똑똑한 기획자가 조정한다 해도, 평형 상태에서 생산되고 있는 다양한 물건의 가격이나 양에 대한 어떠한 변화도 없이, 적어도 한 개인이나 회사에 악영향을 끼치지 않으면서, 전체적으로 더 나은 결과를 낼 수는 없다. 다시 말해 모두에게 향상된 결과를 주는 변화 방향은 없다. 이 결과는 "후생 경제학의 기본 정리(welfare theorems)"라는 이름으로 알려져 있으며, 뒤따르는 모든 연구와 사고에 거대한 영향력을 행사했다. 매사추세츠 공과 대학(MIT)의 경제학자 프랭클린 마빈 피셔(Franklin Marvin Fisher, 1934년~)는 이 후생 경제학의 기본 정리에 대해 다음과 같이 말했다. "(이 정리는 파레토 효율성 이외에 공정성이나 다른 어떤 속성에 대해서도 알려 주지 않을지라도) 자유 시장은 바람직하다는 아이디어에 대한 엄격한 정당성을 제공했다. 이 정리가 서구 자본주의의 근거라고 말하는 것은 과장이 아니다."[5]

시장은 보이지 않는 손에 이끌려, 정말 최선이 무엇인지 아는 것처럼 보인다. 이것이 수학적 증명을 하는 데 필요한 다양한 가정 하에서, 경제학자들이 시장은 효율적이라고 증명했던 부분이다. 하지만 경제학자들이 효율적이란 말을 사용하는 방식은 그것만 있는 것은 아니다. 경제학자들이 "효율적"이라는 말로 의미하는 바를 이해하기 위해 우리는 또 다른 의미를 고려해야 한다.

예측대로 예측 불가능하다

이 모든 개념에는 매혹적인 우아함이 있다. 원칙적으로 애로와 드브뢰의 평형 이론은 모든 시장에 적용될 수 있기 때문에, 금융 시장의 수요와 공급에도 적용된다. 금융 시장의 상품은 주식, 채권, 정부가 파는 온갖 특이한 증서들, 투자 은행, 보험 회사 등이다. 우리는 그 상품들을 사고파는 것이, 우리가 경제 행위자로 속하는 사회나 세계의 최고 이익을 위한다는 확신(사실은 수학적 확실성)을 가지고 거래할 수 있다. 최상의 효율성을 가진 완벽한 평형 상태에서 영감을 주는 이러한 평온한 비전은 실제 금융 시장에서 영원히 계속되는 우왕좌왕한 혼란과는 뭔가 어긋나 보이지 않는가? 도대체 어떻게 완벽한 평형 상태가 우리를 놀라게 하는 능력을 지속적으로 가질 수 있을까?

2011년 8월 5일 금요일 늦은 시간에 1917년 이래 역사상 처음으로, 신용 평가 회사 S&P는 미국 정부의 신용 등급을 AAA에서 AA+로 낮추었다. 신용 등급 강등은 "미국의 정책 입안과 정치 기구의 실효성과 안정성, 예측성이, 계속되는 재정적, 경제적 도전의 시기에 약화되었다는 관점을 반영한다."라고 그 평가 회사는 설명한다.[6]

그 다음 월요일인 8월 8일에 월가는 2008년 금융 위기 이래 최악의 하루를 맞이했다. 그날 마감까지 미국의 3대 주요 주가 지수는 시가의 5퍼센트에서 7퍼센트까지 떨어졌다. 누구든 당연히 화요일에는 상황이 더 악화되리라고 생각했을 것이다. 하지만 그렇지 않았다. 화요인에 시장은 바로 전 주말 수준에 가깝게 회복되었다. 그런 다음 그 소동은 그 주 내내 계속되었다. 그 와중에 S&P 500 지수는 역사상 처음으로 4거래일 연속 4퍼센트 이상의 수익률 등락을 반복했다.

예측할 수 없는 움직임은 주식 시장의 가장 명백한 특징이며, 거기에는 충분한 이유가 있다. 내가 5퍼센트 문제라고 부르는 사고 실험을 해 보자. 화요일 아침에 그날 마감 30분 전의 대세장에서 주식이 (평균적으로) 5퍼센트 오르면서 시장이 회복할 것이라는 것을 모든 사람이 확실히 알았다고 가정해 보자. 그날 아침 시장에 있는 모든 사람은 이러한 상승을 기대해 그날 아침에 많은 사람들은 주식을 살 때 실제 가치보다 5퍼센트까지 많이 지불하려고 할 것이다. 왜냐하면 그날이 끝날 때쯤 팔아서 이윤을 남길 수 있기 때문이다. 오후에 주가가 상승한다는 정보는 그날 아침에 즉시 주가를 오르게 할 텐데 이것은 우리가 이 사고 실험을 시작하기 위해 했던 가정을 위반한다. 주가 반등이 나중에 일어날 것이라는 예측은 틀리게 된다. 1949년 미국의 저명한 농업 연구자인 홀브룩 워킹(Holbrook Working, 1895~1985년)이 지적했던 것처럼, 예측 가능한 시장에 대한 아이디어는 단순히 자기 모순이다. "어떤 주어진 일련의 상황 하에서 미래 가격 변동을 예측하는 것이 가능하고 그 예측대로 되었다면, 시장의 기대에 결함이 있음에 틀림없다. 이상적인 시장의 기대는 가격 변동을 성공적으로 예측할 수 있게 해 주는 정보를 철저하게 고려할 것이다.[7]

워킹의 주장이 맞다면, 우리는 정의에 따라 시장은 예측 불가능하다고 말할 수 있다. 그리고 이 이상한 사실 때문에 정돈된 평형 상태와 영속적인 혼돈이 동전의 양면처럼 보인다. 워킹은 1930년대와 1940년대에 있었던 얼마간의 중요한 연구를 알고 있었다. 그 연구들은 (주식을 예측하는 회사, 유명한 신문의 애널리스트 등의) 소위 전문가가 하는 주식 시장 예측이 그냥 동전을 던져서 투자할 주식을 고른 경우보다 실제로 더 낫지 않다는 것을 보여 주었다. 예를 들면 한 연구에서 앨프리드 콜스(Alfred Cowles, 1891~1984년)는 통계적 주식 분석 서비스와 보험 회사, 예측 기사를 보고 대략 50개를 선택해, 그에 따라 주식에 투자한 경우의 성공 여부를 조사했는데, 순수하게 확률로 뽑았을 때 기대할 수 있는 것보다 나은 점이 없다는 것을 밝혔다.[8] 워킹은 이 예측 실패가, 시장 동역학에 본질적으로 긍정적인 무엇인가가 있다는 것을 의미하지는 아닐까 하고 생각했다. 즉 투자자의 행위가 가능한 빨리 모든 정보를 시장에 가져오는 경향을 만들기 때문에, 예측 가능한 패턴이 무너지는 것인지 궁금해 했다. 그는 "전문적인 예측이 명백히 불완전하다는 것은 시장의 완벽함에 대한 증거일 수 있다. 주식 시장의 예보자들의 실패는 시장이 제대로 작동한다는 사실을 반영한다."라고 썼다.

이것은 그럴듯하게 들리는 단순한 추측에 불과했었다. 그러나 1965년에 MIT의 경제학자 폴 앤서니 새뮤얼슨(Paul Anthony Samuelson, 1915년~)이 「제대로 예상된 가격의 무작위 요동」이라는 제목의 논문에서 워킹의 주장을 수학적으로 다듬었다. 본질적으로 새뮤얼슨은 약간의 아주 미약한 시장 예측 가능성(가령 IBM 주식이 지난주에 떨어지면, 이번 주에는 오를 것이라는 50퍼센트 이상의 알려진 확률)이 있을 때, 지적이고 이성적인 투자자가 어떻게 반응할지를 고려하는 데 수학을 사용했다. 이런 작은 실험을 해 보면서 그는 5퍼센트 문제와 같은 결론에 이르렀다. 즉 투자자가 이성적으로 행동하고 이용 가능한 모든 정보를 사용했다면, 그들의 행위는 사실상 바로 그 예측 가능성을 완전히 무너뜨리면서 시장 동역학을 바꿀 것이다.

이 모든 것은 사람들이 정말 이성적으로 행동하고 이용 가능한 모든 정보를 사용한다면 주식 동향은 예측할 수 없다는 것을 보여 준다. 그 논문 끝 부분에서 새뮤얼슨은 주어진 가정들과 그 논리적 결과 사이에 있는 가정과 결론의 관련성을 탐구하는 데에, 수학을 이용했을 뿐이라고 조심스럽게 언급했다. 또한 그가 말한 어느 것도 실제 시장에 관해 시사하는 바는 없다고 말했다. 그는 사람들이 실제로 어떻게 행동하는지 안다고 가정하지 않았기 때문이다.

사람들은 기존의 정리에 너무 많은 의미를 부여해서는 안 된다. 그것은 경쟁하는 실제 시장이 잘 작동한다는 것을 증명하지 않으며, 추측은 좋은 것이라거나 임의적인 가격 변동이 좋은 일이 될 것이라고 말하지 않는다. 그것은 추측해서 돈을 버는 사람이 그 추측 때문에 당연히 돈을 벌 만하다거나 그런 사람이 사회나 자신이 아닌 다른 사람을 위하여 좋은 뭔가를 이루었다고 증명하지도 않는다. 이 모든 것이 맞을 수도 있고 어느 것도 안 맞을 수도 있다. 그것을 밝히기 위해서는 다른 조사가 필요하다.[9]

그렇다 해도 이 한 조각의 순수한 논리는 또 다른 젊은 경제학자인 시카고 대학교의 유진 프랜시스 파마(Eugene Francis Fama, 1939년~)가 더 나아가도록 자극하기에 충분했다. 그의 1964년 학위 논문이면서 1970년에 유명해진 「주가 변동 방식」이라는 제목의 논문에서, 파마는 수많은 아이디어들 중에서도 금융에 가장 큰 영향력을 미치게 된 아이디어를 소개했다. 그는 새뮤얼슨의 수학적 정리를 취해 그것과 같은 것이 실제 시장에도 적용된다고 주장했다. 그것은 수학 정리일 뿐만 아니라 실제 세계에 대한 이론이기도 하다고 말이다.

효율적인 시장 가설

세계 최초의 주식 시장은 17세기 첫 10년간 네덜란드 투자자가 연합 동인도 회사(원래 1602년에 네덜란드와 동양 간의 독점 거래를 인가받은 회사)의 주식을 거래하기 시작했을 때 구체화되었다. 처음에는 노천 시장이었으나 이후에는 뷰어스(Beurs)라는 이름으로 특별히 시장이 만들어졌다. 17세기 말에, 호세 데 라 베가(Joseph de la Vega, 1650~1692년)라는 스페인 상인이 『혼란의 혼란(*Confusion of Confusions*)』이라는 제목의 책에서 이 초기 시장의 특징을 연대순으로 기록했는데, 그는 시장의 특징은 언제나 반듯하지도 않고, 도덕적이지도, 의도가 좋은 것도 아니라는 데 주목했다. 시장 거래는 "가장 공평하기도 하고 가장 기만적이기도 하며, 세계에서 가장 고상하기도 하고 가장 악명 높기도 하며, 지구상에서 가장 훌륭하기도 하고 가장 처박하기도 하다. 그것은 학업의 정수이고 부정의 귀감이 되기도 한다. 또한 지성인의 초석이며 대담한 이들의 무덤이기도 하고, 유용성의 보고이며 재앙의 원천이기도 하다."라고 그는 묘사했다.[10]

하지만 베가는 거래자가 이점이 되는 단편적인 정보를 찾아 나서는 극단적인 방법도 언급했다. 암스테르담의 초기 시장이나 나중에 린던 시장에서 중요 투자자들은 수십 명의 젊은 남자들을 고용해 부두 주변에서 이야기를 나누거나 물어보고, 여행하는 사람들로부터 소문을 들으며 시간을 보내게 했다. 이렇게 얻은 것이 세계 최초의 주식 정보였다. 전설에 따르면, 1815년에 런던의 금융가 나탄 메이어 로스차일드(Nathan Mayer Rothschild, 1777~1836년)는 워털루 전투의 전황을 따라가기 위해 전령 비둘기를 풀었다. 그때 그 비둘기는 런던까지 날아와 누구보다도 먼저 그에게 전투 결과에 대한 소식을 전해 주었다고 한다. 그는 영국 채권을 사고 곧이어 그 가치가 급등했을 때 팔아 큰돈을 벌었다. 이런 일화와 인정사정없는 그의 행동으로 그는 동시대 사람들 사이에서 영혼과 인간미 없는 교활한 사람으로 악명을 떨쳤다. 사람들은 그를 이렇게 묘사했다. "눈은 보통 영혼의 창이라고 한다. 하지만 로스차일드의 경우, 여러분은 그 창이 잘못되었거나 그 창으로 볼 수 있는 영혼은 없다고 결론을 내릴 것이다. 안에서 한 줄기의 빛도 나오지 않고, 어느 방향으로도 반사되지 않고 나오는 섬광도 없다. 전체가 빈껍데기를 연상시킨다."[11]

물론 오늘날에 정보를 끊임없이 찾는 것은 그때만큼 중요하며, 기술의 발달로 정보를 찾기는 더 쉬워졌다. 블룸버그 뉴스에서 제공하는 블룸버그 전문 서비스의 구독자는 석유 발견이나 재정적으로 어려움을 겪고 있는 회사에 대한 소문, 그 외에 회사나 시장, 산업, 정부의 운명에 영향을 미치는 것들을 몇 초 만에 알 수 있다.

이것은 시장에 관한 두 번째로 가장 명백한 것이다. (첫 번째는 시장의 예측 불가능성이었다.) 투자자는 게걸스럽게 정보를 찾고 시장은 정보를 중심으로 돌아간다. 새뮤얼슨이 제안했듯이, 이런 정보 찾기와 시장의 임의 변동은 독립적이지 않다. 오히려 정보 탐색이 시장의 무작위 변동을 조장하는 경향이 있다. 파마는 이것이 시장의 효율성을 보여 주는 가장 중요한 단면이 될 수도 있다고 시사했다. 그의 논문에서 주목한 것처럼, 시장에 있는 그 어떤 것도 대규모 정보 쟁탈전만큼 명백하지는 않다.

주로 일시적인 기분에 따라 행동하는 이들도 있겠지만, 많은 사람들과 기관들은 시장에서 행동할 때 경제적, 정치적 상황에 대한 (보통 매우 공들여 한) 평가를 기반으로 하는 것처럼 보인다. 즉 많은 개인 투자자들과 기관들은 개별 주식에는 개별 회사에 영향을 미치는 경제적, 정치적 상황에 의존하는 "고유의 가치"가 있다고 믿는다.[12]

시장 가격이 정말로 무작위로 움직인다거나 적어도 예측하기 아주 어려운 방식으로 움직인다는 것도 똑같이 명백하다고 파마는 지적했다. 워킹이나 새뮤얼슨의 주장 외에도, 이 아이디어는 1900년 프랑스 물리학자 루이스 장바티스트 알퐁스 바슐리에(Louis Jean-Baptiste Alphonse Bachelier, 1870~1946년)의 박사 학위 논문 이래로 존재해 왔다. 그는 '추측 이론(Théorie de la Spéculation)'이라는 제목이 붙은 연구에서 시장 가격이 임의로 움직인다는 것을 설명하기 위해 수학적 모델을 개발했다. 그 모델은 매 순간에 작은 단계를 오르내리는데, 이에 뒤따르는 변동은 서로 독립적이어서 전체 과정에는 예측 가능성이 없게 된다.

파마는 이 모든 것을 합쳐, 정보를 가지고 시장이 어떻게 작동하는지에 대해 만족할 만한 종합적인 안을 제안하면서 이것을 "효율적인 시장 가설(EMH)"이라고 불렀다. 물론 그의 주장은 사실이 아니라, 그럴듯한 추론과 관찰을 기반으로 한 가설에 불과하다는 것이 중요하다. 파마의 가설은, 시장이 무작위로 변동하는 것은 투자자가 게걸스럽게 정보를 모으기 때문에 그럴 수밖에 없다는 것이다. 그 결과는 모든 정보가 (이론적으로는) 매우 빠르게 (심지어 즉각적으로) 시장 가격에 반영되는, 효율적 시장이다. 시장 가격에 반영되지 않은 채, 주식 가치의 중대한 변동을 야기할 수 있는 정보는 없다.

이 관점에서 시장은 다양한 관심과 기술을 가지고 모든 종류의 제조 회사와 은행, 국가, 기술, 원재료 등에 관한 정보를 모으기 위해 열심히 일하는 방대한 투자자들로 이루어져 있다. 그들은 할 수 있는 최선의 투자를 하기 위해 그 정보를 사용하며, 그 정보와 함께 가격에 영향을 미칠 수도 있는 어떤 새로운 정보에 달려들기도 하고 그 정보로 이익을 내기도 한다. 그들은 현재 과대평가된 주식이나 채권 또는 다른 금융 상품을 팔고, 과소평가된 것들을 산다. 바로 이런 행위가 주식 가격이 적당하거나 현실적이거나 "고유한" 쪽으로 돌려놓는 역할을 한다고 파마는 그 당시에 말했다. (용어의 사용법이 크게 바뀌어서, 지금 경제학자들은 "고유한"보다는 "근본적인"이라는 용어를 사용한다.) 그러므로 스미스가 수 세기 전에 말했던 것처럼, 개인의 욕심은 기적적인 효과를 낸다. 새로운 정보는 항상 생겨나서 시장을 동요시키고, 그런 다음 시장은 새로운 평형 상태에 적응한다. 시장은 항상 평형 상태로 되돌아오는데, 그 이유는 이익을 좇는 사람들이 자연스럽게 그

쪽으로 몰아가기 때문이다. 게다가 시장 변동이 반드시 무작위적이고 예측 불가능한 이유도 모든 이용 가능한 정보를 쓰는 투자자들이 그렇게 만들기 때문이다. 그 결과 시장은 실제로 효율적이라고, 파마는 1970년의 그 아이디어를 다시 떠올리면서 다음과 같이 썼다.

자본 시장의 주요 역할은 주식 자본의 소유권을 할당하는 것이다. 일반적인 용어로 이상적인 시장에서는, 가격이 자원 할당을 위한 정확한 신호이다. 즉 그 시장에서 회사는 생산-투자 결정을 할 수 있고. 주식 가격은 언제나 모든 이용 가능한 정보를 "완전하게 반영한다."라는 가정하에 투자자들은 회사 업무를 대표하는 주식 중에서 원하는 것을 고를 수 있다. 가격에 이용 가능한 정보가 항상 "완전하게 반영되는" 시장을 효율적이라고 한다.[13]

여기에서 사용되는 "효율적"이라는 말이 애로와 드브뢰의 연구에 있는 '효율적'이라는 말과는 상당히 다르다는 점에 주목하는 것이 중요하다. 파마에게 시장은 정보를 사용한다는 면에서 효율적이고, 그는 이것을 "정보 효율성"으로 부른다. MIT의 금융 전공 교수 앤드루 로(Andrew Lo, 1960년~)는 정보 효율성은 "시장에 대해 선(禪)처럼 반직관적인 비상스를 풍긴다."라고 말한다. 시장이 더 효율적이 될수록, "그러한 시장 때문에 발생된 연속적인 가격 변화는 좀 더 무작위로 이루어진다. 가장 효율적인 시장은 가격 변화가 완전히 무작위적이며 예측 불가능한 곳이다. 사실 이것은 우연이 아니고, 자신이 가지고 있는 정보로 이익을 내려고 하는 적극적인 시장 참여자들 때문에 생긴 직접적인 결과다.”[14]

다른 가설처럼 EMH도 테스트가 필요했다. 파마가 획기적인 논문을 쓴 이래, 수천 명의 연구원이 그의 원래 아이디어를 다듬었고, 많은 실제 시장이 정보 효율적인 것처럼 보이거나 거기에 상당히 가깝다는 풍부한 경험적 증거를 모았다. 시장에는 거의 예측할 만한 패턴이 없는 것처럼 보이는데, 특히 이익을 남기는 데 사용될 만큼 충분한 회복력을 가진 패턴은 더더군다나 없다. 새로운 정보가 시장에 도착했을 때, 그 정보는 정말 빨리 가격에 영향을 주고, 그것도 EMH가 제안한 방식으로 그렇게 한다.

예를 들면 2012년 봄, 골드만삭스의 파생 금융 상품을 책임지는 전무 이사였던 그레그 스미스(Greg Smith)는 《뉴욕 타임스》에 기고한 탁월하고 악명 높은 논평에서 자신의 사임을 발표했다. 그는 지난 12년에 걸쳐 자신이 재직하던 시기에 투자 은행에서 일어난 점진적인 가치 하락에 대해 비판했다.

현재의 환경은 이제까지 본 것 중에서 가장 유해하고 파괴적이라고 나는 솔직하게 말할 수 있다. 가장 단순하게 말하면, 회사가 운영되고 수익을 내는 사고방식에서 고객의 이익은 계속 열외로 취급받고 있다. 골드만삭스는 세계에서 가장 크고 가장 중요한 투자 은행이고, 세계 금융과 과도하게 연관되어 있는데 이런 식으로 계속 운영해서는 안 된다. 이 회사는 내가 대학을 졸업한 직후 입사했던 때와는 너무 방향이 달라져서, 이 회사가 상징하는 것과 동질감을 느낀다고 양심상 더 이상 말할 수 없다.[15]

하루도 안 되어 골드만삭스의 주가는 3.5퍼센트 떨어졌고, 회사 가치가 10억 달러 이상 잠식되었다. 이는 스미스가 보여 준 관점이 골드만삭스의 고객에 대한 명성을 해칠 것이라고 투자자들이 명백하게 결론을 냈거나 또는 그 회사의 미래 전망을 약화시키는 사내 문화에 대한 추악한 진실이 반영되었기 때문이다.

대체로 시장 효율성에 관한 아이디어는 보통의 경험과 맞아떨어지고, 실제로 왜 시장에서 높은 투자 이익을 지속적으로 실현하기가 그렇게 어려운지 설명한다. 여러분이 무엇을 하든 시장은 더 잘할 수 있다. 세상에는 유용한 정보라면 어떤 정보라도 먹어치우고, 그 정보를 기반으로 주식을 사거나 팔고 있는 방대한 자원을 가진 똑똑한 사람들이 수없이 많다. 그러므로 주식과 채권, 주택 및 다른 것들의 가격은 항상 딱 맞아야만 한다. 그것은 바로 시장이 그렇게 만들기 때문이다.

효율성에 대한 나선형 수렴

경제학자들이 오늘날 시장은 "이전의 어느 때보다 더 효율적"이라고 주장할 때 그들이 의미하는 바를 이해하는 데 필요한 마지막 단계가 있다. 그런데 효율적이라는 말은 두 가지 다른 의미로 사용되다 애로와 드브뢰의 놀라운 증명은, 이 중 한 의미에서 어떻게 시장이 효율적인지를 보여 주었다. 즉 그들은 자원(예를 들어 밀)이 경쟁 산업(빵, 밀가루, 맥주)에 최적으로 할당되고 있음을 보여 주었다. EMH는 상당히 다른 것을 주장한다. 시장은 "정보 효율적"이며, 새로운 정보

(예를 들어 밀 작물을 죽이는 가뭄에 대한 뉴스)를 가격(농업과 관련된 산업의 주가를 내리면서)에 포함시키기 위해 매우 빠르게 행동한다는 것이다. 이 2개의 다른 의미를 연결시키는 방법이 있는가? 아니면 그것들은 그냥 완전히 다를 뿐인가?

그 두 형태의 효율성이 정말 서로 관련이 없다면, 보이지 않는 손의 전망에 심각한 위협을 받는다. 다음 장에서 좀 더 자세하게 보겠지만, 애로와 드브뢰의 이론은 매우 추상적이며, 그 이론의 이상은 실제 시장에서 일어날 수 있는 것을 명백하게 반영하지 않는다. 그 이론은 생산자와 소비자에 대해 말하지만, 금융 시장에 대해서는 아예 언급조차 하지 않는다. 효율성에 대한 파마의 견해는 적어도 대체적으로 실제 시장에서 성립하는 것처럼 보이지만, 정보 효율성의 의미는 보이는 것보다 쉽게 더 작아질 수 있다. 원칙적으로 시장은 모든 정보를 매우 빠르게 흡수하고 반영할 수 있지만 그것을 나쁜 식으로 반영해 완전히 부정확하고 피해를 입히는, 최적과는 거리가 먼 방식으로 자원 할당을 하게 만든다.

그렇다고 걱정할 것은 없다. 1960년대와 1970년대에 경제학자들, 특히 지금은 뉴욕 대학교에 있는 로이 래드너(Roy Radner, 1927년~)와 시카고 대학교의 로버트 에머슨 루카스(Robert Emerson Lucas, 1937년~)는 애로와 드브뢰가 중단했던 곳에서 다시 연구를 이어 갔다. 레드너와 루카스가 지적한 대로, 애로와 드브뢰는 금융 시장을 추동하며 이것을 흥미롭고 역동적으로 만드는 세계의 불확실성과 기대를 근본적인 방식으로 다룬 것은 아니다. 근본적인 방식으로 다룬다는 것은, 무한히 펼쳐지는 시장에 적용될 수학을 단계적으로 계속 적용한다는 것을 의미한다. 날씨, 발명, 전쟁 등과 같이 세상에서 실제 일어나는 일이 전망을 바꾸고, 사람들은 물건 뿐만 아니라, 낙관적이건 비관적이건 자신의 기대를 표현하게 해 주는 금융 상품도 사고팔면서 실제 일어나는 일에 대응하려 하는 설정에서, 애로와 드브뢰의 체계를 매 순간에 하나씩 형성되는 무한 수열 시장에 적용하는 것이다. 결과적으로 나온 이론인 "합리적 기대 평형 상태(rational expectations equilibrium)"는, 파마의 EMH가 확실히 옳다는 것을 애로와 드브뢰의 이론이 함축하고 있다고 보여 주었다. 그러므로 두 의미는 서로 관련이 있다. 파마의 효율성은 자동적으로, 최적의 결과를 시사하는 애로-드브뢰-효율성이 뜻하는 그 효율성이 될 수 있다.[16]

이것이 이 장의 맨 앞에서 우리가 꿈꾸었던 신기한 장치가 바로 시장이라는 것을 증명하는 마지막 단계였다. 수학의 사용으로 얻은 교훈은, 시장은 경제학자가 말하듯이 소위 "완성되기만" 하면 가장 잘 작동해야 한다는 것이다. 대강 말하자면 이것은 모든 종류의 거래가 가능해야 한다는 것을 의미하고, 어느 순간이라도 사람들이 하는 어떤 종류의 거래나 내기를 방해하는 것은 있을 수 없음을 의미하기도 한다. 완성 시장이란 아무리 정보가 모호하거나 특화되어 있더라도, 투자자들이 그 정보로 이익을 내기 위해 사용할 수 있는 광범위한 금융 상품에 접근할 수 있는 이상적인 시장이다.

예를 들어 2004년 봄이라고 가정하고 세계 주택 거품과 신용 거품이 10년 동안 부풀어 올랐다고 해 보자. 여러분의 친구는 "주택 가격은 항상 오른다."라고 말하고 있지만, 여러분은 산더미 같은 조사를 했고 금융 아마겟돈이 바로 앞에 있다는 결론에 도달했다. 여러분은 "이자만 지불, 역상각, 변동 금리 서브프라임 담보 대출"에 관한 광고를 보았었다. 그것은 구매자가 당분간 아무것도 지불하지 않고 그냥 원금에 이자만 더해지는 대출을 할 수 있다는 말이다. 여러분은 조사를 했기 때문에, 주택 가격이 항상 오르고 미래에 이윤을 남겨 집을 다시 팔 수 있으면 이것도 괜찮다는 것을 알고 있다. 하지만 주택 가격이 떨어지면 그것은 재앙이 된다. 이 상황에서 여러분은 헤지 펀드 매니저 마이클 베리(Michael Burry, 1971년~)가 했던 것처럼 주택 거품이 꺼질 때 보상을 해 주는 투자를 하고 싶을 수도 있다. 그 상품은 서브프라임 담보 채권에 대한 신용 부도 스와프(credit default swap, CDS)로 알려져 있는데, 본질적으로 채권이 부도가 나면 보상해 주는 보험 상품이다. 베리는 대략 10억 달러어치의 보험 계약을 해서, 개인적으로 1억 달러를 벌었고, 그의 펀드 투자자들은 7억 2500만 달러를 벌어 들였다.[17]

완성 시장은 어떤 종류의 정보도 시장에서 표출이 가능하게 만든다.

오늘날의 시장은 절대로 완성되지 않는다. 게다가 베리가 처음에 서브프라임 담보에 대한 신용 부도 스와프를 사고자 했을 때, 그런 상품은 존재하지도 않았다. 그는 골드만삭스와 도이체 방크가 그 상품을 그에게 팔도록 설득해야만 했다. 그 상품은 베리가 개인적으로 알거나 접촉할 수 있었던 사람들 이외에는 거의 만들어 낼 수 없는 것이었다. 이러한 불완전성은 시장 이론이 정부 정책에 끼치는 가장 직접적인 영향력 중 하나를 설명한다. 시장을 효율적으로 만드는 가장 명확한 방법은, 시장의 불완전성 때문에 생기는 거래에 대한 모든 장애를 제거하는 것이다. 실제로 이것은 두 가지를 의미한다. 첫째는 시장 규제 완화이다. 시장은 사람들이 이익을 낼 수 있다고 생각하는 거래에 자유롭게 참여하는 것을 막는 모든 법적인 장애물을 제거함으로써 좀 더 완전해질 수 있다. 둘째는 더 많은 파생 금융 상품을 의미한다. 결국 옵션이나 그의 이국적인 사촌들을 포함하는 파생 금융 상품은, 인간이 상상할 수 있는 모든 종류의 거래를 가능하게 하는 단순한 도구일 뿐이다.

완성 시장을 통한 효율성이라는 궁극적인 바람은 파생 금융 상품 사업의 폭발적인 증가뿐만 아니라, 1980년대와 1990년대에 있었던 방대한 금융 규제 완화의 핵심적인 추진력으로 나타났다. 이 두 추세는 시장을 이상적인 완성 시장과 가장 가깝게 만드는 것처럼 보였다. 2005년에 경제학자 로버트 콕스 머튼(Robert Cox Merton, 1944년~)과 즈비 보디(Zvi Bodie, 1943년~)가 주장했듯이 그 결과 시장은 상당히 효율적일 뿐만 아니라 시간이 지남에 따라 더 효율적으로 되는데, 그 이유는 시장을 더 효율적으로 만드는 혁신이 바로 보상을 하는 혁신이기 때문이다. 투자 은행과 중개인, 보험 회사, 헤지펀드는 좀 더 정교하게 만들어진 거래들을 종합하는 방법을 생각해 냈다. 그 방법에 따라 "이러한 거래 시장과 맞춤 상품의 성공은 부가적인 시장과 상품을 만드는 데 투자하게 했고, 이론적으로 한계 거래 비용이 0인 극한의 경우와 역동적인 완성 시장 쪽으로 나선형으로 접근하며 그런 식으로 계속된다."라고 머튼과 보디는 말했다.[18]

그리고 파생 금융 상품이 시장을 더 완성시켰듯이, 금융 규제 완화는 정보를 가지고 있는 사람들이라면 누구나 그 정보를 전 세계의 시장에 재빨리 드러내게 해서 정보의 효율적 흐름을 막는 장애물을 제거했다. 많은 사람들은 여전히 미국 주식 시장 하면 뉴욕 증권 거래소를 싱싱하지만, 시장은 1990년대 규제 완화 이후로 완전히 바뀌었다. 정말로 컴퓨터는 주식 시장을 너무 크게 바꿔서 미국에서 거래되는 주식의 거의 80퍼센트가 지금은 알고리즘을 돌리는 컴퓨터로 거래된다. 이런 거래에서는 종이 더미에 뒤덮여 소리치고 비명을 지르면서 어찌할 바 모르는 거래자는 없다. 모든 미국 주식 거래의 10퍼센트 정도를 차지하는 다이렉트 에지(Direct Edge) 사의 거래 허브(hub)는 뉴저지 턴파이크에서 떨어져 있는 산업 단지 내의 눈에 띄지 않는 창고에 있다. 그곳에 일렬로 늘어선 컴퓨터 서버들은 월 스트리트의 은행과 헤지펀드, 중개 회사를 위해 1초당 수백만 건의 거래를 수행한다. 투자자가 약간의 가치 있는 정보를 알고 그것을 거래에 이용하는 데는 몇 초도 걸리지 않는다. 가장 빠른 거래는 지금 1만 분의 1초도 걸리지 않는다.

신기한 기계의 피스톤은 더 빨리 움직이고 있다.

(속도, 규제 완화, 더 많은 파생 금융 상품 등) 모든 것의 결과로, 시장은 더 효율적이게 된다고 많은 경제학자는 주장한다. 원래 스미스가 생각해 낸 보이지 않는 손에 대한 이러한 전망은 다른 수천 명의 경제학자들은 말할 것도 없이, 애로와 드브뢰, 새뮤얼슨, 파마가 뒷받침했고, 마지막으로 래드너와 루카스가 지지했다. 시장 효율성이 시장은 그렇게 되어야만 한다고 했듯이, 경험상 시장은 예측 불가능한 것처럼 보인다. 정보는 시장에 빠르고 효율적으로 흘러 들어오고, 시장은 투자 자금을 최적으로 배정하는 데 그 정보를 반영하기 때문이다.

아마 지난 30년 동안 미국의 주식이 다른 어떤 서구 국가 주식보다 앞섰던 것은 우연이 아니라, 효율적인 자본-시장 성향을 가진 미국의 경제 체제에서 순환하는 좀 더 큰 투자 효율성이 반영되었을 것이다.

시장이 가장 잘 알고 있다

이 장에서 말한 역사는 경제, 특히 시장 경제가 어떻게 진화했는지를 대강의 그림으로 보여 주기 위한 것이었다. 나는 엄청난 양의 역사와 수많은 뛰어난 인물들을 언급하지는 않았지만, 이 모든 이론적 진전을 봤을 때, 적어도 2008년의 갑작스런 금융 위기 이전에 경제학자들이 왜 그렇게 시장 진화에 만족했는지 이해하기 쉽다고 생각한다. 몇몇의 매우 똑똑한 사람들이 한 많은 연구를 바탕으로, 그들은 그것을 확신했던 것이다.

경제학자들이 시장과 자동적인 효율성에 관해 확립했다고 생각한 모든 것을 나타내는 전망은, 그때 골드만삭스에 있던 윌리엄 더들리(William C. Dudley, 1952년~)와 컬럼비아 대학교의 로버트 글렌 허버드(Robert Glenn Hubbard, 1958년~)가 골드만삭스를 위해 작성한 2004년 보고서에 명백히 나타나 있다. 시장 이론은 특히 그 이론을 가장 깊게 받아들인 미국과 영국 시장을 훨씬 더 효율적으로 만들었다고 그들은 주장했다.[19] "주식과 채권, 파생 금융 상품 시장을 포함한 미국 자본 시장의 우위는 미국 경제 전반에 걸쳐 자본과 위험 할당을 향상시켰다. 그것은 자본 시장이 잘 발달한 영국도 마찬가지였다."

시장 효율성에 대한 나선형 수렴은 은행가와 금융 산업만 도와준 것이 아니라 모든 사람을 돕고 있었다.

자본 시장의 발달은 평균적인 시민들에게도 중대한 혜택을 주었다. 가장 중요한 것은 일자리가 많아지고 임금이 높아졌다는 점이다. …… 자본 시장은 또한 경제의 변동성을 줄여 주기도 했다. 경기 침체의 빈도가 낮아지고, 있다 하더라도 강도가 약해진다. 그 결과 실업률이 갑자기 올라가는 것도 드물어지고, 정도도 심하지 않게 되었다.

옵션이나 선물, 신용 부도 스와프 같은 파생 금융 상품은 어땠는가? 시장을 더 완전하게 만들 때, 이것들도 부분적으로는 투자자들이 좀 더 효과적으로 위험을 분산하도록 도우며, 시장을 더 효율적으로 만들고 있었다.

자본 시장의 발달은 위험을 좀 더 효율적으로 분산하는 것을 도왔다. 자본의 효율적인 할당은 위험을 가장 잘 감당할 수 있는 곳으로 그것을 전가하는 역할도 한다. 위험을 덜 꺼리거나 새로운 위험과 상관관계가 없거나 심지어 포트폴리오에 있는 다른 위험과 음의 상관관계를 갖는 곳으로 위험을 전가하기 때문이다. 위험을 전가하는 이러한 능력은, 더 큰 위험을 감수하려는 위험 감수자들을 만들지만, 이렇게 늘어난 위험 감수자들이 경제를 불안정하게 하지는 않는다. 파생 금융 상품 시장의 발달은 이러한 위험 전가 과정에서 특히 중요한 역할을 했다.

마지막으로 꾸준하게 향상된, 시장 효율성이 훌륭한 경제 및 재무적 성과를 내놓고 있었을 뿐만 아니라, 정치 체계에도 현저한 효과를 내고 있었다. 나선형 효율성을 가장 낙관적으로 보는 논의에서는, 시장이 정치를 포함한 모든 것에 쏟아져 들어가 좋은 영향을 미친다. 정치 지도자들은 영감을 얻기 위해 효율적인 시장을 살펴봄으로써, 더 나은 결정을 내릴 수 있다.

　　정책 입안자들에게 즉각적인 피드백을 제공함으로써, 자본 시장은 좋은 정책에 뒤따르는 혜택을 늘리고, 나쁜 정책에는 값비싼 비용을 지불하게 만든다. 좋은 정책은 더 낮은 위험 프리미엄과 더 높은 금융 자산 가격을 초래해 투자자들의 지지를 받게 된다. 나쁜 정책은 나쁜 금융 시장 성과를 내고, 정책 입안자에게 정책 선택을 수정하라는 투자자들의 압력이 커지게 한다. 그 결과 지난 20년 동안 경제 정책의 질이 향상되어 경제 성과와 거시 경제의 안정성을 향상시켰다.

　　적어도 상황이 이렇게 틀어지기 전의 열렬한 지지자들에게, 금융 과학과 역사는 경제학자들이 보는 의미에서 정말로 더 큰 효율성, 즉 거의 버릴 것 없이 최적의 자원 할당을 추진하는 금융 기술로 이끄는 것처럼 보였다.

　　물론 금융 위기 다음에, 우리는 이 모든 천재들과 이 모든 수학에 치명적인 결점이 있었던 것은 아닌지 의심을 가지게 된다.

주목할 만한 예외

(2008년과 같은) 주목할 만하게 드문 경우를 제외하고, 전 세계적인 "보이지 않는 손"은 상대적으로 안정된 환율과 금리, 가격, 임금 상승률을 창출했다.

－ 앨런 그린스펀, 전 연방 준비 제도 이사회 의장

주목할 만하게 드문 경우를 제외하고, 20세기에 독일은 대체로 이웃 국가들과 사이좋게 지냈다. 주목할 만하게 드문 경우를 제외하고, 앨런 그린스펀은 모든 것에 관해서 다 옳았다,

－ 블로그 '크룩드 팀버(Crooked Timber)'에 있는 논평

5년이 지난 후에 우리는 더 잘 알게 되었다. 수십 년 또는 심지어 수 세기 동안 영향력 있었던 경제 이론이 있었음에도, 세계 경제 위

기는 자율 규제 시장의 평형 상태에 대한 아이디어를 매우 값비싸게 반증한 것이었다. 그 경제 위기와 직접적으로 관련된 금전적 비용만 해도 미국에서는 약 4조 달러(약 4,178조 원, 국민 1인당 1만 달러 이상)에 이르고, 영국에서는 약 400억 파운드(약 68조 4000억 원)에 이르며, 유럽과 다른 국가들도 비슷한 손해를 입었다.[1] 간접적인 비용은 전 세계적으로 아마 50조 달러(약 5경 2000조 원)에 이를 것이다. 지금까지 발생한 것만 해서 그렇다.

하지만 좀 관대하게 현재 위기를 한쪽으로 밀어 놓자. 어떤 사람들은 그 위기가 나쁜 경제와 아무 상관이 없고, 은행은 책임감 있게 행동했으며, 월 스트리트의 모든 것은 경제를 다치게 하기보다는 도왔다고 주장한다.[2] 그쪽으로 생각을 굳힌 사람들은 거의 모든 사건을 자신이 선호하는 해석에 끼워 맞출 수 있다. 그렇다면 과학적인 증거가 효율적인 시장의 평형 상태에 대한 아이디어를 뒷받침하는가? 앞으로 보여 주겠지만, 아니라는 대답이 압도적이다. 적어도 "효율적"이라는 말을 의미 있고 흥미로운 방식으로 해석한다면 말이다. 2장에서 보여 준 상황이 매력적일 수 있지만, 그건 상상 속의 착각에 불과하다. 이 주장은 애로와 드브뢰의 유명한 수학적 정리에서 시작하지만, 그 정리의 결과라고 생각되었던 엄청난 설명 같은 것은 없었다. 우리는 그 이유를 이해하기 위해 일상생활에서 쓰는 물건에 대한 가장 단순한 물리학을 고려해 볼 수 있다.

마음속에 다음 이미지 하나를 떠올려 보자. 작은 테이블 위 공책 옆에 놓여 있는 연필. 이제 여러분의 이미지 속 연필은 어떻게 놓여 있는가? 옆으로 눕혀져 있을 것이다. 맞는가? 왜 그 연필은 테이블 위에 똑바로 세워져 있지 않는 걸까? 엄밀한 물리적 힘에 따르면, 연필을 똑바로 세우는 것은 가능하다. 하지만 우리가 연필이 그렇게 세워진 모습을 보지 못하는 것은 (그래서 그렇게 상상하지도 않는다.) 테이블을 내려치는 것에서부터 공기 흐름 속 작은 변화에 이르기까지, 아주 작은 진동에도 연필이 쓰러지기 때문이다.

똑바로 세워진 연필은 소위 불안정한 평형 상태에 있다고 한다. 즉 동요가 없으면 존재할 수 있지만, 물리적인 세계에 꼭 있을 수밖에 없는 아주 작은 충격에도 급격하게 변하는 상태다. 반면에 옆으로 눕혀진 연필은 안정된 평형 상태에 있다. 입으로 바람을 불어 보고 테이블을 내리쳐도, 연필은 그대로 있거나 순간적으로 튀어 올랐다가 다시 이전의 상태로 돌아갈 것이다. 이 상태에 있는 연필은, 똑바로 세워진 연필을 쓰러지게 하는 작은 힘에 영향을 받지 않는다.

안정된 평형 상태에 있는 물건들은 그 상태가 지속되기 때문에, 그 상태는 불안정한 평형 상태보다 일반적으로 더 중요하다.[3] 연필에 영향을 미치는 물리적 힘을 고려하든지 또는 다우존스 산업 평균 지수(DJIA)가 영향을 미치는 경제적 힘을 고려하든지 간에, 우리는 무엇이건 불안정한 평형 상태에서 벗어나 안정된 평형 상태 근처에 머무를 것이라 기대한다. 그래서 우리가 평형 상태를 고려할 때는 언제나 그것이 안정된 것인지 아닌지를 물어 보아야만 한다, 애로와 드브뢰의 일반 균형 또는 루카스 외 여러 사람들이 개발한 합리적 기대의 일반화에서 나온 일반 균형은, 그것이 안정적이라고 믿을 만한 이유가 있을 때만 생각할 가치가 있다. 즉 경제가 실제로 이 특수한 상태에 접어든 다음, 그 상태와 가깝게 유지될 수 있어야 의미가 있다.

수리 경제학자들은 이것을 매우 잘 알고 있었다. 애로와 드브뢰 평형 상태의 안정성을 증명하는 것은 1954년 이래로 이론 경제학의 원대한 도전 과제가 되었다.

경제학계는 그 후 휴고 프로인트 소넨샤인(Hugo Freund Sonnenschein, 1940년~)이 연구 결과를 발표할 때까지 20년을 더 기다려야만 했다. 1970년대 중반 소넨샤인은 드브뢰와 롤프 리카도 만텔(Rolf Ricardo Mantel, 1934~1999년)의 추가적인 연구를 이용해, 공급이 수요와 같게 되는 과정을 고려해 명확한 결과를 확립했다.[4] 수요-공급이 균형을 이루는 그 최종적인 순간 이전에, 특정 상품의 수요가 공급보다 더 많을 때도 있을 것이다. 이 "초과 수요"는 사람들로 하여금 그 상품을 더 많이 만들게 할 수도 있다. 여러분은 그 과정이 경제가 최종 균형을 이루게 하는, 상대적으로 단순한 것이 되어야 한다고 생각할지 모른다. 그와 반대로 애로-드브뢰 타입의 경제에서 가격은 결코 안정되지 않고, 시간이 지남에 따라 가격은 상상할 수 있는 어떤 패턴에 따라서도 변동될 수 있다. 경제학자 앨런 커먼(Alan P. Kirman, 1939년~)이 『복잡계 경제학(Complex Economics)』이라는 책에서 말한 것처럼, 이 발견은 그 당시 많은 경제학자들에게 엄청난 타격이었다. 경제학자 베르너 힐덴브란트(Werner Hildenbrand, 1936년~)는 1994년 그의 글에서 이 상황을 다시 돌아보고, 이 결과가 평형으로 경제에 대한 확고한 이해를 얻는 비전을 어떻게 완전히 산산조각 냈는지 회상했다.

1970년대에 교환 경제의 초과 수요 함수 구조에 관한 소넨샤인과 만텔, 드브뢰의 논문을 읽었을 때, 정말 깜짝 놀랐다. 그때까지 나는 순진한 환상을 가지고 있었다. 내가 그렇게 예찬했던 일반 균형 모델의 미시 경제적 토대가 평형 모델 및 평형 개념의 논리적인 일관성을 증명시켜 줄 뿐만 아니라, 평형 상태가 잘 결정된다는 사실을 보여 줄 수 있을 것이라는 환상이 있었다. 이 환상(아니 오히려 희망이라고 말해야만 하는)은 완전히 깨졌다. 적어도 교환 경제의 전통적인 모델에 대해서는 말이다.[5]

그때 이후 실물 경제가 실제로 애로-드브뢰 평형과 같은 상태에 이를 수 있음을 증명하려는 모든 노력은 계속적으로 실패했다.[6] 이론가들은 단지 몇 개의 상품들만을 다루는 자명하고 유치한 경제 모델마저도 안정된 평형 상태에 이른다는 사실을 증명할 수 없었다. 경제학자들이 그렇게 소중하게 여긴 일반 균형 이론이 호기심 이상의 것이라고 생각할 이유가 없다는 뜻이다.

발라의 원래 이론은 단순했지만 실제 경제는 그렇지 않다. 경제학자 도널드 진 사리(Donald Gene Saari, 1940년~)가 말했듯이, 발라의 방정식은 "벡터 미적분학의 첫 강의에서 가르쳐질 만큼 충분히 기본적인 것이다. 그래서 우리는 단순하고 좋은 모델이 이렇게 복잡한 세상에서 무엇을 하고 있는지 생각해 보아야 한다." 그는 발라 모델 및 애로-드브뢰의 확장된 모델이나 다른 관련 모델은 실제 과학적으로 장점이 있어서가 아니라 대체로 이야기를 편리하게 하는 데 유용했다고 답한다. "나는 스미스의 보이지 않는 손이 '실제 세상'에서 성립하는지 성립하지 않는지 모른다. 하기는 어느 누구도 모를 것이다. 그 이유는 이 이야기가 국가 정책에 영향을 미쳤다 할지라도, 그것을 뒷받침해 줄 수학 이론이 없기 때문이다."[7]

이상하게도 이런 지속적인 실패도 평형 이론을 포기시키지 못했고, 오히려 안정성이라는 민감한 주제에 너무 많은 관심을 보이는 연구를 거의 완전히 중단시켜 버렸다. 가끔 경제학자들은 2002년 프랑크 아커만(Frank Ackerman, 1946년~)[8]처럼 다시 그 주제로 돌아간다. 아커만은 이런 "외면"의 측면이 가장 주목할 만하다는 것을 알게 되었다. 어떤 대학원 교과서에서는, 경악스러운 이유를 들면서 안정성 문제가 단순히 중요하지 않다고까지 주장한다고 그는 말한다. 그 교과서 저자의 의견으로는 경제학이 경제 속 동역학이나 변동에 관심이 없기 때문이라는 것이다. "우리에게 있어 다른 과학과 구분되는 경제학의 특색은 평형 방정식이 경제학의 중심이라는 것이다. 물리학이나 심지어 생태학 같은 다른 과학도 변화에 대한 동역학 법칙을 찾는 것을 비교적 많이 강조한다."[9]

하지만 좋든 싫든 동역학 법칙은 중요하다. 경제학이 경제 속에 있는 변화의 법칙을 확립하지 않는다면, 경제학이 정확하게 무엇을 하겠는가? 그리고 경제학은 "평형 방정식"에만 관심이 있는데, 그 평형 상태가 너무 불안정하고 순식간에 지나가서 우리 주변의 실제 세상과 다르면 어떻게 될까? 그건 마치 수리 기상학자가 구름이나 바람도 없고, 성가시게 하는 비나 안개도 없이 어느 곳에나 그저 평화로운 햇빛만 내리쬐는 훌륭한 대기 상태에서 아름다운 방정식을 찾는 것과 같다. 원칙적으로 대기는 그런 상태를 가질 수도 있겠지만, 그 상태는 우리가 관심 있는 실제, 즉 우리 주변의 날씨에 관해서는 아무것도 알려 주지 않는다.

애로와 드브뢰의 연구 외에도, 왜 시장이 효율적인 평형과 같은 그런 상태에 있어야 하는지에 관해 재무학과 경제학에서 통상적으로 밀어붙인 주장들이 있다. 그중 하나에 따르면, 시장은 많은 개인들의 다양한 관점을 모은 "대중의 지혜"를 활용해 시장의 개별적인 실수를 만회한다. 그것이 실패했을 때는 또 다른 주장이 성립한다. 시장에 실수가 있으면(예를 들어 IBM 주식이 몇 퍼센트 낮게 가격이 매겨지는 경우), 똑똑한 투자자는 바로 뛰어들어 손쉽게 이익을 내는 거래를 한다는 것이다. 투자자들이 정상가와의 가격 차이가 있는 비정상 상태를 이용하는, "차익 거래"라고 알려진 방법으로 돈을 벌면 가격은 다시 정상적으로 돌아갈 것이다. 사실상 비효율성은 비효율성을 자동적으로 없애는 영향력을 발휘한다.

앞으로 알게 되겠지만, 경험적 증거는 이런 느슨한 주장이 시장 효율성이나 평형 상태를 뒷받침하지 않는다는 것을 말해 준다. 시장은 훨씬 격렬하게 이리저리 뛰어 오르고, 완벽하거나 또는 완벽에 가까운 시장 평형만으로 설명하기에는 놀라운 일들이 너무 많다. 하지만 먼저 대중의 지혜를 다른 시각으로 살펴보자.

약화된 효율성

1968년 5월 중순부터 하순에 걸쳐, 핵탄두 미뢰글 장착하고 99명의 선원을 태운 미국 핵잠수함, USS 스콜피언이 행방불명되었음이 밝혀졌다. 그 잠수함은 대서양에서 기껏해야 반경 20마일 안에 있었던 것으로 알려졌다. 5개월 동안의 철저한 수색에도 아무 성과가 없었다. 마침내 미국 해군의 과학자 존 피냐 크레이븐(John Piña Craven,

1924년~)은 잠수함 관계자들과 구조 전문가들에게 잠수함의 위치를 추측해 보라고 한 다음, 추측한 위치의 평균을 구했다. 잠수함은 그 평균값에서 고작 220야드 떨어진 아조레스 제도의 남서쪽 500마일 정도 되는 곳에서 발견되었다. 안타깝게도 모든 선원은 이미 죽어 있었다.[10]

대중은 정말로 지혜로울 수 있다.

대중의 지혜에서 나온 이런 놀라운 힘 뒤에는 다양한 관점의 통계적 평균이 있다. 여러분은 황소 무게가 얼마나 되는지 정확하게 짐작할 수 없다. 나도 그렇다. 하지만 800명에게 그 무게를 추측하게 하면, 그 평균은 실제 값에서 1, 2파운드(1파운드는 약 0.45킬로그램이다.) 밖에 차이가 나지 않는다. 박물학자 프랜시스 골턴(Francis Galton, 1822~1911년)은 1906년에 실제 사례를 보고하며 이 현상에 처음으로 주목했다.[11] 그는 영국 포츠머스 지역의 서부 지역 가축 박람회(The West of England Fat Stock and Poultry Exhibition)에서 열린 대회를 분석하면서, 대부분의 참가자들에게는 특별한 기술이 없었음에도, 그들이 추측한 추정 값의 "한가운데" 있는 값은 실제 값의 1퍼센트 내에 있다는 것을 알게 되었다. 그는 "평균적인 유권자가 자신이 투표하는 대부분의 정치 현안의 장점을 잘 판단하는 만큼 이 대회의 평균적인 참가자도 제대로 잘 추측했다."라고 말했다.

이것은 정확하게 금융 시장에서 일어나야 하는 일이라고, 미국의 경제학자 프리드먼과 다른 많은 사람들이 주장했다. 투자자는 금융 시장에서 가격이 바뀔 것이라고 생각되는 주식이나 상품을 사고파는 행위로써, 본질적으로 이런 저런 주식이나 상품의 진짜 가치를 "선택"한다. 하지만 이런 지적 능력에도 한계가 있다.

2004년『대중의 지혜(*The Wisdom of Crowds*)』라는 책에서, 제임스 마이클 서로위키(James Michael Surowiecki, 1967년~)는 사람들이 편견 없이 추측하고, 또 이 추측의 오차들이 서로 상쇄시키는 경향을 보일 때만 그 효과가 있다고 조심스럽게 말했다.[12] 그러나 최신의 행동 경제학 분야에 종사하는 연구원들과 심리학자들에게는 모두 우리와 비슷한 실수를 하는 경향이 있으며, 그것도 상당히 조직적으로 나타난다는 것을 세심한 실험으로 보여 주었다. 예를 들면 우리 대부분은 스스로를 과신하는 경향이 있어, 평균적인 운전자들보다 자신이 운전을 더 잘 한다(또는 평균보다 더 똑똑하다거나 평균보다 더 운동을 잘한다.)고 생각한다. 당연히 우리의 절반 정도는 그렇지 않다. 어떤 것에 대한 우리의 추측은 완전히 관계없는 요소들에 "기반"을 두고 있거나 그 요소들에 영향을 받는다. 사람들에게 10만이라는 숫자를 보여 준 다음, 맨해튼에 있는 치과 의사의 수를 짐작하게 해 보자. 사람들에게 233이나 867을 먼저 보여 주면 그들이 추측한 치과 의사의 수는 앞의 경우에 비해 상당히 적을 것이다.

여기 퍼즐이 또 하나 있다.《이코노미스트》잡지를 구독하는 두 방법 중에 한 가지를 선택한다고 하자. (a)59달러에 인터넷에서만 구독하는 것과 (b)125달러에 인쇄본과 인터넷 모두 구독하는 것이 있다. 심리학자 대니얼 애리얼리(Daniel Ariely, 1967년~)는 이 실험에 참가한 학생들 중 68퍼센트가 인터넷에서만 구독 가능한 (a)를 선택한다는 것을 알게 되었다. 하지만 이때 애리얼리는 세 번째 선택 사항을 덧붙였다. (c)125달러에 인쇄본만 구독 가능. 실험에 참가한 학생 누구도 (c)를 선택하지 않았다. 어쨌든 그것은 웹으로 볼 수 없기 때문에 같은 돈으로 더 적은 서비스를 제공한다. 그러나 세 번째 선택사항이 단순히 들어 있다는 것만으로도 학생들이 다른 두 가지를 선택하는 방식이 완전히 바뀌었다. 이제 학생들의 13퍼센트만이 인터넷 구독만 가능한 (a)를 선택했다.[13]

이 기이한 효과는 어떻게 사람들이 절대적인 기준으로 사물의 가치를 판단하지 않고, 다른 것들과 비교해 즉 상대적인 기준으로 사물의 가치를 판단하는지를 보여 준다. (c)를 선택 사항으로 덧붙이면 그것에 비해 (b)가 훨씬 더 좋아 보이고, 독자 마음속에 있는 (b)의 가치도 높아진다.

똑같은 이유로 우리 모두 비슷한 실수를 한다면, 우리의 실수들이 어떻게든 서로 상쇄될 것이라는 생각은 약간 순진하다. 우리는 모두 비슷하게 편향되어 있고, 대중들(그리고 대중의 예인 시장)은 비슷하게 편향되어 있을 가능성이 있다. 하지만 실제로 대중들과 시장의 신뢰성을 더욱 악화시키는 또 다른 요소가 있다. 사람들은 패션이나 언어, 투자 등 무엇에서든지 서로 베끼는 경향이 있다. 최근의 어떤 실험이 보여 주었듯이, 이것은 위원회나 대중(특히 시장)을 정말로 분별없게 만들 수 있다.

작년에 취리히 연방 공과 대학교(ETH)에 있는 얀 로렌츠(Jan Lorenz, 1976년~)와 그의 동료들은 "사회적 영향력" 수준을 조절할 수 있는 조건하에서 대중의 지혜를 시험하는 방법을 고안했다. 여기서 사회적 영향력 수준이라는 것은 한 사람이 다른 사람들의 선택에 관해 알고, 잠재적으로 그것 때문에 영향을 받는 정도를 말한다. 그들은 거의 150명의 지원 학생들에게 (작년에 취리히에서 일어난 자동차 절도는 몇 건인가와 같은) 범죄 통계에 대한 질문에 대답하게 했다. 그 질문들에 대한 답은 이미 알려져 있는 것이어서 대중들이 얼마나 잘 추측했는지 시험하는 것이 가능했다.

이제 몇몇 실험에서 학생들은 다른 사람들의 추정 값을 모른 채 답했다. 반면 또 다른 몇 번의 실험에서는 다른 사람들의 추정 값을 완전히 알고 있거나, 평균값을 알고 있었다. 실험 결과는 사회적 영향력이 대중의 지혜를 여러 방법으로 무너뜨린다는 것을 명백하게 보여 준다.

우선 로렌츠의 실험은 사회적 영향력이 없어도 대중의 지혜 효과가 얼마나 연약한지 보여 준다. 예를 들면 2006년 스위스에서 일어난 살인 사건이 몇 건인지 물었을 때, 평균적인 반응은 838건이었지만, 실제 건수는 198건이었다. 그것은 별로 지혜로워 보이지 않는다. 하지만 약간 다르게 평균을 계산하면 이제 지혜롭게 된다. 심리학자들은 사람들이 거의 알지 못하는 것들에 대한 수를 추산하려고 할 때의 어려움은 실제로 그 답의 대략적 크기를 추측하는 것임을 보여 주었다.[14] 그 수는 대략 10일까? 100일까? 1,000일까? 학생들이 수의 규모를 추측한다고 가정하고, 연구원들은 그 규모에 따라 결과의 평균 (수학적으로 이것은 기하 평균이라고 한다.)을 구할 수 있었고, 이런 면에서 볼 때 참가자들은 꽤 지혜로웠다. 기하 평균으로 얻은 답은 174건이었고, 198건과 그렇게 동떨어진 값은 아니었다.

사회적 영향력이 있을 때는 상황이 악화되었다. 단지 다른 사람들의 추산 값을 듣는 것만으로도 학생들은 자신의 추산 값을 바꾸어 그룹이 내놓은 값과 가깝게 만들려고 했다. 유감스럽게도 이 상황이 대중의 평균 추산 값의 정확도를 높이지 못했음을 이 실험은 보여 주었다. 사실상 사람들은 정보를 나누고 더 좋은 결과를 얻기 위해 함께 일한다고 생각하지만 그렇지 않다. 대신에 답을 서로 나누는 것은 모든 사람의 답을 하나로 수렴시켰다. 사회적 영향력이 허용되었을 때, 진짜 답은 보통 그 그룹의 추산 값 범위에서 완전히 벗어나 있다.

이러한 발견은 특히나 실망스럽다. 어떤 문제를 해결하기 위해 대중의 지혜를 쓰려는 정부를 상상해 보자. 정부는 어떤 주제에 관해 얼마만큼의 합의가 있는지에 대해 다양한 관점과 아이디어를 얻기 바라면서 다수의 사람들을 조사한다. 대중들의 평균적인 추산 값이 정확하지 않다면, 이런 낮은 정확도는 개인들이 내놓은 추산 값이 광범위해서 생기는 것이라고 생각할 것이다. 넓은 범위는 만장일치 및 신뢰의 부족을 의미한다고 생각하기 쉽기 때문이다. 하지만 실제로는 그렇지 않다. 오히려 사회적 영향력은 부정확한 추산 값 쪽으로 대중을 모는 경향이 있다. 따라서 개인 의견의 범위는 좁아지고, 사회적 영향력이 강력하게 확실한(틀린) 결과를 내 놓는다. 즉 어리석음으로 가는 지름길인 것이다.

사회적 영향력은 또한 이 어리석음이 높은 확신으로 나타나는 불쾌한 조합을 만들어 낸다. 연구원들은 실험이 끝나고 나서 학생들을 인터뷰하면서 그룹이 최종 합의한 추정 값을 얼마나 확신하느냐고 물었다. 사회적 영향력은 대중들의 추정 값을 더 부정확하게 만드는 반면에, 참가자들이 그룹 추정 값의 정확도가 향상되었다는 강한 믿음을 가지게 만들었다. 우리는 "대중의 지혜"보다는 "정당화되지 않

은 대중의 확신"을 갖게 되었다.[15]

오늘날의 월 스트리트보다 사회적으로 영향을 받는 환경을 상상하기는 어렵다. 오픈 플랜식의 거대한 사무실은 직접 마주보고 거래하거나 또는 전화나 온라인으로 거래하는 거래자와 중개인, 투자자들로 가득 차 있다. 소문은 비즈니스 언론과 기업 회의실에 돌아다니고, 사람들은 다른 사람들이 무엇을 하고 있는지 주시하면서, 무엇을 사고팔지에 관한 힌트를 얻는다. 같은 도시에서 기반을 잡은 뮤추얼 펀드 매니저들은 다른 도시에 있는 매니저들보다 같은 회사에 투자할 가능성이 훨씬 더 많다. 심지어 투자하는 회사가 지구 반대편에 있더라도 상관없다. 가장 그럴듯한 설명은 사회적 접촉, 잡담 등을 통해 서로를 베끼게 하는 사회적 영향력이라고 할 수 있다.[16] 금융 분석가들은 인플레이션이나 회사 수익을 예측할 때 독립적으로 정보를 평가한다고 주장할지 모르지만, 2004년 연구는 분석가들이 실제로 가장 많이 따라하는 것은 바로 다른 분석가들의 예측이라는 것을 밝혔다.[17] 분석가들의 예측이 실제 결과와 가깝다기보다는 분석가들끼리 서로 더 가깝게 만드는 강한 군집 행동(herding behavior)이 있다. 이것은 정확하게 로렌츠의 실험에서 예상할 수 있는 결과이다.

주택 가격 거품과 (소득도 자산도 없는) 무담보 대출 등이 있었던 2005년을 생각해 보라. 많은 사람들과, 그들이 형성했던 시장은 주택 가격이 계속 오를 것이라는 사실에 의견을 같이 했다. 최소한 실제 발생했던 그런 식으로, 가격이 떨어질 것이라고는 전혀 생각하지 못했다. 사람들은 군중들이 낭떠러지를 향해 달려갈 때마저도 (많은 사람들 대부분이 하는 행동이기에) 그들을 신뢰했다. 그 결과는 결코 효율적인 것이 아니었다. 이것이 대중에 대한 우리의 믿음을 버리고, 따라서 시장의 똑똑함에 대한 믿음도 버려야 함을 의미하는 것일까? 아직은 아니다. 경제학자들은 이미 또 다른 방어선을 갖추고 있다.

욕심은 좋은 것이다(나와 시장을 위해서)

1987년 영화 「월 스트리트」에 나오는 악독한 금융업자 고든 게코 (Gordon Gekko)는 "욕심은 좋은 것이다."라는 유명한 말을 했다. 사실 이것은 스미스의 시장 전망의 핵심에 있는 특이한 아이디어로 인간의 사리사욕과 욕심이 실제로 시장을 균형 있게 유지시켜 준다는 것이다. 사람들이 시장의 비효율성을 이용해 이윤을 내게 되면서 시장은 다시 효율적인 평형 상태로 돌아간다. 그것이 어떻게 가능한지에 대한 논리는 아주 간단하며, 겉보기에는 피할 수 없는 것 같기도 하다.

시장은 온갖 종류의 구매자와 판매자의 복잡한 생태로 이루어졌지만, 그중 몇몇 사람들(골드만삭스나 모건스탠리 같은 투자 은행 또는 D.E. 쇼 그룹이나 르네상스 테크놀러지 같은 헤지펀드를 생각해 보라.)은 더 많은 자원을 가지고 있고, 대부분의 다른 사람들보다 확실히 좀 더 정교하다. 그들은 이윤을 낼 수 있는 기회를 찾아 헤매고, 그 기회를 찾는 즉시 뛰어든다. 이러한 회사들은 결국 "불균형을 찾아내는" 복잡한 버전의 수많은 전략을 토대로 번창한다.

이런 종류의 전략 중 차익 거래가 어떻게 이루어져야 하는지를 보여 주는 대표적인 예가 있다. IBM 주식이 일시적으로 다른 비슷한 주식, 예를 들어 애플보다 상대적으로 저평가되어 있다고 가정해 보

자. 투자 회사는 IBM 주식을 살 것이고, 사는 데 필요한 돈은 비슷한 분량의 애플 주식을 팔아서 충당할 것이다. 그러고 나서 아니나 다를까 가격이 다시 제자리로 돌아가면, 그 회사는 더 높은 가격의 IBM 주식을 팔고, 낮은 가격의 애플 주식을 다시 사들일 것이다. 이런 거래는 매 거래마다 한 주식을 사기 위해 다른 주식을 팔기 때문에 약간의 매매 수수료 말고는 비용이 들지 않고, 시장 효율성을 믿는다면, 위험 부담도 없다. 어떤 주식이 저평가되어 있다면, 시장의 효율성은 그 가격을 오르게 할 것이다. 따라서 차익 거래는 위험 부담 없이 수익을 내는 방법이다.

그런 차익 거래 기회를 찾아내는 것이 가장 흔한 투자 전략 중 하나이다. 그 거래가 몇 달, 며칠 또는 몇 초가 걸리든 상관없이, 전형적인 논리에 따르면 그 결과는 같아야만 한다. 즉 차익 거래자의 행위는 머지않아 가격 차이를 없애고 시장을 효율적인 평형 상태로 되돌리려 해야 한다.[18] 경제 학계에서 이론가들은 이런 과정이 너무 순간적이고 효과적이어서, 사실상 차익 거래가 없다고 결론지었다. 다시 말해서 명백하게 잘못된 주식 가격이 너무 빨리 제자리를 찾는 까닭에, 시장은 항상 완벽하게 효율적인 평형 상태에 놓여 있다. 그래서 길거리를 걸어가는 두 경제학자에 대한 농담이 생겼다. 한 사람이 갑자기 말한다. "저기 봐. 100달러짜리 지폐가 있어." 그러면 다른 경제학자가 즉시 대답한다. "아니야. 저건 진짜가 아니야. 그게 진짜 지폐라면, 다른 사람이 벌써 집어 갔을 거야."

이런 일이 있을 것 같지 않은 상황처럼 들린다면, 그것은 아마 실제로도 일어나지 않기 때문일 것이다. 1997년 경제학자 안드레이 슐라이퍼(Andrei Shleifer, 1961년~)와 로버트 비쉬니(Robert Vishny)가 처음 지적했듯이, 이 문제는 『햄릿』에 나오는 유명한 대사를 떠오르게 한다. "호레이쇼, 우주 만물에는 자네 철학에서 꿈꿀 수 있는 것보다 더 많은 것이 있다네." 다시 말하면 시장이 모든 차익 거래를 재빨리 제거할 것이라는 가정은, 이 세상에서 뜻밖에 생길 수 있는 모든 놀라운 일을 충분히 고려한 것이 아니다.

IBM과 애플 사이에 있었던 불균형을 찾아낸 헤지펀드를 다시 생각해 보라. 이윤을 내기는 쉽다. 두 종류의 주식을 사고팔면 된다. 그런 다음 가격 차이가 없어질 때까지 기다렸다가 다시 그 주식을 엇갈려 사고판다. 하지만 여러분이 첫 거래를 한 후에, 한 무리의 무지한 투자자가 IBM에 관한 잘못된 소문을 듣고 그 주식을 마구 내다 팔아서 가격이 폭락해, 두 주식 가격이 같아지지 않으면 어떻게 할 것인가? IBM 주식의 애플에 대한 상대 가격은 구입했을 때보다 더 떨어졌다. 주식은 같은 가치를 갖고 있어야 한다고 알고 있는 헤지펀드 매니저에게 이 상황은 몹시 짜증날 수밖에 없다. 특히 지금 빠져나오려면 손해 보는 거래를 할 수밖에 없기 때문에 더욱 그렇다. 그 펀드는 적당한 순간을 기다릴 뿐(하루가 될지, 1달, 아니면 1년이 될지 누가 알겠는가.) 옴짝달싹할 수 없다. 그 바보 같은 사람들이 마침내 제정신으로 돌아올 때까지 기다려야 하는 것이다. 그들이 정신을 차리는 것이 가능하다면 말이다.

엄밀한 수학적 전개를 통해 슐라이퍼와 비쉬니는 이 난장판을 벗어나는 방법은 없으며, 차익 거래가 위험 부담이 없다고 여겨짐에도, 항상 불확실성이 뒤따름을 보여 주었다.[19] 공교롭게도 슐라이퍼와 비쉬니가 이 문제를 지적하고 1년이 지나, 그 문제는 역사상 가장 극적인 헤지펀드 붕괴를 일으켰다. 노벨 경제학상을 받았으며 효율적인 시장을 확고히 믿는 금융 경제학자인 마이런 숄스(Myron Scholes, 1941년~)와 머튼이 포함된 LTCM 헤지펀드는 현 시가가 다른 두 종류의 회사채의 가격이 결국 같아질 것이라고 확신했다. 어쨌든 30년 채권과 29년 3개월 채권 모두 대략 30년 후에 고정된 값을 지불하므로, 거의 같은 가격이 매겨져야 한다. 하지만 그렇게 되는 대신에, 러시아 정부의 채무 불이행에 당황한 투자자들이 가격 차이를 더 키워 버렸다. LTCM은 60억 달러 이상 되는 투자자들의 돈을 잃었다. 1988년 LTCM이 무너지면 금융계가 우르르 무너질까 염려한 뉴욕 연방 준비 은행은 LTCM의 주요 채권자가 자금을 댄 긴급 구제를 조직했다.

LTCM 재앙은 시장과 차익 거래의 메커니즘에 대한 잘못된 믿음을 보여 주는 대표적인 경우이다. 확실한 투자 같았던 것이 사실은 매우 위험한 투자로 밝혀졌다. 이것은 대중이 항상 똑똑한 것은 아니며 심지어 그리 자주 똑똑하게 행동하지도 않는다는 사실을 보여 주는 한 가지 편협한 예이다. 사실 집단 지성은 매우 드물 수 있다. 차익 거래는 가능하기도 하고, 대개는 주식 가격이 근본적인 가치로 돌아가게 작동할 수도 있지만, 그것을 보장할 수는 없다. 즉 비이성적인 거래자들이 시장을 "적절한" 가치에서 멀어지게 해, 차익 거래자들이 손해를 볼 수도 있다. 케인스가 말했듯 "시장은 여러분의 지불 능력이 버틸 수 있는 한계보다 훨씬 더 오랫동안 비이성적일 수 있다."

하지만 이것마저도 너무 낙관적인 의견일 수 있다. 효율적 시장 이론가들은 주식이나 다른 금융 상품의 "근본적인" 가치 또는 "본질

적인" 가치에 관해 말하기를 좋아하고, 일반적으로 그것을 그럭저럭
잘 해낸다. 나도 여기서 이런 것이 완벽하게 타당한 것처럼 쓰고 있었
고, 독립적으로 근본적인 가치를 측정할 수 있는 방법이 사실 없지만,
그러한 가치가 정말로 존재하는 것처럼 쓰고 있었다. 주식은 시장에
서 가치를 가지고 있다. (가상의) 근본적인 가치는 대체로 추측에 달
려 있다. 캐피탈 펀드 매니지먼트(Capital Fund Management)라는 헤지
펀드 회사의 물리학자 장필리프 부쇼(Jean-Philippe Bouchaud, 1962년
~)는 그러한 가치가 실제 존재하는지에 대해서도 거의 증거가 없다고
말한다.

아마도 똑똑한 투자자들은 예측하는 데 약간 유리하겠지만 그렇게 많이
유리하지는 않다. 내 경험으로는 수많은 징후와 연구, 통계가 있어도 성공
확률은 기껏해야 52퍼센트다. 그리고 그 확률조차도 두 가격을 비교할 뿐
절대적인 가치에 관해서는 아무것도 예측하지 못하는 "상대적 가치" 거래
에 한한 것이다. 나는 가격의 향방에 대한 너무나 많은 잡음과 불확실성이
산재해 있어서, 근본적인 가격이라는 것은 없다고 강하게 믿는다.

어쨌든 근본적인 가치에 대한 생각이 환상이든 아니든, 차익 거래
메커니즘 그 자체도 명백하게 시장 효율성을 보장하지는 않는다.

강도 5등급 허리케인

1987년 10월 19일, 월요일 늦은 오후 그린스펀은 텍사스 주 댈러

스에 도착해 비행기에서 내렸다. 워싱턴에서 댈러스로 오는 동안, 그는 미국 은행가 협회에서 다음날 아침에 할 연설을 다듬고 있었다. 시장이 며칠 동안 요동치고 있어서, 다우존스 지수가 "오" "영" "팔"로 마감했다고 보좌관이 말했을 때 그는 크게 놀라지 않았다. 그는 그 숫자가 5.08퍼센트라고 생각했으며, 염려스럽기는 했지만 그럴 리가 없다고 생각할 정도는 아니었다.

그린스펀은 결국 연설을 하지 못했다. 그의 보좌관은 사실 5.08포인트라는 뜻으로 말한 것이다. 다우존스 산업 평균 지수가 22.6퍼센트 떨어졌으며, 그것은 역사상 하루 동안 이루어진 가장 큰 폭의 하락이었다.

로널드 레이건(Ronald Reagan, 1911~2004년) 대통령의 수석 보좌관인 하워드 베이커(Howard Baker, 1925~2014년)에게서 곧바로 전화가 왔다. 그는 "의장님은 여기로 다시 돌아와야 해요."라고 말했다. "나도 내가 도대체 뭘 하고 있는지 모르겠어요." 그날 밤 그린스펀은 군용 제트기를 타고 워싱턴으로 돌아갔다. 공황 상태에 빠진 관료들은 그 다음날인 화요일에 주가가 더 심하게 하락해 경제 붕괴를 촉발할까 봐 두려워했다. 화요일 아침 8시 41분, 시장이 막 열리기 전에 연방 준비 제도 이사회는 그린스펀 외 몇 사람이 공들여 작성한 성명서를 발표했다.[20] "연방 준비 제도 이사회는 미국의 중심 은행으로서 일관되게 그 책임을 유지하면서, 현재 경제와 금융 시스템을 지원하는 유동성의 원천 역할을 할 준비가 되어 있음을 단언합니다."

은행과 헤지펀드, 더 작은 규모의 투자자들은 안심했고, 연방 준비 제도 이사회가 충분한 자금을 투입해 시장 작동이 멈추는 것을 막아 줄 것이라고 확신하게 되었다. 재앙은 피할 수 있었고, 시장이 열린 후 곧 주가는 오르기 시작했다.

그러나 처음 그 폭락을 일으킨 것은 무엇인가? 25년이 지난 후에도 아무도 그것을 확실히 알지 못한다. 골드만삭스의 로버트 호매츠 (Robert Hormats, 1943년~)와 같은 시장 참여자들은 그 일을 회상하며 그때의 충격과 믿을 수 없던 순간을 기억한다. "나는 어안이 벙벙했다. 그건 거의 비현실적이었고 너무 빨리 일어났다. 그것은 갑자기 들이닥쳤다. 나는 그것을 강도 5등급의 허리케인과 동급으로 친다."[21]

물론 허리케인이 일반적으로 갑자기, 예상치 못하게 일어나지는 않는다는 점을 빼고 말이다.

뉴욕 대학교의 경제학자인 리처드 실라(Richard E. Sylla, 1940년~)가 제안한 한 설명은 세계의 경제적 압박(환율과 금리에 관한 국제 분쟁과 인플레이션에 대한 공포)이 서로 섞인 드문 경우라고 지적한다. 그 당시에 문제가 소위 포트폴리오 보험 전략으로 증폭되었다고 그는 말한다. 갑자기 떨어지는 주식에 대한 손해를 한정시키기 위해, 많은 투자자들은 주식을, 예를 들어 10퍼센트 떨어지면 자동적으로 팔도록 컴퓨터 프로그램을 만들었다. 이 효과는 중간 규모의 문제를 자동적으로 큰 규모의 문제로 만들 수 있었다. 이 이론은 실제 일어났던 일에 대한 많은 설명 중 한 요소가 되었지만, 여전히 결점을 가지고 있다. 우리가 근거로 삼아야만 하는 모든 것이 "세계의 경제적 압박"과 "인플레이션에 대한 공포" 같은 요소들이라면, 왜 그 폭락이 그 전후 다른 날도 아닌 10월 19일에 일어났는지는 어떻게 설명하는가?[22]

좀 더 특이한 가정은 그 폭락이 실제로는 자기 충족적인 기대의 결과였다는 것이다. 헤지펀드 매니저 존 튜더 존스(John Tudor Jones)를 포함한 많은 사람들은 10월 19일에 도달하기까지 며칠 동안의 시장의 동향과 1929년의 대공황에 이르기 직전 날들의 시장의 동향이 비슷하다는 데 주목했다. 폭락이 올 것이라는 투자자들 자신의 기대가 실제로 폭락을 일으켰을 수도 있다.[23]

그러나 이 사태 역시, 우리는 여전히 그 이유를 모른다. 금융 전문 기고가 존 폴 코닝(John Paul Koning)이 말하듯이, "1987년의 폭락은 그에 대한 설명이 완전히 부족해서 더 두드러진다. 오늘날까지도 그 때의 하락에 대한 명확한 이유를 따로 떼어낼 수가 없었다. 원인과 결과, 예측 가능성, 인간의 합리성 같은 기본 개념이 기록적인 폭락의 증거 앞에서 모두 무너졌다. 그 폭락은 설명할 수 없고 무시무시하며 기이한 20세기 역사 속의 블랙홀로 남아 있다."

1987년의 폭락은 또한 시장은 효율적이며 스스로 안정된다는 인식에 정면으로 혹독한 한방을 날렸다. 이 비전에 따르면 어떤 가격 움직임이라도 투자자가 새로운 정보를 감안해 내린 금융 가치의 재평가를 반영해야만 한다. 그렇지만 10월 19일에는 미국 회사의 주식 가치가 갑자기 전날보다 22.6퍼센트 더 떨어질 것이라고 투자자가 결정할 수 있게 하는 어떤 뚜렷한 일도 일어나지 않았다. 설명할 수도 없고 무시무시하며 기이하다.

또는 아마도 그것은 그렇게 기이하지 않을 수도 있다. 물론 1987년 폭락은 그 규모 때문에 두드러진다. 하지만 그 폭락 직후, 경제학자 데이비드 커틀러(David Cutler, 1965년~)와 제임스 마이클 포터바(James Michael Poterba, 1958년~), 로런스 서머스(Lawrence Summers, 1954년~)

는 그 사건이 실제로는 좀 더 자주 일어나는 것(특별한 원인 없이 일어나는 시장의 움직임) 중에서 특히나 격렬한 사례에 불과할 수도 있다고 의심하기 시작했다. 효율적인 시장 이론이 시장은 새로운 정보가 원인이 되어 움직인다고 단언한다면, 역사를 살펴보고 그것이 사실인지 알아보는 것이 가능해야만 한다. 바로 이것이 커틀러와 그의 동료들이 살펴보기로 결정했던 것이다.

그들은 제2차 세계대전 이후 하루 동안의 시장 변동이 가장 큰 경우 50개를 뽑아 자세한 연구에 착수했고, 그때 뉴스 기사에 있는 어떤 것이 시장 변동의 원인이었는지를 살펴보았다. 《뉴욕 타임스》를 연구하면서, 그들은 시장이 뉴스에 반응한 것처럼 보이는 사건들이 있음을 알았다. 예를 들어 1955년 드와이트 데이비드 아이젠하워 (Dwight David Eisenhower, 1890~1969년) 미국 대통령이 심근 경색을 일으켰던 날에 주가가 6.62퍼센트 떨어졌고, 1950년 6월 25일 한국 전쟁이 발발했던 날에는 5.38퍼센트 떨어졌다. 그럼에도 많은 사건들은 그럴듯한 뉴스와 연관되어 보이지 않았다. 1962년 6월 4일, 《뉴욕 타임스》 분석가들은 3.55퍼센트의 폭락을 "전주 하락의 연속"이라고 설득력 없게 설명할 수 있을 뿐이었다. 1987년의 폭락이 일어난 2일 후인 1987년 10월 21일에 주가가 9.1퍼센트 올랐던 것은 "금리가 계속 떨어진다."라는 사실 덕분으로 여겨졌다.

그리고 1946년 9월 3일 주가가 6.73퍼센트 떨어졌을 때, 보통은 단호하고 독창적이었던 비즈니스 언론은 설명을 포기한 채, "가격 폭락에 대한 근본적인 이유가 없다."라고 했다.

커틀러와 그의 동료들은 새로운 뉴스나 정보가, 그들의 표현에 따르면 "전체 주가 변동의 반 정도"[24]만 설명할 수 있을 뿐이라고 최종적으로 결론지었다. 그렇다. 1987년의 폭락은 다른 어떤 것보다 컸지만, 이상하게도 설명할 수 없는 다른 큰 시장 변동과 비교하면 별로 두드러지지 않는다. 허리케인이 설명할 수 없는 사건이 아닌 것처럼, 그것 역시 무작위로 일어난 설명할 수 없는 사건이 아니다. 그것은 단지 항상 생기는 폭풍 중에서 특이하게 격렬한 사례일 뿐이다.

주목할 만하게 드문 예외

자, 이 장 서두에 있었던, 비웃음거리가 된 그린스펀의 발언으로 다시 돌아가 보자. 그는 보이지 않는 손은 훌륭하다고 말하는 것처럼 보인다. 보이지 않는 손이 우리를 재앙으로 몰고 가는 그런 경우(크룩드 팀버의 블로거들이 조롱하는 데 재미를 붙인 경우)만 제외하고 말이다. 그 블로그의 또 다른 적절한 코멘트도 있다. "주목할 만하게 드문 경우를 제외하고, 러시아 룰렛 게임은 온가족이 함께 하기에 재미있고 안전한 게임이다."

성공했을 때는 공적을 차지하지만, 실패했을 때는 무시될 수 있는 중요하지 않은 "예외"라고 간주한다면, 어떤 이론이라도 높은 점수를 받을 수 있다.

2000년 예일 대학교의 경제학자 레이 클래런스 페어(Ray Clarence Fair, 1942년~)는 커틀러의 연구를 확장했다. 그는 S&P 500 선물 계약의 기록에서 5분 이내에 발생한 큰 변동을 찾아냈고, 그 변동을 뉴스 제공 서비스의 기사와 짝지으려고 했다. 그는 전 기간에 걸쳐 계산한 평균 규모보다 적어도 15배 큰 경우를 "큰 변동"이라고 규정했다. 그런 다음 그는 다우존스 뉴스 서비스와 《AP 통신》, 《뉴욕 타임스》, 《월스트리트 저널》에서 관련 기사를 찾았다. (사실, 대부분) 많은 시장 변동은 뉴스에서 나오는 그럴싸한 정보와 아무 관련이 없는 것처럼 보인다는 것이 그 조사 결과이다. 전체 1,159건의 큰 사건 중에서, 10개 중에 1개도 안 되는 69건만이 그럴싸한 뉴스 기사와 관련 있음을 알 수 있었다.

페어는 다음과 같이 결론지었다.

> 주가 결정은 복잡하다. 큰 주가 변동의 대다수는 딱히 명확한 사건과 부합하지 않으며, 쉽게 설명할 수 없다. 또한 1982년과 1999년 사이에 일어났던 상당히 비슷한 발표 수백 개 중에서, 단지 몇 개만이 큰 가격 변동을 일으켰다. …… 그리고 왜 어떤 것은 가격 변동을 일으키고 어떤 것은 일으키지 않는지를 설명하기가 쉬워 보이지는 않는다.[25]

물론 우리는 더 짧은 기간을 살펴볼 수도 있다. 2010년 5월 6일의 (그 자체로 설명되지 않은 대재앙이었던) 플래쉬 크래쉬 이래로, 규모가 약간 더 작을지라도 그와 비슷한 갑작스런 폭락이 시장에 쏟아졌다. 2010년 11월 《뉴욕 타임스》는 개별 주식 가치가 몇 초 만에 뚝 떨어졌다가 얼마 안 있어 다시 회복하는 10여 개의 "미니 크래쉬"를 보도했다. 예를 들면 한 경우에서는 1만 1000명의 직원을 고용하고 있는 프로그레스 에너지 회사의 주식이 몇 초 만에 90퍼센트가 떨어졌다. 그 사건 전후로 프로그레스 에너지 회사의 기업 전망에 관해 보도된

어떤 뉴스도 없었다.[26]

시장 데이터 회사 나넥스에 따르면, 2011년 1월에 주식이 1초도 안되어서 1퍼센트 이상 오르락내리락한 다음 다시 회복된 사례가 139건 있었다. 2010년에는 그런 경우가 1,818건 있었고, 2009년에는 2,715건이 있었다. 2011년 4월 27일 재즈 제약회사(Jazz Pharmaceuticals)의 주식이 33.59달러로 시작해서 한 순간에 23.50달러로 떨어진 다음, 32.93달러로 회복되고 마감되었다. 5월 13일에 보험회사 엔스타(Enstar) 주식은 주당 100달러에서 0달러까지 떨어진 다음, 다시 몇 초 만에 100달러로 회복했다.[27]

물론 시장은 보통, 뉴스에 들어 있는 정보에 직접적으로 반응한다. 2011년 10월 6일, 큰 투자 은행들 중에서 가장 작은 모건스탠리가 거의 붕괴되기 직전이라는 소문이 돌고 있었다. 대략 오전 10시에 미국 재무부 장관 티머시 가이트너(Timothy Geithner, 1961년~)는 연방 준비 제도 이사회는 또 하나의 미국 금융 기관이 도산하는 것을 "절대로" 방치하지 않을 것이라고 공개적으로 말했다.[28] 그가 말한 후 거의 즉시, 투자자들이 주식을 사들여서 모건스탠리의 주가는 4퍼센트 정도 뛰어올랐다. 분명히 투자자들은 모건스탠리를 구하기 위해 필요하면 정부가 개입할 것이라고 믿었다.

하지만 효율적인 시장 이론은 정보가 시장을 움직인다고만 주장하는 것이 아니다. 그 이론은 정보만이 시장을 움직인다고 주장한다. 시장 가격은 항상 소위 근본적인 가치, 회사가 유지되고 이윤을 내는 장기적인 전망에 관한 정보를 정확히 반영한 현실적인 가치에 가깝게 매겨져야 한다는 것이다. 우리는 가장 크고 가장 격렬한 시장 변동이 일어난 사건들에서 이것이 들어맞지 않다는 것을 보았다. 그 사건들 대부분은 예기치 않게 일어났으며, 어떤 정보를 기반으로 하시도 않았다. 하지만 좀 더 일반적으로, 일상적인 변동을 보더라도 그것은 맞지 않다. 예일 대학교 금융학 교수 로버트 제임스 실러(Robert James Shiller, 1946년~)가 1981년에 처음 보였듯이, 일반적으로 가격은 너무 활발하게 오르락내리락 움직여서 실제 정보를 근거로 한 합리적인 가격으로 설명할 수 없다.

실러의 아이디어는 S&P 500과 다우존스 지수(각 경우에 상승 추세는 제외하고)를 두 주가 지수의 실제적이며 합리적인 가치에 대응시켜 그래프로 나타내 보자는 것이다. 이론적으로, 후자는 주식의 소유자가 받을 "합리적으로 기대되거나 옵션으로 예측된" 선물 배당금이어야만 하는데, 그는 주식이 지불하는 실제 배당금으로 그것을 계산할 수 있었다. 실러는 배당금에 기초한 "합리적" 가격은 상당히 매끄러운 모양을 하고 있다는 것을 알게 되었다. (놀랄 것도 없이 수 년에 걸쳐 얻은 평균이라서, 그 계산에는 일시적인 요동의 중요성이 줄어들었기 때문이다.) 반면에 실제 가격은 위아래로 마구 뛰었다.[29] 실러의 논의는 "(정보만 가지고 효율적으로 움직이는 시장을 기반으로 기대해야 하는 것 위에, 또 덧붙여진 시장 움직임인) 과도한 변동성"을 지적했다. 1981년 이래로 진행된 추가 연구는 이 상황을 기본적으로 확인했다.[30]

대체로 정보만이 시장을 움직이는 역할을 한다는 주장을 뒷받침한다든가, 효율적인 시장 이론에 대한 정말 흥미로운 주장인 시장이 가격을 바로잡는다는 관점을 뒷받침하는 증거는 별로 없다. 하지만 정보가 항상 시장을 움직이는 것인지 아닌지 살펴보기 위해서 좀 더 연구하는 것은 가능하다. 물리 과학에서 약간의 아이디어를 가져오는 것도 도움이 된다.

시장을 진정시키는 두 가지 방법

시장 가격을 움직일 만한 명백한 뉴스거리는 수없이 많다. 어쩌면 합병이나 정부 구제 또는 2011년 모건스탠리의 경우처럼 구제에 대한 단순한 약속마저도 시장을 움직일 수 있을 것이다. 그것을 염두에 두고, 아마 우리는 두 가지 다른 종류의 시장 움직임이 있다고 짐작할 수도 있다. 그 둘은 효율적인 시장 이론이 말하는 것처럼, 뉴스나 정보로 생긴 움직임과 우리가 아직 이해하지 못한 심리학적 효과나 다른 어떤 것 때문에 생긴 움직임이다.

3년 전에 아르망 줄린(Armand Joulin, 1984년~)과 부쇼가 이끄는 물리학자 팀이 이 아이디어의 테스트에 착수했다. 부쇼는 고체의 완화 특성에 관한 전문가이다. 고체의 경우, 완화는 분자 상태의 완화를 말한다. 예를 들면 종잇조각에 있는 분자들은 열에 노출되면 들뜨게 된다. 오래 동안 열에 노출시키면 불이 붙는다. 그러나 종이에 불이 붙기 전에 열원을 치우면, 종이가 서서히 식으면서 그 분자들은 결국은 다시 정상적인 상태로 완화될 것이다. 공교롭게도 부쇼는 파리에 기반을 둔 매우 성공적인 헤지펀드 회사인 캐피탈 펀드 매니지먼트의 설립자이기도 하다. 완전히 다른 두 관심 분야에서 나온 생각을 합쳐, 부쇼는 시장도 어느 정도는 그 종잇조각과 같지 않을까 생각했다. 그는 대학원생인 오귀스탱 르페브르(Augustin Lefèvre), 줄린과 함께 일하면서, 시장이 큰 가격 움직임 후에 흔들렸다가 천천히 정상적인 상태로 다시 자리 잡는지 살펴보았다. 그들은 가격이 반드시 그렇게 된다는 것을 시장 데이터로 알게 되었으며, 더욱이 완화는 모두 다 두 방법 중 한 방법으로 일어났는데 이것은 시장 움직임이 정말 2개의 다른 방법으로 생긴다는 것을 시사한다.

그들은 우선 페어의 연구와 비슷한 생각으로 분석을 반복했다. 다른 점은 훨씬 방대한 양의 데이터를 사용했다는 것으로, 나스닥에서 거래된 900개 이상의 주식에 대한 자료와 2년 동안 수십만 개의 뉴스 기사에 이르는 로이터 사와 다우존스의 초고속 뉴스 피드를 사용했다. 뉴스와 명백하게 관련이 있는 모든 큰 움직임과 그렇지 않은 모든 큰 움직임을 분리한 후, 각각에 대해 이 움직임이 일어난 후에 몇 시간 동안의 시장 동향을 연구한다고 가정하자. 두 경우, 시장이 각각 다르게 움직일까?

그들이 고려한 핵심 통계량은 변동성이었다. 대충 얘기하면 그 변동성은 (오르거나 내림에 관계없이) 일별 가격 움직임의 전형적인 규모이다. 그날그날 시장은 변동성의 특정 수준을 가지고 있지만, 갑작스럽게 생긴 큰 사건은 좀 더 변동이 큰 시장을 만드는 경향이 있다. 그후 변동성이 다시 정상으로 돌아오기까지는 시간이 좀 걸린다. 부쇼와 르페브르, 줄린은 그들의 연구에서 눈에 띄는 결과를 얻었다. 뉴스가 될 만한 사건을 따르는 시장은 뉴스거리를 전혀 따르지 않는 시장보다 훨씬 더 빨리 정상으로 돌아왔다. 이 패턴은 다음 페이지에 있는 그림에서 나타난다.

첫 번째 그림은 뉴스 충격이 있고 난 다음 시장 변동성이 어떻게 정상으로 다시 돌아갔는지를 보여 준다. 이 경우 데이터는 뉴스와 관련된 사건에 대한 것으로, 그 규모가 정상보다 4배 또는 8배가 더 크다. (8배는 위에 있는 곡선이고 4배는 아래에 있는 곡선이다.) 그 두 곡선은 약 25분 안에 시장이 이미 거의 정상 상태로 돌아왔다는 것을 보여 준다. 그에 반해서 뉴스와 관련이 없을 때는 왼쪽 아래에 있는 그래프가 보여 주듯이 매우 다른 일이 일어난다. 이 경우 같은 규모의 충격에 대해 시장은 25분이 지나도 여전히 그 사건을 처리하고 있으며, 정상으로 돌아오지 못했다. 100분 후에도 변동성은 여전히 약간 높아 보인다. 그 뉴스가 무엇이었는지 알지 못할 뿐이지, 뉴스와 관련 없어 보이는 큰 변동 역시 뉴스거리가 있는 사건과 본질적으로 같다고 여전히 생각한다면, 이 그림들이 그런 생각에 재를 뿌릴 것이다.

결론은 시장이 뉴스와 관련된 사건 이후보다 뉴스와 관련이 없는 사건 이후에 훨씬 더 천천히 완화된다는 것이다.[31] 왜 이렇게 되는지 아무도 모르지만, 줄린과 그의 동료들은 뉴스와 명확하게 관련이 있는 급등은 사실 놀랍지 않고, 불안하게 하지도 않는다는 상당히 분별 있는 추측을 했다. 뉴스와 관련된 사건은 이해할 만한 것이어서, 거래자들과 투자자들은 그것이 무엇을 뜻하는지 자신이 생각하는 대로 결정하고 자신의 일상적인 거래를 계속할 수 있다. 그에 반해서 뉴스와 관련이 없는 사건(예를 들어 플래쉬 크래쉬를 생각해 보라.)은 매우 다르다. 그런 사건은 진정한 충격이고 거기에는 설명되지 않은 미스터리가 계속 남아 있다. 그것이 불안을 조장하고 투자자들을 동요하게 한다. 그렇게 초래된 불확실성은 높은 변동성을 기록한다.

그래서 공적이든 사적이든 정보가 시장의 효율적인 결과를 낳는다

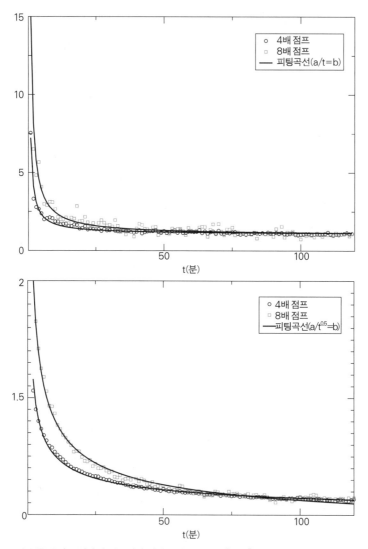

그림 1 두 곡선은 시장의 변동성이 갑작스럽게 일어난 "급등" 이후에 어떻게 다시 정상 수준으로 완화되는지 보여 준다. 어떤 일이 일어나는지는 그 사건이 바깥 뉴스에 명확하게 관련되어 있느냐에 달려 있다. 위쪽 그림은 뉴스와 관련된 급등의 경우 변동성은 꽤 빠르게 완화된다는 것을 보여 준다. 뉴스와 명확한 관련이 없는 급등의 경우인 아래쪽 그림의 완화는 훨씬 더 천천히 일어난다. (그림 제공: 장필리프 부쇼(Jean-Philippe Bouchand))

는 생각은 유효하지 않다.[32] 효율적인 시장 이론이 아주 잘 맞는 것으로 생각된 적이 (있었는지 모르겠지만) 있다고 가정한다면(하버드 대학교 경제학자 마이클 콜 젠슨(Michael Cole Jensen, 1939년~)은 그 이론이 "모든 사회 과학 중에서 가장 잘 확립된 사실"이라고 말한 적이 있었다.), 지난 20년 동안 그 이론은 꽤 극적으로 무너졌다.

진실한 신봉자

우리가 봤듯이, 엄청나게 많은 증거는 효율적인 시장 이론과 잘 맞지 않는다. 시장에 대한 경제 이론의 이 핵심적 부분은 기껏해야 대충 만들어진 부분적인 이야기일 뿐이다. 효율적인 시장에서 (비현실적으로 고평가된 자산인) 금융 거품은 존재할 수 없다. 2005년 미국 주택 가격은 딱 알맞은 것이어야 하고, 모든 부채 담보부 증권(CDOs, collateralized debt obligations)의 가치와 주택 저당 증권(mortgage backed securities)으로 만들어진 다른 파생 금융 상품의 가치도 마찬가지로 적당한 것이어야 한다. 그렇지 않다면 결국 예리한 차익 거래자들이 그 게임에 뛰어들어, 그 가치를 "거의 즉석에서" 현실적인 가치가 되게 만들 것이다.

2007년까지 큰 은행들은 은행이 보유한 상품의 진짜 가치를 어느 누구보다도 잘 알 수 있는 위치에 있었다. 하지만 경제학자 제임스 브래드포드 드롱(James Bradford DeLong, 1960년~)이 지적했듯이, 시티 그룹에 있는 투자자들은 최종적으로 보유 주식의 93퍼센트를 잃었다. 뱅크 오브 아메리카와 모건스탠리도 각각 85퍼센트와 75퍼센트를 잃었다. "이 은행의 임원들은 자신들이 담보나 주택 가격, AIG 위험 부담을 얼마나 갖고 있는지도 몰랐다."[33]라고 드롱은 덧붙였다.

그러나 종교적인 확신은 어떠한 실패도 인정하지 않는다. 어떤 금융 이론가들은 여전히 그들의 이론에 매달린다. 펜실베이니아 대학교 와튼 스쿨의 제러미 제임스 시겔(Jeremy James Siegel, 1945년~)은 그 위기 후에 한 발표에서, 정확히는 금융 공학의 경이로움 때문에 이전보다 "우리 경제는 내재적으로 좀 더 안정적이다."라고 주장했다.[34] 《이코노미스트》에서 시카고 대학교의 로버트 루카스는 효율적인 시장 이론은 "주로 그 가설의 정확성을 확인해 주는 역할을 했던 수많은 비판에 철저하게 도전받았다."고 단언했다.[35] 어떻게 이것이 가능한가?

자, 여기 유용한 비결이 있다. "세상은 항상 공정하다."처럼 엉뚱한 생각을 변호하고 싶다고 하자. 그건 어려운 일이다. 하지만 "공정성"이라는 말의 기술적인 의미를 보통 쓰이는 의미와 매우 다르게 고안해서 변호를 시도할 수 있다. 전문가들은 "공정함"이 세상은 항상 일련의 특정한 법칙(물리 법칙)을 따른다는 것을 의미하도록 정의할 수도 있다. 그래서 이제 우리는 "공정성"에 대한 2개의 의미, 즉 일상적인 의미와 기술적인 의미를 갖게 되었다. 여러분이 기술적인 의미의 "공정성"을 논하고 있다면, 세상은 정말 공정하다는 주장을 강력하게 펼칠 수 있다. 세상은 물리학의 법칙을 따르기 때문이다. 여러분은 공정한 세상 가설에 관한 논문을 쓸 수 있고, 정말로 세상은 공정한 것처럼 보이게 하는 많은 데이터를 보여 줄 수 있다. 특별히 주의를 기울이지 않는 사람들로 하여금 (일상적인 의미로의) "세상은 정말 항상 공정하다."라는 주장의 강력한 논거가 있다고 믿게 할 수도 있다.

이 비결은 "효율성"에 잘 적용된다. 특히 효율성이 온갖 것을 의미할 수 있는 시장이라는 맥락에서는 더욱 그렇다. 이런 속임수는 압도적인 증거 앞에서도 시장 효율성을 계속 옹호할 수 있게 만든다.

1960년대 후반에 경제학자들은 효율적인 시장에 대한 다른 형태의 개념 몇 개를 명확히 하기 시작했다. "강력한 형태"의 효율성은 공개적으로 이용 가능한 정보를 주식 가격이나 다른 자산 가격에 매우 빠르고 적절하게 반영해, 그것들의 가격을 적정선에 가까워지게 한다고 주장한다. 우리가 봤듯이 이 버전은 명백하게 틀렸다. 시장은 흔히 가격을 상당히 잘못 매긴다. 좀 더 그럴듯한 "약한 형태"의 효율성은 자산 가격이 무작위로 변동해서, 과거 가격 변동 패턴에는 미래 가격을 예측하는 데 사용될 수 있는 정보가 없다고만 주장한다. 이 아이디어 또한 틀렸다. 1999년에 출간된 『월 스트리트의 논랜덤워크 움직임(*A Non-Random Walk Down Wall Street*)』에서, 저자인 로와 크레이그 맥킨리(Craig MacKinlay)는 주식과 다른 자산이 보여 주는 다수의 예측 가능한 변동 패턴을 기록했다. 예를 들면 주식은 1월에 오르는 경향이 있다. 이 패턴은 1월 효과라고 알려져 있다. 시장에는 수백 개의 비슷한 패턴이나 "이례적인 경우들"이 있다.

다른 연구도 좀 더 미묘한 패턴이지만 비슷한 것을 기록한다. 1970년대에 프리딕션 회사(Prediction Company)라는 금융 회사에서 일하는 물리학자 도인 파머(Doyne Farmer, 1952년~)와 몇몇 사람들은 미래에 시장 변동을 예측하려 할 때 사용할 수 있는 수많은 시장 신호나 단서를 찾아냈다. 아래 그림은 23년에 걸쳐 계산된, 그런 거래 신호

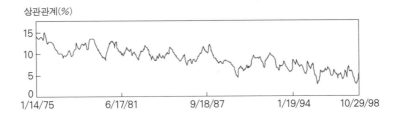

상관관계(%)

그림 2 위 그림은 23년에 걸친 프랍 트레이딩(proprietary trading) 신호의 성과를 보여 준다. 이 곡선은 각 신호와 2주 후의 주식 가격 변동의 상관관계를 나타낸다. 즉 신호가 주식 가격 변동을 예측하는 데 사용될 수 있었음을 보여 준다. 명백하게, 시간이 지남에 따라 상관관계는 천천히 줄어들지만, 효율적인 시장 관점의 예상과는 다르게, 차익 거래로 인해 그 상관관계가 (빠르게) 없어진 것은 아니다. (그림 제공: 도인 파머(Doyne Farmer))

중 하나(프리딕션 회사가 고안하고 보안을 유지하는 비밀 신호)와 2주 후의 시장 가격의 상관관계를 보여 준다. 1975년에 이 관계는 15퍼센트까지 높았고, 2008년에는 대략 5퍼센트 수준을 유지하고 있다. 이 신호는 오랫동안 시장 변동에 대한 신뢰할 만한 사전 정보를 주고 있었다.

도표를 바탕으로, 이 패턴이 수십 년에 걸쳐서 점차 없어지고 있다고 주장할 수도 있다. 하지만 시장이 진정 효율적이라면, 이 패턴은 만들어진 순간에 거의 바로 사라져야만 했다. 효율적인 시장 이론에 따르면, 한 회사가 어떤 패턴을 찾아내 비밀로 하려고 아무리 노력해도 시장은 그것을 찾아낼 수 있고, 투자자들이 그 패턴을 이용하게 되어 패턴은 빠르게 없어진다. 그렇지만 앞으로 10년에서 25년 동안 이 그림의 패턴이 완전히 사라질 것이라고 생각할 근거가 별로 없다.

이것은 더 약한 형태의 효율성 가설도 또한 틀렸다는 것을 보여 준다. 여전히 "대부분의 자산 가격은 예측하기 어렵다."라는 효율성 가설의 "우스꽝스러울 정도로 약한" 버전을 만들 수 있다. 이것은 사실처럼 보이며 어느 누구도 그것을 의심하지 않는다. 하지만 이것은 효율성과는 전혀 관계가 없기 때문에 우리는 솔직하게 그 버전을 시장 예측 불가능 가설이라고 불러야 한다.

이제 우리는 수사적인 형태의 교묘한 수법에 다다랐다. 효율적 시장 이론의 강력한 (그리고 틀린) 형태는 시장에 관해 뭔가 놀라운 것을 말한다. 즉 시장은 가차 없는 효율성으로 정보를 가공하고 다른 기업들의 주식의 가치를 현명하게 평가함으로써 우리 사회를 조종하는 귀중한 사회적 자원 역할을 한다는 것이다. 시장이 가장 잘 알고 있다고 말한다. 그에 반해서 우스꽝스러울 정도로 약한 형태는, 시장의 지혜에 관해 아무것도 말하지 않고, 단지 시장은 예측하기 어렵다고 주장한다. 컴퓨터 키보드를 무작위로 두드려 대는 원숭이들에 의해 시장이 오르락내리락할 수 있을지라도 시장이 예측하기 어렵다는 것은 사실일 수 있다.[36] 그리고 그 경우에 우리는 당연히 "효율적"이라는 말을 쓰지 않을 것이다. 우리는 두 가지 형태의 가설을 가지고 있다. 하나는 대담하고 흥미롭지만 틀린 가설이고, 또 다른 하나는 흥미롭지 않지만 맞는 가설이다. 경제학자들이 흔히 쓰는 요령은 이 두 의미를 섞어서 흥미롭지 않은 가설의 증거를 제시함으로써 흥미로운 가설을 옹호하는 것이다.

이런 책략이 실제 작동하는 것을 보면 거의 숨이 막힐 정도이다. 2009년 7월 《이코노미스트》는 경제 위기를 심화시키는 현대 경제학 이론과 그 역할에 대한 비판을 연속 기사로 냈다.[37] "왜 경제학자들은 (역사가 보여 줬듯이) 자신들도 잘 모르면서, 시장이 아주 안정되고 자기 규제가 되며, 매우 효율적이라고 우리에게 말하는가?"라고 비판 기사는 묻는다. 이에 대한 대응으로, 경제학자인 루카스는 시장은 예측하기 어렵다고 주장하면서 시장 효율성 이론을 변호했다. "정책 입안 목적을 위한 EMH에서 벗어나 우리가 취할 수 있는 주된 교훈은, 거품을 알아내 터트리는 중앙 은행가들과 규제 담당자를 임명해서 경제 위기와 불황을 헤쳐 나가려고 하는 것은 허사라는 것이다." 거품을 찾아 터트릴 사람이 있다면, 우리는 그들의 연봉을 감당할 수 없다.[38]

물론 비판가들은 경제학자들이 경제 위기를 예측했어야 한다고 주장하지는 않았다. 다만 이전에 시장 효율성이 자연스럽게 위기를 막을 것이므로 어떠한 위기도 있을 수 없다며 광범위하게 밀어붙인 경제학자들의 관점에 반대한 것이다. 2장에서 봤듯이, 허버드와 더들리는 다음과 같이 주장했다.

자본 시장은 경제의 변동성을 줄인다. 불황은 자주 일어나지 않고, 일어나더라도 심하지 않다. ······ 자본 시장의 발전은 위험을 좀 더 효율적으로 분산하게 했다. ······ 위험을 전가하는 이 능력은 더 큰 위험의 감수를 용이하게 하지만, 이 증가된 위험 부담은 경제를 불안정하게 만들지 않는다. 파생 금융 상품 시장의 발전은 이 위험 전가 과정에서 특히 중요한 역할을 했다.

이 위험한 착각에 반대하면서, 그것을 밀어붙인 사람이 누구인지, 왜 그랬는지를 물어 보는 사람은 누구나, 시장은 예측하기 어렵다는 기술적인 의미의 효율성과 통상적인 의미의 효율성은 전혀 별개라는 점을 지적함으로써 루카스를 명백하게 반박할 수 있다.

그것은 상황에 따라 바꾸는 교묘한 술책이자 기발한 미끼로, 지금 막 일어난 일에 대해 상대방을 혼동시키고 확신하지 못하게 한다. 사실 그것은 내세울 논리가 아무것도 없을 때 갑작스럽게 승리를 주장하는 것이다. 이런 의미에서 그것은 시장 효율성 그 자체에 대한 아이디어와 약간 비슷하다. 왜냐하면 시장 효율성은 경제학자들의 무지를 상자 속에 밀봉해 넣고, 한편으로는 그렇게 외면하는 행동을 여전히 과학적이면서 심지어 영웅적으로까지 보이게 디자인한 수법과 비슷하기 때문이다. 월가에서 수 년 동안 일했던 물리학자 이매뉴얼 더면(Emanuel Derman, 1945년~)은 이렇게 말한다. "EMH는 경제학자들 쪽에서 보면 약점을 강점으로 바꾸는 일종의 주지쓰(jiu-jitsu)식 대처법이었다. '난 지금 상황이 어떻게 돌아가는지 모르겠어. 그래서 난 현재 나타난 이 상황 자체를 작동 원리라고 할 거야.'"[39]

평형을 뛰어넘어

앞서 1장과 2장에서는 경제 금융에 대해 극도로 개략적인 요약을 했었다. 좀 더 자세한 역사는 매우 흥미로운데, 그것은 부분적으로 경제학이 미묘하게 다른 사고들의 값진 전통을 세운 명석한 이들을 상당히 많이 매료시켜서다. 그러나 경제학 역사는 또한 실패한 과학 사례로서, 그리고 그 자체의 아이디어와 실제보다 더 확실해 보이려는 욕구에 억눌려 있는 과학 사례로서 흥미롭다.

지난 50년 동안 이루어진 수많은 경제학 연구는, 시장은 자연스럽게 효율적이며 안정적이라는 것을 믿을 이유를 찾고, 경제나 조직의 문제에 최적의 해법을 주는 메커니즘을 제공하기 위한 단호한 노력을 반영한다. 그렇지만 경제학에 쓰인 수학적 아이디어는 유달리 원시적(primitive)이다. 2004년 노벨 경제학상을 받은 조지 메이슨 대학교의 버넌 스미스(Vernon Smith, 1927년~) 교수는 그의 수상 연설에서, 경제학 이론은 수학적 정교함이라고 함부로 주장하는 그 모든 것이 있더라도, 실제로 오직 1개의 모델을 가지고 있으며, 그 모델은 모든 상황에 맞춰지기 위해 고쳐지고, 왜곡되고, 비틀어지고, 고문당하고 있다고 말한다. 그것은 못을 찾고 있는 망치와 같다.

> 나는 학생들에게 경제학 안에서 좁게 읽더라도 과학 분야는 폭넓게 읽으라고 자꾸 귀찮게 한다. 경제학 속에는 본질적으로 모든 경우에 맞춰지는 단 하나의 모델밖에 없다. 그 모델은 한정된 자원이나 기관 규제, 그 외, 다른 제약 조건을 가진 최적화 모델이다. 이렇게 전통적으로 기술적인 모델링 방법을 뛰어넘는 새로운 영감을 경제학 문헌에서 찾기는 어렵다.[40]

이 모델에서 쓰이는 수학에 나오는 수식은 매력적이다. 그 수식들은 수리 물리학만큼 인상적인 기호와 꼬부랑 모양의 글자들로 장식되어 있다. 하지만 이 예쁜 포장은 보통 경제적 현실과 아무 관계가 없다. 이 장에서 보았듯이, 데이터에 반영되었던 시장의 실제 움직임은 시장 평형과 효율성의 비전에 들어맞지 않는다.

물론 이것도 또한 역사가 보여 주는 증거이다. 2008년 경제 붕괴 이전에는 2000~2002년의 닷컴 회사들의 몰락(dot-com crash)이 있었고, 그 전인 1990년대에는 동아시아 경제가 순식간에 부흥

했다가 쇠퇴하는 것을 보았다. (예를 들면, 찰스 푸어 킨들버거(Charles Poor Kindleberger, 1910~2003년)의 『광기, 패닉, 붕괴(*Manias, Panics, and Crashes*)』라는 책이나, 카르멘 라인하트(Carmen M. Reinhart, 1955년~)와 케네스 솔 로고프(Kenneth Saul Rogoff, 1953년~)의 공저 『이번에는 다르다 (*This Time Is different*)』라는 책에서) 경제 역사가들은 시장 효율성이나 자율 안정성과는 거리가 먼 그림을 보여 준다. 킨들버거는 지난 250년 동안 전 세계에서 일어난 경제 위기를 목록으로 만들었는데, 그중에는 1763년, 1772년, 1808년, 1816년, 1825년, 1836~1839년, 1847년, 1857년, 1864~1866년, 1873년, 1882년, 1886년, 1907년, 1929년, 1980년대, 1987년, 1990년대, 2000년대의 위기들도 포함된다.

1장과 2장에서, 나는 경제와 금융 이론에 대한 역사의 표면도 제대로 살펴보지 못했다. 이 책은 역사책이 아닐뿐더러, 이 주제에 대한 자세한 역사는 끝이 없다. 그러고 보면 (과학이나 철학, 의학, 야구, 연금술, 정신병적인 군중 망상을 하는 인간의 약점에 대한 역사 등) 어떤 역사라도 마찬가지다. 나는 일반적인 생각을 왜곡하지 않으려고 노력했지만, 내 관점은 외부인의 관점, 즉 매우 다른 연구 분야에 관한 물리학자의 관점이다.

이 책의 나머지는 비판을 넘어서서 좀 더 긍정적인 방향으로 나아가고자 한다. 나는 우리가 정말 시장을 이해할 수 있는 유일한 방법은 평형을 넘어, 그 이상에 이르는 관점과 탈평형 및 불균형을 고려하는 관점에서 시장을 이해하는 것이라고 주장할 것이다. 우리가 평형의 개념을 조금이라도 유지하려고 한다면, 그 개념은 대기 상태나 생태계의 평형과 비슷할 것이다. 즉 동역학과 요동이라는 더 깊은 급류를 타고 있는 표면의 느슨한 균형이 될 것이다. 이런 식으로 경제와 시장을 바라보는 것은 과학이 다른 자연계를 바라보는 것과 같은 이치이다. 우리는 이런 관점이 좋은 아이디어라고 오래전에 생각할 수도 있었다.

도대체 경제학과 시장이 그 이외의 것들과 왜 그렇게 많이 달라야 하는가?

4

자연스러운 리듬

인류 한 세대의 보편적인 믿음, 그 당시에는 천재적으로 뛰어난 노력이나 용기 없이는 누구도 그것으로부터 자유롭지도, 자유로울 수도 없었던 믿음이 다음 세대에 이르러서는 너무 빤하게 터무니없어지는 일이 흔히 있다. 그래서 그 다음 세대에게는 이전 세대들이 어떻게 그런 것을 신뢰할 만하다고 생각했는지 상상하는 것조차 어렵다. 그 믿음은 마치 어른이 한마디 하면 바로 고쳐질 수 있는 어린 시절의 투박한 공상 같다.

— 존 스튜어트 밀(John Stuart Mill, 1806~1873년)

모든 과학의 위대한 발전은, 최종 목표와 비교하면 상대적으로 작은 문제를 연구하는 방법이 점점 더 확장될 수 있을 때 이루어진다. 자유 낙하는 매우 자명한 물리 현상의 한 예이지만, 이 극도로 간단한 사실과 천체 운동과의 비교가 바로 역학을 낳았다. 동일한 기준의 겸손함이 경제학에도 적용되어야 될 듯하다.

　　— 요한 루트비히 폰 노이만(Johann Ludwig von Neumann, 1903~1957년)과

　　오스카 모르겐슈테른(Oskar Morgenstern, 1902~1977년)

2011년 3월 11일 금요일 현지 시각으로 오후 2시 46분에, 일본 해안에서 약 70킬로미터 떨어진 곳에 있는 지각의 일부분에 지구 물리학자가 이른바 "해저 메가스러스트(megathrust)"라고 부르는 현상이 발생했다. 대략 480킬로미터 길이의 대양저 일부분이 이웃한 해저로 갑작스럽게 미끄러져 들어갔다. 이 과정에서 지난 100년에 걸쳐 가장 강력한 지진 중 하나가 일어났다. 도호쿠 지진이 방출한 에너지를 모두 합하면 히로시마에 떨어진 종류의 핵폭탄 6억 개가 가진 에너지와 같다. 그 에너지는 로스앤젤레스 시에 20만년 동안 전기를 공급하기에 충분한 양이다. 일본 도호쿠 지진은 높이 40미터의 파도로 해안가 마을을 쓸어 버린 무시무시한 쓰나미를 일으켰고, 그때 거의 2만여 명의 사상자가 났다.

메가스러스트 지진의 배후에 있는 기본 메커니즘은 결코 미스터리가 아니다. 2개의 판이 서로 미끄러지면서 한 판이 다른 판 밑으로 들어가게 될 때, 마찰은 그 두 판을 맞붙어 있게 하고, 그 와중에 엄청난 에너지가 축적된다. 그런 다음 두 판이 마침내 미끄러질 때, 그 에너지가 방출된다. 지난 세기에 일어났던 가장 큰 지진 6개 모두가 메가스러스트 지진이었다. 그렇지만 누구도 2011년 도호쿠 지진이 일어나는 시간이나 위치, 규모를 예측하지 못했다. 자연의 가장 강력한 사건들 중 몇 개는 심지어 수 세기 동안의 연구가 있었음에도 예측이

불가능한 상태로 남아 있다.

사실 지진 예측의 역사는 실패의 역사이다. 최근의 예측이라고 해서 수 세기 전의 예측보다 더 성공적인 것은 아니다. 1990년 이벤 브라우닝(Iben Browning, 1918~1991년)이라는 미국 과학자는 달과 태양이 특정 배열로 유달리 큰 기조력을 생성할 때, 일련의 지진이 그해 11월에 세인트루이스 근처를 강타할 것이라고 예측했다. 지진은 일어나지 않았다. 비슷한 시기에 한 무리의 지구 물리학자들은 1993년이 되기 전에 북부 캘리포니아 파크필드 근처에 지진이 날 것이라고 믿었다. 이전에 그 지역에서 대략 20년 간격으로 정확하게 지진이 났기 때문이다. 실제로 1857년까지 거슬러 올라가면 6번의 지진이 연이어 일어났다. 하지만 이번에 그들이 예측한 지진은 일어나지 않았다. 두 번째 이야기에서는 많은 훌륭한 지구 물리학자들까지도 무작위 잡음(random noise)에서 패턴을 보는, 기본적인 통계 오류를 범하는 것처럼 보인다. 1997년 도쿄 대학교의 지구 물리학자 로버트 겔러(Robert J. Geller)는 지진 예측의 현황을 요약하는 긴 리뷰 논문에서, 사람들이 시도한 어떠한 예측 기술도 실제로 효과가 있었던 적은 없다고 결론지었다. "지진 예측 연구는 명백하게 성공적인 어떠한 결과도 없이 100년 동안 계속되었다. 획기적 돌파구라고 하는 주장도 철저한 조사에서 허점을 드러냈다. 광범위하게 찾아보아도 신뢰할 만한 예고 징후를 찾을 수 없었다. …… 본질적으로 큰 지진에 대해 신뢰할 만한 경고를 하는 것은 사실상 불가능해 보인다."[1]

물론 실패한 지진 예측보다 더 흔한 것이 있다면, 시장과 경제에 대한 예측 실패일 것이다. 미국의 경제학자 어빙 피셔(Irving Fisher,

1867~1947년)는 1929년 주식 대폭락이 일어나기 며칠 전에 낸 공개 성명서에서 시장은 "영구적으로 높은 안정기"에 접어들었다고 하면서, 경제학에서 (예측 실패라는 말은 완전히 틀린 경우에만 사용할 수 있게) 예측 실패에 대한 높은 기준을 세웠다. 이 성명은 1998년에 MIT의 경제학자 루디거 돈부시(Rudiger Dornbush, 1942~2002년)가 현재(그 당시)의 미국 경제 확장은 "영원할 것"이라고 한 주장과 아마 맞먹을 것이다. 돈부시는 "미국 경제는 앞으로 수 년 동안 불황을 만나지 않을 것이다. 우리는 불황을 원하지도 않고, 필요로 하지도 않는다. 따라서 불황은 없을 것이다. …… 우리는 현재의 확장을 지속시킬 수 있는 도구를 갖고 있다."라고 주장했다.[2] 하지만 2년 후에 닷컴 회사들의 거품이 꺼졌다.

지진에 관한 겔러의 관점은, 시장에 관해 우리가 아는 유일한 사실은 시장 움직임을 일반적으로 예측할 수 없다는 현대의 경제 관점과 크게 동떨어져 있지 않다. 하지만 느슨한 유추를 뛰어넘어, 지진과 시장 요동 사이에는 거의 으스스할 정도의 수학적 유사성이 존재한다. 두 경우 모두에서 예측 불가능성은 많은 사건들의 통계에서 나타나는 심오한 규칙성과 공존한다. 그리고 우리는 이 규칙성에서 많은 것을 배울 수 있다. 예측 불가능하다고 해서 무작위적인 것은 아니다.

통계 분석과 초음파 검사

1만 명을 무작위로 뽑아 수학 시험을 치르게 하면, 그 점수들이 평균을 중심으로 근처에 몰려 있다는 것을 알게 될 것이다. 수학 점수는 소위 통계의 정규 분포를 따르며, 대부분의 점수가 가장 많이 나오는 점수 근처에 몰려 있다. 이 분포는 잘 알려진 종형 곡선(bell curve)이다. 중간 값에서 위아래로 멀리 떨어진 점수가 나오기는 매우 어렵다. 이것을 수학 용어로 "지수적"으로 나오기 힘들다고 말한다. 모든 정규 분포 곡선에는 "표준 편차"가 있다. 표준 편차는 점수의 산포도를 나타내는 값인데 통계 계산으로 실제로 구할 수 있다. 100점 만점인 시험에서 가장 잘 나올 것 같은 점수는 70점이고, 표준 편차는 아마 7, 8점일 수 있다. 정규 분포 곡선의 정의에 따르면, 분포 곡선의 중심에서 양 끝 쪽으로 표준 편차의 여러 배 떨어진 곳에 해당하는 점수는 없다. (다음 페이지에 있는 그림을 참조하라.)

하지만 시험 보는 사람들을 무작위로 뽑지 않는다면 어떻게 될까? 시험 보는 사람들 중 반이 수학과 학생들이고, 나머지 반은 영문학과 학생들이라면, 시험 점수는 2개의 다른 평균을 중심으로 모인 두 봉우리를 만들 것이다. 여기서 수학과 학생들의 점수가 일반적으로 더 높을 것이다. 이제 여러분은 1개가 아닌 2개의 봉우리를 가진 도표를 가지게 되며, 각 봉우리는 그 그룹 안에 있는 2개의 다른 유형에 관해 알려 줄 것이다. 오른쪽 끝에 아주 높은 점수로 이루어진 세 번째로 작은 봉우리를 알아챘다면, 여러분은 약간 명의 전문 수학자도 시험을 봤다고 의심할 수 있다. 다른 시험(예를 들어 윌리엄 셰익스피어(William Shakespeare, 1564~1616년)와 크리스토퍼 말로(Christopher Marlowe, 1564~1593년) 사이의 경쟁에 관한 에세이 쓰기 시험)은 또 다른 차원의 지식과 능력에 따른 그룹 내 차이를 보여 줄 것이다.

이런 면에서 통계 분석은 수학적인 초음파 검사이며, 숨겨진 정보

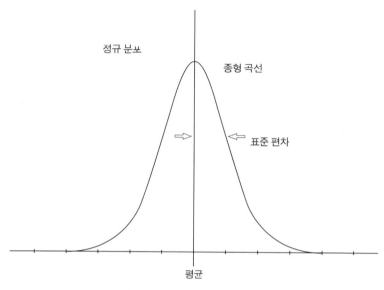

정규 분포

종형 곡선

표준 편차

평균

그림 3 가우스 분포 또는 (종형 곡선이라고도 불리는) "정규" 분포는 시험 점수와 키, 몸무게 등 다른 많은 것들의 통계량을 보여 준다. 이것은 보통 많은 독립적인 우연 요소들의 조합으로 나오는 특성을 반영하는 분포이다.

를 보여 줄 수 있다. 그러면 지진에 관한 어떤 종류의 숨겨진 정보를 배울 수 있는가? 지진 규모에 대한 분포 곡선을 그려 보았을 때, 일련의 봉우리들을 다시 보리라고 기대하는 것은 무리가 아니다. 어떤 지진은 깊은 땅 속에서 일어나고, 어떤 지진은 지구 표면에서 일어난다. 어떤 지진은 바위가 단단하지만 잘 부서지는 곳에서 일어나고, 또 어떤 지진은 바위가 좀 더 부드럽고 연한 곳에서 일어난다. 다른 종류의 지진(그중에서도 메가스러스트 지진 종류)은 그래프에서 다른 봉우리들로 나타나야 한다. 즉 다른 종류의 지진은 전형적인 규모와 방출된 에너지의 양을 중심으로 봉우리가 1개씩 만들어지는 것이다.

이상하게도 이런 그래프는 지진학자들이 실제 찾아낸 것과 전혀 다르다. 1950년대에 지진학자 베노 구텐베르크(Beno Gutenberg, 1889~1960년)와 찰스 프랜시스 릭터(Charles Francis Richter, 1900~1985년)는 수 년 동안 전 세계에 걸쳐 일어난 지진에 대해 광범위한 통계 조사를 수행했다. 그들은 지진의 분포에서 어떠한 봉우리도 찾지 못했다. 지진은 유형별로 뭉쳐서 일어나지 않고 매우 단순한 규칙을 따르는 것으로 나타났다. 그 규칙이란 더 강력한 지진은 항상 더 약한 지진보다 드물게 일어난다는 것이다.[3] 이런 통계적 패턴은 확률이 단순히 그 규모의 몇 거듭제곱에 비례하기 때문에 "멱함수 분포 법칙"이라고 불린다. 구체적으로 지진이 방출하는 에너지의 양으로 지진의 규모를 나타낸다면, 지진의 수가 에너지의 제곱에 반비례하는 것을 알게 된다. 에너지가 2배가 되면 지진은 4배(2의 제곱) 덜 일어나게 된다. 이 규칙은 그 정도로 단순하며, 가장 작은 흔들림에서부터 가장 큰 메가톤급 지진까지 모든 지진에 적용된다.[4]

그래서 지진을 예측하지 못하는 우리의 완전한 무능력과는 별개로, 지진은 놀라울 정도의 통계적 단순성과 질서를 따른다. 시험을 친 학생들의 분류와 유형을 볼 수 있었던 이전의 시험 점수 사례와 다르게, 지진 분포 곡선에는 다른 종류의 지진이나 다르게 분류되는 지진이 있다는 단서가 부족하다. 특히 가장 작은 지진과 가장 큰 지진 사이의 근본적인 질적 차이를 시사하는 것이 전혀 없다.

런던 사람들은 시내버스에 관한 농담을 즐겨한다. 특정한 버스를 기다리고, 기다리고, 기다리면, 갑자기 같은 노선의 버스 3대가 동시에 도착한다는 것이다. 사실 이것은 농담이 아니었다. 실제로 버스들은 함께 몰려다니는 경향이 있다.[5] 지진도 마찬가지다. 예를 들면 지진학자들은 2011년 일본에서 일어난 지진 이후 1개월 동안 수백 개의 여진을 기록했다.[6] 1890년대에 일본의 시진학자 오모리 후사키치(大森房吉, 1868~1923년)는 여진의 빈도는 본진(main shock) 이후의 시간과 정비례로 감소한다는 것을 처음으로 보였다.[7] 일반적으로 본진 1개월 후에 생기는 일별 여진 수는 2개월 후보다 2배 많다.[8]

그래서 여진이 본진을 뒤따라 일어나는 방식에도 법칙 같은 규칙성이 있다. 이것은 또 다른 멱함수 분포 법칙으로, 확률이 t분의 1 또는 t^{-1}(충분히 큰 t에 대해서)로 줄어든다. 이런 종류의 멱함수 분포 법칙은 과학 전반에 걸쳐 나타난다. 예를 들면 벽돌이나 바위의 깨진 표면의 복잡한 구조나, 생물의 성장 패턴, 벌이나 사슴이 먹이를 찾아다니는 방식에서도 나타난다. 각각의 경우에 멱함수 분포 법칙은 명백한 무작위성 뒤에 숨어 있는 규칙성을 지적하면서, 밑에 깔려 있는 과정에 관한 단서를 준다.

금융 시장도 같은 식으로 작동하는 것으로 보이기 때문에, 이 멱함수 분포 법칙은 중요하다.

시장 충격

2011년의 일본 지진처럼, 1987년 10월 19일의 주식 시장 폭락은 대부분의 사람들에게는 큰 충격이었다. 그렇지만 그 폭락이 아무 경고도 없이 닥친 것은 아니었다. 그 일이 있기 5일 전에 다우존스 산업 평균 지수는 95포인트 하락했고, 그 하락 폭은 그때까지 최고 기록이었다. 그리고 나서 2일 후에, 108포인트의 하락으로 새로운 기록을 세

왔다. 이미 내가 언급했듯이, 어떤 사람들은 이런 사건들에서 1929년 사건과의 유사성을 봤다고 생각했다. 헤지펀드 매니저인 존스는 나중에 다음과 같이 회상했다.

폭락이 있었던 그 한 주는 내 인생에서 가장 흥분되는 시기 중 하나였다. 우리는 1986년 중반부터 주식 시장의 대폭락이 일어날 것이라고 생각하고 있었고, 우리가 예견한 금융 붕괴의 가능성 때문에 사전 대책을 만들게 되었다. 10월 19일 월요일에, 우리는 시장이 그날 폭락할 것임을 알았다. 그 전 금요일의 하락폭은 하락세로는 최대 낙폭이었다. 똑같은 일이 1929년 폭락 2일 전에 일어났다.[9]

존스가 믿었던 것처럼 이 유사성이 정말 무엇인가를 의미하는지는 명확하지 않다. 그저 그가 운이 좋은 것일 수도 있다. 하지만 모든 대규모 지진처럼, 1929년과 1987년의 두 폭락에 앞서 모두 상당한 시장 요동이 있었다. 예를 들면 3장에 언급된 연구에서, 페어는 1982년부터 1999년까지 17년 동안, S&P 500 선물 가격이 5분도 안 되는 시간에 상당히(1퍼센트 이상) 바뀐 경우가 대략 1,200번이나 있었다는 사실을 발견했다. 이 사건들의 반 이상은 10월 19일 폭락 후 2~3개월 이내에 일어났고, 그 폭락의 직접적인 후 폭풍처럼 보인다. 10월 19일의 폭락 3일 후인 10월 22일 하루 만에 109건의 그런 사건들이 있었다.

주식 시장과 지진의 이런 비교는 은유와 유추를 넘어선다. 먼저 시장 요동, 특히 대규모 거품과 폭락의 통계는 지진에 대한 구텐베르크-릭터 법칙과 거의 똑같은 규칙을 따른다.

예를 들어 주식 가격이나 다른 금융 상품 가격이 특정 시간 간격 (몇 분 또는 하루, 또는 1주라고 해 보자.)에 걸쳐 얼마나 많이 바뀌는지 생각해 보자. 1960년대 초반에 프랑스 수학자 브누아 망델브로 (Benoit Mandelbrot, 1924~2010년)는 그런 식으로 목화 가격 변화에 대한 획기적인 연구를 했다. 그는 대규모 시장 수익률의 통계가 구텐베르크-릭터 법칙과 매우 유사한 멱함수 분포 법칙을 따른다는 사실을 발견했다. 간단하게 말하면 요동이 클수록 작은 요동보다 더 드물게 일어난다. 이것은 지진과 거의 같은 수학 법칙을 따른다는 의미이다. 망델브로는 수천 개의 데이터만을 사용해 분석했지만, 무엇인가를 알아냈다.

그로부터 30년 후인 1999년에 현대적인 컴퓨터의 도움을 받아, 보스턴 대학교의 해리 유진 스탠리(Harry Eugene Stanley, 1941년~)가 이끄는 물리학자들은 1만 6000개의 서로 다른 회사의 주식에 대해 지난 30년에 걸쳐 일어난 수억 개에 달하는 가격 변동과 S&P 500 지수, 일본 니케이 지수, 중국 항생 지수와 같은 다수의 금융 지수를 분석했다. 그들의 데이터는 망델브로의 발견을 뒷받침했다. 뿐만 아니라 데이터의 정밀 분석으로 가격 요동의 통계가 물리학 법칙처럼 확실하게 모든 수학적 규칙성을 따른다는 것을 보여 주었다. 이 법칙 같은 패턴은 1초 간격부터 1개월 간격까지 모두 성립하며, 여러 나라의 시장뿐만 아니라 여러 종류의 시장(주식, 환율, 선물 등)에도 들어맞는다.

대규모 시장의 요동에 대한 이런 기본적인 법칙이 알려진 지 10년밖에 안 되었다는 것은 꽤 놀라운 일이다. 왜 그럴까? 과학에 있는 그 무엇보다도 설명이 요구될 만한 일이지만, 전통 경제학에서는 어떤 설명도 찾을 수 없다. 지진에 대한 구텐베르크-릭터 법칙과 시장 요동의 유사성은 또한 매우 흥미로운 질문을 던진다. 평형 이론은 시장 요동이 이성적인 인간 본성을 반영한다고 주장하고, 우리는 시장의 행태가 수많은 사람들과 회사, 정부의 행위와 감정, 생각에 달려 있다고 믿으려 한다. 그렇지만 어쨌든 이 모든 인간의 사고와 심리, 개인의 자유 의지가 이 법칙 같은 패턴이 생기는 것을 막지는 못했다. 그 법칙은 순전히 지각의 자동적인 움직임에 따라 일어나는 현상만큼이나 쉽게 시장에 나타난다.

어디서 이런 규칙성이 나오는가? 이것은 매우 중요한 질문이지만, 아직 누구도 확실하게 대답하지 못했다고 말할 수 있다. 하지만 유망한 아이디어가 몇 개 있고, 나중에 그것들을 살펴볼 것이다. 그보다 먼저 이 법칙과 밀접하게 관련된 몇몇 시장 법칙과 더불어, 이 법칙이 함축하고 있는 놀라운 의미를 탐구해야 할 것이다.

이상한 통계

가장 큰 지진으로 기록된 지진은 1960년 5월 22일 일요일 칠레의 산티아고에서 남쪽으로 560여 킬로미터 떨어진 곳에서 일어났다. 그 지진은 25미터 높이의 쓰나미 파도로 칠레 해안을 덮쳤다 (그 파도는 15시간 후, 하와이에 이르렀을 때도 10미터 높이였다.) 또한 푸예우에 (Puyehue) 화산을 폭발시켰고, 화산의 갈라진 틈에서 뿜어져 나온 용암이 5킬로미터 이상 흘러내렸다. 칠레 해안의 상당 부분은 1.5미터 정도 가라앉았다.

대부분의 지진은 거의 이 크기가 아니다. 사실 이것이 지진에 관해 가장 중요한 사실이다. 지진의 크기는 우리의 상상을 뛰어넘을 정도로 다양하다.

2011년 12월 마지막 주에, 약 350개의 지진이 캘리포니아에 일어났다. 그 지진에 관한 뉴스를 못 들었는가? 듣지 못했다고? 이 350개의 지진은 심지어 캘리포니아 사람들도 알아채지 못하고 넘어갔기 때문에, 몰랐더라도 그리 놀랄 일은 아니다. 그중 가장 큰 규모인 3.0의 지진도 지나가는 트럭이 내는 진동 정도였다.[10)]

1906년 샌프란시스코 대지진(리히터 규모 7.9)은 2011년 12월 마지막 주에 일어난 350개 지진 중 가장 큰 것이 방출한 에너지의 10만 배에 해당하는 에너지를 방출했다. 그 정도의 에너지 방출에 견주려면, 그런 작은 지진들이 20~30년 동안 계속해 일어나야만 할 것이다.

모든 지진은 크든 작든 같은 방식으로 일어난다. 대륙판이 서로 스쳐 지나가면서 열과 진동으로 에너지를 방출한다. 얼마나 많은 에너지를 내느냐는 단순히 얼마나 멀리 미끄러지는지와 그것이 관여하는 표면적에 달려 있다. 별과 탁구공이 본질적으로 다르다는 그런 방식으로, 큰 지진과 작은 지진은 본질적으로 다르지 않다는 점이 핵심이다. 큰 지진과 작은 지진은 완전히 다른 힘으로 만들어진 것이 아니다. 크고 작은 지진은 정도만 다를 뿐이지 질적으로는 같다. 그것이 바로 멱함수 분포 법칙의 의미이다.

멱함수 분포 법칙의 수학은 우리의 직관과는 맞지 않는다. 우리의 직관은 다른 사고방식에 맞춰져 있다. 미국 성인 남자의 몸무게의 평균은 약 85킬로그램이다. 일부분은 140킬로그램을 넘고, 180킬로그램을 넘는 사람들도 약간 있으며, 300킬로그램 정도의 소수의 사람들이 최고 기록을 넘나들고 있다. 나는 어렸을 때, 몸무게가 450킬로그램 이상 나갔던 로버트 얼 휴이(Robert Earl Hughes, 1926~1958년)라는 남자가 피아노 크기의 관에 묻혔다는 기네스북 기록을 듣고 큰 충격을 받은 적이 있다. 하지만 우리는 몸무게가 900킬로그램이 넘는 사람을 찾지는 못할 것이다. 몸무게가 2,000킬로그램이나 4,000킬로그램, 또는 4만 킬로그램이 넘는 사람들은 말할 것도 없다. 심지어 평균의 10배일뿐인 850킬로그램이 넘는 몸무게가 나가는 사람도 없다.

사람들의 몸무게가 지진과 같다면, 767 제트 비행기를 10대를 합한 무게인 수천만 킬로그램의 몸무게를 가진 사람들이 걸어 다닐 것이다. 몸무게가 지진과 같다면, 그런 사람들은 크지만, 무시무시하고 이상하게 큰 것은 아니다. 그냥 기대할 수 있는 보통의 방식으로 큰 것뿐이다.

물론 멱함수 분포 법칙 통계의 비직관적인 성질은 이제 폭넓게 인정받고 있다. 그렇게 된 것은 상당 부분에서 정곡을 찌르는 주장을 펼친 나심 니콜라스 탈레브(Nassim Nicholas Taleb, 1960년~)의 저서『블랙 스완(*The Black Swan*)』덕분이라고 할 수 있다. 멱함수 분포 법칙은 심오하지만 일반적으로 과소평가된 극단의 중요성을 보여 준다. (극단 값이 지수 함수적으로 급격히 줄어드는) 지수적 "정상" 통계에 따르면 극단적인 사건은 너무 드물고 영향력이 적기 때문에 쉽게 무시될 수 있다. 유성의 크기부터 도서나 영화로 버는 수입까지 모든 것에서 볼 수 있는 멱함수 분포 법칙 통계의 의미는 극단적인 사건은 그리 드물지 않을 뿐만 아니라 가장 중요하다는 것이다. (이 현상은 보통 "두툼한 꼬리(fat tail)"로 묘사되는데, 매우 큰 사건이 일어날 확률이 "정상" 통계보다 더 높은 경우에 분포 곡선의 꼬리 부분이 두툼해지는 모양을 가리키는 것이다.) 이런 드물지만 극단적인 사건은 그 누적 효과로 파격적인 힘을 갖고 있다. 대륙판과 시장의 전체적인 움직임 같은 것은 실제로 정상적이고 일상적인 것들의 점진적인 축적으로 진행되지 않고, 소수의 매우 크고 격렬한 지진과 경제 위기에서 일어난 유례없이 파격적인 충격을 받아 진행된다.

유감스럽게도 몸무게나 키, 시험 점수의 정상적인 통계에 초점을 맞춘 수 세기에 걸친 과학과 수학 전통은 세상을 부정확하게 보도록 우리를 가르쳤다. 2010년 4월 27일 골드만삭스의 재무담당 최고 책임자인 데이비드 앨런 비니아(David Alan Viniar, 1955년~)가 금융 위기 때 골드만삭스의 역할을 조사하는 상원 상무 위원회의 감독 조사 소위에서 증언했을 때가 그것을 효과적으로 보여 주는 순간이었다. 비니아는 하버드 경영 대학원을 졸업했고, 짐작건대 금융 요동의 성격에 관해 누구보다도 많이 아는 사람이었다. 그때 그가 로이드 크레이그 블랭크페인(Lloyd Craig Blankfein, 1954년~)의 개가 그의 보고서를 먹어 치워서 그랬다고 주장했다면, 왜 골드만삭스가 금융 위기를 대비하지 못했는지에 대한 그의 설명이 더 설득력이 있었을 것이다.

은행은 만연하는 위험에 대한 평가를 완전히 책임지고 있었고, 그때는 극도로 특이한 충격을 받았을 뿐이라고 비니아는 주장했다. 그들은 매우 운이 없었다는 것이다. 그는 그 최악의 날에 있었던 소동을 회상하면서, "우리는 며칠 연속으로 평균에서 25배의 표준 편차가 떨어진 사건들이 일어나는 것을 보았다."라고 말했다. 그것은 아마 미국 역사상 그 위원회에서 언급된 가장 터무니없는 진술일 것이다. 명백하게 비니아(또는 그의 변호사)는 계산을 하지 않았다. 가우스 분포에서 평균으로부터 8배의 표준 편차가 떨어진 사건마저도 우주 전체 역사상 한 번 정도 일어난다. 25배의 표준 편차가 떨어진 사건은 10^{135}년(0이 135개가 붙어 있다.)에 한 번 정도 일어나고, 이것은 100만 명 중에 1명이 당첨되는 잭팟 복권을 약 22번 연속으로 살 확률과 같다.[11] 그런 사건이 3번 연속되었다는 비니아의 우스운 주장에 대한 반응으로, 어떤 사람은 오스카 와일드(Oscar Wilde, 1854~1900년)의 말을 바꿔 말했다. "평균에서 25배의 표준 편차가 떨어진 사건 하나를 겪는 것은 불운이라고 칠 수 있지만 그런 사건을 1개 이상 겪는다는 것은 부주의처럼 보인다."

비니아가 상원에 나가서 한 진술이 터무니없이 들리는 만큼, 우리는 그가 말했던 정황을 검토해 보아야 한다. 하루 동안 주식 가격은 보통 2퍼센트 이내에서 움직인다. 그래서 표준 편차의 10배의 움직임은 적어도 20퍼센트의 움직임을 의미한다. 보통의 정상적 통계(정규 분포)에 따르면 이런 일은(우주 나이보다 훨씬 더 긴) 10^{22}일에 한 번 일어나는 반면에, 시장 데이터는 기본적으로 수천 개의 주식 중 적어도 1개에 이런 일이 기본적으로 매주 일어난다는 것을 보여 준다.[12] 그래서 우리의 한 가정을 다시 살펴보는 것이 맞다.

멱함수 분포 법칙과 분포 곡선의 두툼한 꼬리는, 드물게 일어나는 시장 대변동의 가능성을 적어도 약간의 정확도로 가늠할 수 있어 적절한 위기관리에 대단히 중요하다.[13] 하지만 내 생각에 가장 중요한 일은 그것이 아니다. 훨씬 더 중요한 것은 시장 수익에 대한 멱함수 분포 법칙이, 우리가 예전에 봤던 것보다 훨씬 더 큰 설득력을 지닌 금융 이론으로 가는 길을 밝히는 데 도움이 될 것이라는 점이다. 그 이유는 먹함수 분포 법칙이 어떤 시장 이론이라도 꼭 설명해야만 하는 핵심 사실이기 때문이다. 물론 시장 이론이 설명하는 핵심 사실에 먹함수 분포 법칙만 있는 것은 아니라는 점도 그 못지않게 중요하다.

시장도 과거를 기억한다

지질학자 찰스 라이엘(Charles Lyell, 1797~1875년)은 1830년에 나온 그의 획기적인 책인 『지질학 원리(Principles of Geology)』에서, 과학자들이 영원히 변치 않는 수학적 질서의 흔적을 지질학적 현상(암석의 형성, 산과 계곡의 모양 등)에서 찾고자 한다면, 그 현상들을 결코 이해하지 못할 것이라고 주장했다. 누구라도 방정식을 적거나 수학적인 연구를 해 스위스 알프스 산의 모양을 설명하지는 않을 것이다. 모든 행성 궤도의 모양은 타원이다. 두 나무 사이에 줄을 걸면 그 모양은 현수선이라고 알려진 곡선으로 항상 같다. (화산 폭발, 산사태, 홍수 같은) 사건들은 지울 수 없는 자국을 미래에 남기므로, 지질학은 이와 같지 않다고 라이엘은 주장한다. 자연 경관은 그런 사건들이 이어져, 오랜 시간에 걸쳐 작용하는 점진적인 진화 과정에서 생겨났다. 옥스퍼드 대학교의 역사학자 카는 나중에 찰스 로버트 다윈(Charles Robert Darwin, 1809~1882년)이 라이엘의 생각을 바탕에 두고, 역사 개념을 자연 과학에 도입했다고 말했다. 그가 말했듯이 "다윈 혁명의 진정한 중요성은 다윈이 역사를 과학 속으로 끌어들여, 라이엘이 지질학에서 이미 했던 일을 완수했다는 사실이다. 과학은 더 이상 시간이 지나도 변하지 않는 정적인 것에 관심이 없고, 변화와 발전 과정에 관심이 있다."[14]

물론 역사와 함께 미래 예측 가능성의 문제가 들어온다. 하지만 지진학의 구텐베르크-릭터 법칙은 이 문제에 관해 아무것도 말해 주지 않는다. 망델브로가 확립한 시장 움직임의 통계나 좀 더 최근에 물리학자들이 한 일도 마찬가지다. 이 법칙들은 사건 유형의 분포를 보여 주지만, 그 사건들이 어떤 순서로 나타나는지는 알려 주지 않는다. 크고 작은 변화들이 번갈아 일어나는 것일까? 또는 한꺼번에 뭉쳐서 일어날까? 아니면 완전히 다른 무엇이 있는가? 그 순서는 체계가 전혀 없고 무작위적일까? 이 사건들의 순서 같은 것을 정할 수 있다면, 예측은 당연히 좀 더 그럴듯해질 것이다.

가장 단순한 가능성은 시장이 소위 멋대로 걷는(랜덤워크, random walk) 듯 행동한다는 것, 즉 시장 움직임은 완전히 예측 불가능하고, 오늘 일어나는 일은 내일이나 다음 주에 일어날 수 있는 일에 전혀 영향을 주지 않는다는 것이다. 동전을 던져서 앞면이 나왔다고 해서, 그 결과가 다음 번 동전을 던질 때 또는 언제 던지더라도 앞면이 나올 확률을 더 높이거나 더 낮추지 않는다. 수학 용어로 각 동전 던지기는 "독립적"이라고 한다. 1900년에 바슐리에는 시장이 이런 식으로 행동한다고 제안했다. 그가 생각했던 대로 하루에도 수백만 개의 일이 가격을 오르게도 하고 내리게도 하면서 시장 가격에 영향을 미친다. 차후의 영향이 (수학적으로) 독립적이라면, 우리는 가격 변화의 (그 오래된 종형 곡선) 정규 분포를 기대해야 한다.

바슐리에의 가설이 확실하게 틀렸다는 것을 우리는 이제 알고 있다. (한 구간에 걸쳐 가격 변화비로 정의된) 시장 수익률 분포는 가우스 분포나 정규 분포가 아니고, 두툼한 꼬리를 가진 분포 곡선이다.[15] 바슐리에는 틀렸다. 하지만 얼마나 틀렸을까? 정규 분포 이외에도, 그는 역사를 가정하지도 않았고 미래 움직임에 대한 과거 움직임의 영향 등 어떤 예측 가능성도 가정하지 않았다. 이런 가정이 시장에 관해 공정하다고 할 수 있는가? 위아래로 요동치는 신호(또는 주식 가격)의 예측 가능성을 시험하기 위한 한 방법은, 실제보다 훨씬 더 복잡하게 들리는, 소위 "자기 상관관계(autocorrelation)"를 계산하는 것이다. 자기 상관관계는 "예측 가능성"이라고 불러도 무방하다. 이 아이디어는 하루나 1주일, 또는 얼마가 되었든, 일정 시간 간격을 둔, 두 시기의 신호(여기서는 주식 가격 변화) 사이의 관계를 연구하는 것이다. 살펴본 전체 기간 동안, 처음 신호가 두 번째 신호에 어떤 단서를 주는지 살펴본다. 양의 값이 나온 다음에는 또 양의 값이 나오는가? 아니면 음의 값이 나오는가? 이런 조사를 충분히 되풀이하면 예측 가능성의 입증에 들어갈 수 있다. 예를 들면 월요일에 1퍼센트 오른 주식은 금요일에 다시 오른다는 신뢰할 만한 예측을 할 수 있다. 또는 지금 1퍼센트 올랐다는 사실이 나중에 일어나는 일에 관해 전혀 시사하는 바가 없어, 나중에 가격이 내린 횟수만큼 오르는 것을 발견할 수도 있다. 나중 경우가, 진정으로 가격이 무작위한 순서일 때 얻는 결과이다. 시간 간격을 바꿈으로써, 전 기간에 걸친 예측 가능성을 위한 신호(또는 가격)를 시험할 수 있다.

2장에서 보았듯이 주식, 채권, 선물이나 다른 금융 상품의 실제 미래 가격을 과거 가격으로 예측하기는 극히 어렵다. 사실 효율적인 시장 가설이 내세우는 주장도 그 정도이다. 이것은 가격 움직임의 자기 상관관계가 어느 간격에서나 0이어야 한다는 것을 의미한다. 즉 지금 막 일어난 일은 미래에 무슨 일이 일어날지 아무것도 알려 주지 않는다. 적어도 고려하는 시간 간격이 몇 분이나 그 이상이면, 이것은 정말로 사실이다.[16] 주식이나 옵션, 선물 또는 무엇이든 간에 수익률의 예측 가능성(자기 상관관계)은 t＝0에서 높게 시작한다. 이것은 실제로 현재 가격이 무엇인지에 관해서 현재 가격이 많은 것을 알려 준다는 것을 의미하는 당연한 사실이다. 하지만 간격이 증가함에 따라, 자기 상관관계는 몇 분 만에 0으로 급격하게 떨어진다.

　이것은 시장의 예측 불가능성을 훌륭하게 보여 준다. 그리고 우리가 더 잘 알지 못한다면, 이것이 이 이야기의 끝처럼 보일 수도 있다. 하지만 이것은 끝이 아니다. 1993년 경제학자 주안신 딩(Zhuanxin Ding)과 클라이브 윌리엄 존 그레인저(Clive William John Granger 1934~2009년), 로버트 프라이 엥글(Robert Fry Engle, 1942년~)은 수익률 기록뿐만 아니라 이 수익률의 절댓값을 연구하는 기발한 생각을 하고, 시장의 등락 방향과 상관없이 얼마나 많이 시장이 움직이는지 살펴보았다. 이것은 예상 가능한가? 그것은 예상 가능하다는 사실이 밝혀졌다. 딩과 그의 동료들이 이 신호의 예상 가능성을 계산했을 때, 그들은 그 신호가 오랫동안 지속되고 아주 천천히 줄어들 뿐이라는 것을 발견했다. 예를 들면 일간 주식 가격의 데이터에 대해, 그들은 예측 가능성이 2,500일까지도 0에서 한참 위라는 것을 알아냈다. 매년 250일 정도 시장이 열린다고 했을 때, 수익률 크기가 멀게는 10

년까지 양의 예측 가능성을 갖는 것처럼 보인다.[17]

쉽게 말해서 이것은 시장 가격 움직임의 크기를 예측할 수 있다는 점을 의미한다.

이 사실은 말 그대로 얼마나 많은 변화가 오는지를 예측할 수 있다는 것을 의미하기 때문만이 아니라, 좀 더 심오한 것을 의미하기 때문에 중요한 통찰이다. 즉 시장의 모든 불규칙한 무작위성 속에는, 오늘 시장에서 이루어지는 일과 오래전에, 10년이나 그보다 더 오래전에 일어났던 일 사이에 어떤 관계가 있다는 사실이 들어 있다. 시장에서 일어난 사건은 지울 수 없는 표시를 시장에 남기고, 시장을 변화시키며, 지진이 자연 경관의 모양을 만들 듯이 오랫동안 지속되는 기억을 시장에 새긴다. 이 기억은 또 다른 방식으로 나타나며, 이 방식은 시장을 지진의 경우와 더 비슷하게 만든다. 시장에서 일어나는 큰 사건(예를 들어 1987년 주가 폭락)의 여파로 생기는 사건의 확률은 일본의 지진학자 오모리가 지진에서 찾았던 바로 그 방식, 즉 본진 이후 시간에 정비례하는 방식으로 낮아진다.[18] 미국 공개 시장 위원회(U.S. Federal Open Market Committee, FOMC)가 금리 변화를 발표하는 성명문 같은 주요 정책 발표 이후의 중대한 여파에 대해서도 마찬가지다. 시장이 크게 움직일 가능성은 그 발표 순간부터 시간에 정비례하여 낮아진다.[19]

나는 시장이 정확하게 지진처럼 작동한다고 주장하는 것이 아니다. 하지만 그렇게 뚜렷하게 비슷한 동역학이 완전히 다른 두 설정에서 일어난다는 사실은, 이러한 설명을 각 설정의 특이한 세부 사항에서는 찾을 수 없음을 시사한다. 즉 바위와 단층, 마찰의 세부 특성에서도, 투자자들의 미스터리한 행동이나 심리에서도 그 설명을 찾을 수는 없을 것이다. 원한다면 갑작스런 대변동과 거친 반전을 가진 시장 성향에 대해, 욕심과 인간의 불완전성을 탓하라. 그러나 바로 그 똑같은 종류의 놀라운 일이 지각에서 일어나고, 다른 자연 과정인 평형에서 벗어난 시스템(역사가 중요해지고 어떤 영원한 균형 상태에 결코 정착하지 않는 것)에서 일어난다.

쌀더미 사태

고전적 관점에서 건강한 인체라 함은 요동치는 요구가 넘쳐나는 세상에서 인체가 이상적인 균형이나 항상성을 이루는 것을 뜻한다. 운동을 하면 더 많은 피를 펴 나르고, 더 많은 산소를 근육에 공급하기 위해 심장 박동이 빨라진다. 호르몬 수치는 하루를 주기로 시간에 따라 바뀐다. 외부 변화나 요구가 없으면, 우리 몸은 차분하게 휴식을 취하게 되고, 심장은 시계처럼 규칙적이고 안정되게 뛴다. 균형과 평형에 대한 이 은유적 표현은 보통 시장이나 경제를 비슷하게 바라보는 경제학자들에게 영감을 주었다.

하지만 여기 의외의 일이 있다. 이 패턴은 시장을 설명하지 못할 뿐만 아니라 인체를 설명하지도 못한다.

완전하게 건강한 사람이 쉬고 있을 때 심장 박동 간격을 재보자. 그 간격은 결코 일정하지 않다. 20년에 걸친 연이은 연구에서 하버드 대학교 의과 대학의 에리 골드버거(Ary Goldberger)는 건강한 심장의 박동 사이에 상당히 활발하고 자연스러운 요동이 있음을 보여 주었다.[20] 이 요동도 여러 시간에 걸친 과거 요동과 미래 요동 사이의 미묘한 관계를 닮고 있는 장기 기억을 보여 준다. 이런 요동은 무작위로 일어난 것이 아니고, 쉬고 있는 심장의 고유한 조직화를 반영한다. 휴식은 단순한 휴식이 아니라 훨씬 풍부한 것이다. 사실 골드버거와 그의 동료들은 나이 든 사람들이나 심장병을 가진 환자들의 심장은 실제로 좀 더 시계처럼 규칙적이고 예측 가능하게 되며 변동성이 더 적다는 것을 보였다. 건강하고 정상적인 심장이 휴식을 취하고 있다고 해서 조용하거나 규칙적인 것은 아니다. 불규칙성과 장기 기억은 자연스런 건강 신호이다.

사람의 뇌도 마찬가지다. 10년 전 헬싱키 대학교 신경 과학자 클라우스 린켄카에르-한센(Klaus Linkenkaer-Hansen)과 그의 동료들은 EGG 모니터와 다른 기술을 사용해, 깨어 있지만 쉬고 있는 자원자들을 대상으로 초당 10회나 20회의 신경 진동을 연구했다. 실험 대상이 눈을 감고 있든 뜨고 있든지 간에, 신경 회로는 매우 활발한 활동을 하고 있었다. 사람들은 "뇌파"가 완벽하게 리드미컬하다고 생각하는 경향이 있지만, 실제로는 훨씬 더 불규칙하다. (여전히 무작위적은 아니다.) 뇌파가 불규칙하게 보임에도, 뇌파 요동 또한 장기간에 걸쳐 높은 수준의 예측 가능성을 갖고 있는 장기 기억의 복잡한 체계성을 보여 준다.[21]

자연 과학자에게 있어 지진이나 인체의 동역학이 금융 시장과 갖는 유사성은 우연이 아니며, 심지어 그렇게 놀랄 일도 아니다. 지난 20년 동안 과학자들은 산불과 태양 홍염, 화석 기록이 보여 주는 종의 멸종 기록 그리고 새 개체수의 변동에서 비슷하게 불규칙하지만 매우 체계적인 패턴을 발견했다. 그 패턴은 대기와 기후의 동역학에도 나타난다. 나는 더 많은 예를 들 수도 있다. (그리고 내 책『우발과 패턴 (Ubiquity)』에서 실제로 더 많은 예를 들었다.)[22] 이 모든 사례들은 공통적인 특성을 가지고 있고, 시장도 꽤 자연스럽게 그 범위 안에 들어갈 만한 현상들로 이루어져 있다. 이 사례들은 모두 탈평형 시스템이다. 즉 에너지 흐름이나 끊임없는 경쟁, 환경 변화, 다른 압박 때문에 균형에서 벗어난 시스템들이다.

경제와 금융에서 평형 이론이 지속되는 이유 중 하나는 이 분야의 사고를 지배하는 은유의 힘이다. 건드리지 않으면 가만히 머물러 있고, 흔들린 양동이 안에 있는 물이 평형 상태로 쉽게 회복하듯이 외부 충격에 반응하여 재조정하는 경제와 시장 개념은 유혹적이다. (자연스러운 방식으로 분포 곡선의 두툼한 꼬리와 장기 기억을 설명할 수 있고, 그 외에도 많은 것을 설명할 수도 있는) 더 강력한 시장 과학을 세우기 위해 균형에서 벗어난 시스템을 기술할, 탈평형에 대해서도 똑같이 강력한 은유가 우리에게는 필요하다. 그 은유는 분포 곡선의 두툼한 꼬리와 장기 기억이 어떻게 생길 수 있는지 단순한 방식으로 보여 주어야 한다.

이런 점을 염두에 두고, 양동이 물을 다시 살펴보자. 양동이 물에는 어떤 기억도 없다. 한 번에 물 한 방울씩을 더해 양동이를 채우면, 물방울은 퍼져서 물을 항상 평평하게 한다. 하지만 퍼질 수 없는 쌀알 같이 단단한 곡물 한 톨이 물방울을 대신하면 어떻게 될까? 탁자위에 한 번에 한 톨씩 떨어뜨려 쌀더미를 쌓는다고 상상해 보자. 이실험으로 우리는 많은 것을 배울 수 있다.

쌀더미에 어떤 일이 일어날까? 물론 처음에 그 무더기는 한 톨 한 톨씩 매우 천천히 쌓여서, 더 커지고 경사는 급해진다. 쌀알이 떨어지고 서로 붙게 되면서, 무더기는 메모리를 형성한다. 즉 지금 쌀알이 떨어지는 위치가 나중에 그 무더기가 어떻게 커질지에 영향을 미친다. 쌀 한 톨을 떨어뜨리면 가끔은 쌀 사태가 나서 일부 쌀알들이 흘러내릴 것이다. 결국 오랜 시간 후에, 그 무더기는 흘러내리는 (그리고 탁자 밖으로 떨어지는) 쌀알의 수가, 보태지는 쌀알의 수와 균형을 맞추는 일종의 정상 상태에 이를 것이다. 물론 매번 이렇게 되지는 않겠지만, 평균적으로 그렇다고 할 수 있다.

이 시점에서 우리는 그 다음 쌀의 사태에서 몇 톨의 쌀이 흘러내린다고 기대할 수 있는지 간단한 질문을 할 수 있다. 여러분은 예를 들어, 200개라든가 하는 어떤 평균이 있을 것이라고 생각할 수도 있지만, 1990년대에 했던 실험은 그 반대 결과를 보여 준다. 새로운 쌀알을 무더기에 더했을 때 흘러내리는 쌀알의 수는 매우 광범위하다. (다음 쪽에 있는 그림을 참조하라.) (과거에 떨어진 쌀의 위치에 따라 무더기의 형태가 변할 수 있는) 메모리 효과가 있는 쌀의 사태는 지진이나 시장 움직임과 같이 크기가 엄청난 범위에 걸쳐 있는 사태를 만들어 낸다. (사실 사태의 범위는 사용되는 탁자의 크기로만 제한될 뿐이다.)

나는 이것이 실제로 매우 심오한 실험이어서, 플라톤(Platon, 기원전 427?~기원전 347년?)이나 아리스토텔레스(Aristoteles, 기원전 384~기원전 322년)도 가장 의미심장하게 여겼을 것이라고 생각한다. 이 실험은 세상이 어떻게 작동할 수 있는지의 그 가능성에 대한 우리의 이해를 넓혀 준다. 어쨌든 우리가 이 실험을 조종할 수 있기 때문에, 가장 큰

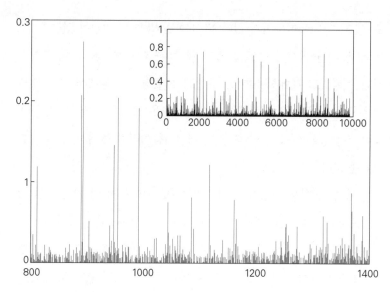

그림 4 시간에 따른 쌀더미 사태. 각 선의 높이는 (얼마나 많은 쌀알이 움직였는지를 반영할 뿐만 아니라, 경사면을 따라 얼마나 멀리 갔는지도 반영하는) 쌀의 사태의 총 에너지를 나타낸다. 각 사건이 쌀 한 톨을 떨어뜨림으로써 일어났을지라도, 쌀더미는 극히 불규칙한 동역학을 갖고 있다. 그래프 안의 작은 그래프는 더 긴 시간 구간에서의 쌀의 사태이다. (그림 제공: 킴 크리스텐센 (Kim Christensen))

사건과 가장 작은 사건의 원인은 항상 정확히 같다는 것을, 시장처럼 복잡한 실제 세상의 일에서는 볼 수 없는 방식으로, 상당히 명백하게 확인할 수 있다. 그 원인은 항상 한 톨의 쌀을 더한 것뿐이었다. 이 실험은 큰 결과에는 보통 상응하는 큰 원인이 있다는 우리의 직관이 심각하게 틀렸다는 것을 보여 주는 철학적인 실험이다.

게다가 이 쌀더미의 동역학은 지진이나 시장의 큰 움직임에서 우리가 보았듯이, 큰 사건들은 함께 뭉치는 경향이 있다는 섬세한 장기 기억을 보여 준다. 지진이나 시장 움직임에서처럼, 쌀더미의 역사는 격렬한 대변동의 발발 때문에 산발적으로 끊어지는, 조용하면서도 긴 기간으로 이루어져 있다. 다시 한번 말하면, 원인이 있는 이 모든 것은 더 규칙적일 수도 없고 더 예측 가능하지도 않다. 이 철학적 실험은 평형 상태에서 벗어난 자연계가 우리가 시장에서 보는 것과 같은 종류의 동역학을 가질 가능성이 매우 크다는 것을 보여 준다. 그런 복잡성을 만들어 낼 수 있는 메커니즘이라고 해서 아주 복잡할 필요는 없다.

물론 이 실험은 시장에 관한 어떤 것도 증명하지 않는다. 다만 개념적으로 무엇이 가능한지, 작동 과정을 상상할 수 있는 것이 무엇인지 탐구하는 것이다. 이 실험은 시장 모델을 세울 때, 약간의 탈평형도 (그 결과가) 아주 먼 곳으로 갈 수 있게 한다는 것을 가르쳐 준다.

허리케인과 가설

그래서 자연 과학의 관점에서 보면, 결국 시장이 작동하는 방식은 그렇게 이상하지 않다는 것을 알게 된다. 나는 시장 요동과 난류(급류의 무질서한 물의 흐름)의 혼돈 운동(chaotic motions) 사이의 추가 유사성을 언급하지 않았다. (그 유사성은 시장과 날씨를 매우 명확하게 관련짓는다.) 금융 이론은 시장이 왜 이러한 큰 패턴을 따르는지, 요동의 멱함수 분포 법칙과 장기 기억이 왜 개인과 기업 등의 행위에서 생겨나는지 설명해야 한다.

지금 유행하고 있는 경제학의 평형 이론은 이 중 어느 것도 설명하지 않는다. 그렇지만 더 안 좋은 것은 평형 이론의 성격상, 어떤 명백한 문제에 대해서도 "해명하기가" 너무 쉽다는 사실이다. 결국 시장에 무슨 일이 일어나든지 간에, 평형 이론학자들은 항상 이렇게 말할 수 있다. "물론 드물게 충격이 평형에서 멀어지게 할 수 있지만, 시장 자체가 평형 상태와의 편차를 제거해 재빨리 효율적인 평형 상태를 회복할 것이다." 그들은 심지어 이러한 통찰이 바로 평형 이론의 가장 큰 예측 능력을 보여 주는 것이라고 주장할 수도 있다.

예를 하나 들어보자. 1990년에 로와 맥킨리는 25년에 걸친 가격 움직임에 대한 연구를 발표했다.[23] 그 연구는 저가 주식의 현재 수익률은 고가 주식의 과거 수익률과 상당한 상관관계가 있다는 것을 보여 주었다. 이것은 최근에 고가 주식에 일어났던 일을 살펴봄으로써, 투자자들은 저가 주식의 미래 가격이 어떻게 될지 예측할 수 있다는 것을 의미한다. 이것은 명백하게 EMH에 모순된다. 효율적인 시장에서는 거래자들이 즉시 이 패턴을 활용할 것이고, 수익을 내기 위해 싼 주식을 사거나 팔 것이다. 그럼으로써 그 주식의 가격은 오르내리고, 그 패턴은 사라진다.

그러나 EMH에 열광하는 사람들은 EMH가 예측한 대로 이 특정한 예측 가능성이 지난 20년에 걸쳐 사라졌다고 쉽게 반박할 수 있다. 1997년에 그 현상을 다시 살펴본 연구원들은 뉴욕 증권 거래소의 분 단위 수익률 같은 초단타 매매의 데이터가 필요했다. 2005년에 물리학자 벤스 토스(Bence Toth)와 야노시 케르테스(Janos Kertesz)가 그 효과를 다시 살펴보았을 때, 그 효과는 완전히 사라졌었다.[24] 결론은 EMH는 정확한 예측을 하는 이론의 훌륭한 본보기라는 것이다.

그러나 이런 종류의 사고에는 뭔가 심각하게 잘못된 점이 있다. 그 이유를 알아보기 위해, 또 다른 시스템인 날씨에 그 사고방식을 적용해 보자. 몇몇의 대기 과학자가 지구의 대기는 항상 평온하고 잠잠한 공기로 이루어진 평형 상태에 있다고 주장했다고 가정하자. 이 가설을 효율적 대기 가설(efficient atmosphere hypothesis, EAH)이라고 부를 수 있다. 공기의 총량과 그 밀도, 중력의 힘이 주어졌을 때, 이 과학자들은 해수면에서의 기압 같은 것을 예측할 수 있을 것이다. EAH는 대기의 여러 측면도 상당히 잘 설명할 것이다. 하지만 경제학자들이 하는 식으로 그런 가설을 따르게 되면, EAH도 대기 중 (같은 높이에 있는) 어느 2곳의 기압은 같아야만 한다는 좀 더 논란이 많은 주장을 할 것이다. (비교하면 이것은 똑같이 가치 있는 2개의 주식 가격은 같아야만 한다고 어느 훌륭한 경제학자가 말하는 것과 비슷하다.) 결국에는 기압의 차이가 고기압에서 저기압으로 공기와 에너지를 이동시키는 바람을 생성할 것이라고 모든 EAH 이론학자들은 주장할 것이다. 그 공기의 흐름은 고기압 장소의 기압을 낮추고 저기압 장소에서의 기압을 높이면서, 결국 두 기압이 다시 균형을 이룬다는 것이다. 다시 말해서 대기압의 일시적 불균형은 그 차이를 재빨리 없애게 하는 힘을 생성해야만 한다는 것이다.

당연히 EAH를 비판하는 사람들은 이것이 말도 안 되는 소리라고 말한다. 어쨌든 우리는 항상 바람을 관찰하고, 때로는 큰 폭풍을 관찰하기도 한다. 2011년 여름, 허리케인 아이렌이 몰고 온 강풍은 미국 동부 위아래에 대홍수를 일으켰다. 이것이 바로 EAH에 대한 반증 아닌가? 그것과는 반대로 EAH 이론학자들은 이런 관찰에서 실제로 EAH에 대한 추가적인 증거를 찾을 수 있다고 반응할 것이다. 그렇다. 대기는 가끔 완벽한 평형 상태에서 약간 벗어나지만, 그때 정상적인 대기의 힘이 그 시스템을 다시 평형 상태로 돌아가게 한다는 것이다. 어쨌든 허리케인이 미국을 지난 후에 데이터를 살펴보면, 허리케인 속에 있던 어마어마한 기압 차이는 허리케인이 바람을 통해 에너지를 소멸시키면서 천천히 줄어든다. 결국 아이렌은 대기가 평형 상태를 되찾으면서 따라 완전히 소멸되었다. 이것은 그런 소란에 대한 최종 운명을 예측한 EAH의 또 다른 승리였다.

물론 대기 물리학을 아는 어느 누구도 EAH를 심각하게 여기지 않을 것이다. 아이렌의 점진적인 소멸이 대기의 "효율성 증가"나 평형 상태로의 회복에 대한 증거라는 주장은 확실히 터무니없기 때문이다. 아이렌은 평형 상태에서 아주 많이 벗어난 혼란이었지만, 그 소멸은 전체 대기가 평형 상태에 더 가까워졌는지에 대해서는 아무것도 말해 주지 않는다. 아이렌이 소멸되었을 때, 수백 개의 다른 폭풍이나 태풍의 원형까지도 지구 어딘가에서 만들어지고 있을 수 있다. 폭풍은 항상 소실되고, 또 다른 폭풍이 대기의 엄청난 소용돌이에서 생겨나고 있다. 이 모든 것은 태양 에너지 때문에 평형 상태에서 벗어난 시스템으로서의 대기 상태를 반영한다.

대기가 시간이 지남에 따라 실제로 평형 상태에 가깝게 움직이고 있다는 것을 보이려면, 폭풍과 바람, 대기압의 차이가 일반적인 의미에서 점진적으로 작아지고 있는지 알아보기 위한 지구 전체의 연구가 필요하다. 하나의 폭풍에 일어난 일은 실제로 별 관계가 없다. 금융 시장의 경우로 다시 돌아가 보면, 로와 맥킨리가 찾아낸 것 같은 하나의 이례적인 사건도 마찬가지다. 훌륭한 실증 연구가 보여 주었듯이, 이 예측 가능성은 20년에 걸쳐 서서히 사라졌다. 하지만 이 사실은 전체 시장의 효율성이 증가하는지 감소하는지, 평형 상태에 더 가까워지는지 또는 더 밀어지는지에 관해 아무깃도 말해 주지 않는다.

나는 이러한 유추가 평형 이론에 있는 위험하고 비과학적 면을 보여 준다고 생각한다. 평형 이론은 시장 자체에 아무런 흥미로운 동역학이 없고, 자연에서 우리가 알고 있는 모든 것과 근본적으로 다르다고 가정한다. 경제 이론은 무한히 복잡한 동역학이 풍부한 것, 즉 놀라움으로 가득 찬 것으로서 시장이 아닌 다른 분야(날씨, 정치, 경영, 기술 등)를 다룰 준비가 되어 있다. 하지만 시장 그 자체는 결코 아니다. 경제 이론은 바깥세상의 풍부한 동역학이 회사나 주식뿐만 아니라 다른 금융 상품의 실제 가치 및 근본적인 가치를 바꾼다고 생각한다. 경제 이론은 다양한 사람들로 큰 복잡계를 이룬 시장이 모든 정보를 올바르게 통합할 새로운 평형 상태를 찾기 위해 엄청나게 단순한 방법으로 그러한 변화에 즉시 반응한다고 역설한다. 시장은 다른 힘에 노예처럼 단순히 반응하는, 이례적으로 매우 단순한 동역학적인 것으로 시장 이외의 모든 것과 다르다는 것이다.

나에게나 다른 많은 사람들에게, 이 주장을 심각하게 받아들이기는 불가능해 보인다. 이 장에서 본 모든 패턴은 시장이, 나머지 과학 전반에 걸쳐 있는 시스템과 매우 풍부한 내적 동역학을 공유하고 있음을 시사한다. 그 내적 동역학은 시장에 관한 기본적 사실이며, 설명되어야 하는 것이다.

인간 행동의 모형

미친 사람은 자신의 논리를 잃은 사람이 아니다. 그는 자신의 논리만 빼고 모든 것을 잃은 사람이다.

　　　　　　　　　　　— 길버트 키스 체스터턴(Gilbert Keith Chesterton, 1874~1936년)

행동 시스템으로서 본 인간은 꽤 단순하다. 시간이 지남에 따라 (겉보기에) 복잡해지는 것으로 보이는 우리의 행동은 대체로 우리가 속해 있는 환경의 복잡성을 반영한 것이다.

　　　　　　　　　　　— 허버트 알렉산더 사이먼(Herbert Alexander Simon, 1916~2001년)

　모든 제대로 된 금융 이론은 시장이 어떻게 작동하는지를 묘사하는 기본적인 수학적 패턴을 설명할 수 있어야 한다. 4장에서 우리는 경제 이론의 주류가 아직까지 다루지 않았던 두 가지를 보았다. 첫째, 시장 수익률의 멱함수 분포 법칙은 시장의 급격한 선회, 즉 몇 초 간격으로부터 몇 년 간격에까지 걸쳐 생기는 격렬한 움직임에 대한 보편적 민감성을 반영한다. 이미 잘 알려진 금융의 지혜와는 다르게, 멱함수 분포 법칙은 역사적 일화만으로 뒷받침되지 않는다. 그것은 일종의 수학 법칙이다. 둘째, 시장 요동의 장기 기억은 불확실성과 변동성이 큰 기간이 어떻게 폭풍우 현상의 특징처럼 뭉쳐서 움직이는지, 어떻게 그와 비슷한 조용하거나 격렬한 현상이 나타날 것에 대한 전조가 되는지 보여 준다.

이 두 가지 이외에도, 시장의 보편성은 더 많이 있다.[1] 이 보편성 역시 시장 변화가 물리학에서 잘 알려진 과정과 유사함을 보여 준다. 들쭉날쭉한 해안선의 일부분을 확대해 보면 그 결과는 더 크게 봤을 때와 거의 같다. 해안선은 (자기 유사성을 가진 수학적 구조로서, 일부분은 전체와 닮은) "프랙탈" 구조이다. (매우 간단한 예를 들어 보면, 체스판을 생각해 보라. 체스판은 64개의 작은 정사각형으로 이루어진 1개의 큰 정사각형이다. 아주 작은 체스 말을 쓰는 아주 작은 사람은 64개의 정사각형 각각을 더 작은 정사각형 64개로 나눌 수 있고, 64개의 정사각형 각각도 더 더 작은 정사각형 64개로 나눌 수 있고, 이런 식으로 계속 정사각형을 나눌 수 있다.) 금융의 가격 요동도 프랙탈 성질을 갖고 있다. 도표의 들쭉날쭉한 선은 모든 시간 크기에 대하여 비슷하기 때문에, 가격 도표에서 가로축의 이름을 제거하면 그 도표의 들쭉날쭉한 패턴이 시간별인지, 일별인지, 주별인지, 월별인지 구분할 방법이 없다. 사실 시장 요동은 일반적인 프랙탈보다 훨씬 더 풍부하다. 즉 시장 요동은 많은 프랙탈이 겹쳐 놓여 있는 "멀티 프랙탈"이다.[2] (멀티 프랙탈은 좀 더 설명하기 어려운 패턴이지만, 소용돌이치면서 얽혀 있는 난류 운동에서 나타난다. 예를 들면 휘몰아치는 기류에 있는 큰 소용돌이는 작은 소용돌이로 쪼개지고, 그 작은 소용돌이가 더 작은 소용돌이로 쪼개지면서, 소용돌이치는 물 분자가 될 때까지 이 과정이 계속되는 구조가 있다. 그 세부 사항은 1개의 단순한 프랙탈로 설명되기에는 너무 복잡하다. 자기 유사성은 좀 더 섬세한 구조를 갖고 있다.)

또 다른 시장 보편성은 시장이 오르든지 내리든지 간에 시장이 지금 무엇을 하고 있는지와, 뒤따르는 시장의 변동성 사이의 관계다. 연구에 따르면 가격이 지금 내리면 가까운 미래에 시장은 좀 더 격렬하게 요동치는 경향이 있는 반면에, 지금 오른 가격은 시장을 진정시키는 경향이 있다고 한다. 어느 누구도 왜 이렇게 되어야 하는지는 모르지만, 그 효과는 통계에서 분명히 볼 수 있고, 특히 주가 지수 통계에서 분명하다.[3]

이러한 패턴은 너무 뚜렷하고, 온갖 종류의 시장(주식, 채권, 선물과 옵션, 상품)에서 너무 일상적으로 나타나서 그에 대한 설명이 절실하다. 대기 과학이 북반구에서 일어나는 허리케인은 왜 항상 시계 반대 방향으로 회전하는 반면, 남반구의 허리케인은 시계 방향으로 회전하는지, 또는 왜 허리케인은 적도를 중심으로 위도 5도 이내에서는 결코 일어나지 않는지 설명할 수 없다면 대기 과학을 믿기는 매우 어려울 것이다. 또한 회오리바람은 왜 파랗고 조용한 하늘에서 바로 생기지 않고 천둥이 몰아치는 와중에 쉽게 나타나는지에 대해 적절한 설명을 할 수 없다면 대기 과학을 믿을 수 없을 것이다. 여러분이 기상학자인데 여러분의 이론이 이런 기본적인 사실을 설명할 수 없다면 무엇을 하겠는가? 아마 여러분은 새로운 이론을 찾을 것이다. 우리가 주식 시장에서 찾은 패턴은 날씨의 흐름처럼 모두 탄탄하다.

그러나 효율적인 시장 이론이나 금융 경제의 어떤 다른 평형 이론도 주식 시장의 이런 패턴에 대해 자연스러운 설명을 전혀 하지 못한다.

금융을 연구하는 물리학자와 경제학자들에게, 이런 수학적 패턴은 "정형화된 사실(stylized facts)"로 알려졌다. 영국의 경제학자 니콜라스 칼도어(Nicholas Kaldor, 1908~1986년)는 1961년 경제 성장 이론에 대한 논의에서 이 특이한 용어를 도입했다. 그는 이론을 세우는 과학자들은 설명을 요구하는 관련 사실의 요약에서 시작해야 한다고 분별 있게 주장했다. 즉 사실이 먼저이고, 그 다음이 이론이라는 것이다. 하지만 칼도어도 말했듯이, "통계학자들이 기록한 사실은 항상 수많은 예상 밖의 문제나 충분 조건의 지배를 받고, 그런 이유 때문에 요약될 수 없다." 그러므로 이론가들은 "사실에 대한 정형화된 관점"에서 연구하면 성공할 것이라고 말했다. 이론가들은 "개별적인 세부 사항은 무시하고, 폭넓은 경향에 집중"해야 한다.

물론 모든 설명은 어떤 종류이건 이론을 필요로 한다. 하지만 사람들이 투자를 하는 이유를 모두 고려해 보라. 사람들은 파티에서 들은 정보나 온라인 기사에 있는 정보 때문에, 또는 페이스북에 열광하거나 크리스마스 보너스를 받았기 때문에 투자한다. 주식 시장 이론이 예상할 수 없는 생각과 감정뿐만 아니라 수백만의 복잡다단한 인간의 행동에 지나치게 의존한다면 어떻게 그 이론을 세울 수 있는가? 전통적으로 경제학자들의 사고는 사람들이 이성적으로 행동한다는 가정을 기반으로 하고 있다. 결정을 앞두고 있는 사람은, 그 결정이 얼마나 복잡하든지 간에, 자신의 기대 수익(보통 금전적인 수익)을 극대화하는 선택을 한다고 주장해 왔다. 거래자들은 전화에 대고 소리를 지르고, 책상을 탕 치고, 컴퓨터에 대고 악담을 퍼부으면서 직감 같은 것에 따라 눈 깜짝할 사이에 결정을 내린다. 하지만 경제학자들은 그들이 실제로 (미래 전체에 걸쳐 퍼져 있는 기대 수익인) "기간별 효용(intertemporal utility)"을 극대화하기 위해 복잡한 수학 방정식을 풀어서 그 선택을 하고 있다고 주장한다. 여러분도 경제 관련 결정을 할 때는 똑같이 그렇게 한다고 경제학자들은 가정한다.

인간 행동을 대충 지켜보는 사람들마저도 이것이 비상식적이라는 것을 알 수 있다. 하지만 수학적 접근 방법으로서, 그 가정은 인간 행동 방정식에서 모든 심리학을 제거하고, 인간 행위를 논리나 수학 문제로 바꾸고 경제를 수학의 한 분야로 만드는 놀라운 이점을 갖고 있다. 그럼으로써 경제학은 이론 세우기가 쉬워진다. 정치학자 로버트 마셜 액설로드(Robert Marshall Axelrod, 1943년~)가 제안했듯이, "합리적 선택 연구 방법이 지배적인 이유는 그 방법이 현실적이라고 학자들이 생각해서가 아니다. 그 비현실적인 가정은 조언을 위한 기반으로서의 그 가치 대부분을 훼손한다. 합리적 선택 연구 방법의 진정한 이점은 그 방법이 연역법을 허용한다는 것이다."[4] 경제 이론은 현실의 지저분한 세부 사항들로 더러워질 필요가 없다.

유감스럽게도 그 결과로 나온 이론은 그 이론에 들어가 있는 가정만큼이나 비현실적이다. 하지만 대안이 무엇인가? 완벽한 합리성 가정을 포기하면 어떻게 진행될지 알기 어렵다고 많은 경제학자들은 주장한다. 우리가 합리적이 아니라면, 그러면 우리는 뭔가? 게다가 많은 경제학자들은 실제로 인간 행동에 관한 사실적인 가정 하에서 연구할 필요가 없다고 믿는다. 1950년대에 미국의 경제학자인 프리드먼이 아주 부정확한 가정을 하는 것이 실제로 과학을 하는 상당히 분별 있는 방법임을 보여 주었다고 그들은 주장한다.

이 주장도 말이 안 된다. 하지만 나는 단순히 그 주장을 일축하기보다는 프리드먼의 치명적인 관점이 몇 세대의 경제학자들을 세뇌시켰기 때문에, 그의 특이한 주장을 간단하게 살펴보고자 한다. 우리가 더 나은 시장 이론을 세우려고 한다면 그 관점을 뿌리 뽑아야 한다.

밀턴 프리드먼의 "F-트위스트(F-Twist)"

프리드먼의 주장은, 지난 반세기 동안 가장 영향력 있는 경제 논문인, 1953년에 출판된 「실증 경제학의 방법론(The Methodology of Positive Economics)」의 핵심이다.[5] 이 글에서 프리드먼은 경제학이, 물리학의 과학적 표준과 비슷한 것을 가져야 한다고 하면서, "무엇이 되어야만 하는지"가 아니라 "무엇인지"에 관심을 가져야 한다고 주장했다. 그는 모델과 가설의 가치는 다른 과학에서처럼 평가되어야 한다고 말했다. "가설의 유효성에 대한 유일한 테스트는 가설의 예측을 경험과 비교하는 것이다. 그 예측이 모순되면 가설은 기각되고, 그 예측이 모순되지 않으면 받아들여진다. 가설이 하는 예측이, 모순될 결과가 나올 수 있는 많은 경우를 (모순 없이) 무사히 통과하면 그 가설은 확신을 얻는다."

대부분의 과학자는 이 주장이 분별 있으며 자신의 생각과 매우 비숫하다고 여길 것이다. 프리드먼은 또 몇 개의 가설이 똑같이 좋은 예측을 한다면, 가설을 선택할 때 경제학자들은 "단순성"과 "생산성"을 고려해야 한다고 주장했다. "주어진 분야의 현상 안에서 예측하는 데 필요한 초기 지식이 더 적을수록 이론이 단순한 것이다. 결과적인 예측이 더 정확할수록, 그리고 예측을 내는 영역이 더 넓을수록 이론은 더 '생산적'이다."

여기까지 프리드먼의 논문에서 일반적으로 받아들여지는 과학 철학의 표준적인 논의에 맞지 않는 것은 아무것도 없다. 하지만 좀 더 가보면 상황이 약간 이상해진다.

물론 사회 과학자들은 물리학자나 화학자만큼 쉽게 표본을 구할 수 없다. 물리학자나 화학자는 보통 실험실에서 연구하는 것의 표본을 채취하여 실험할 수 있으며, 그들의 이해를 테스트하는 과정에서 더 많은 데이터를 얻는다. 사회 과학자들은 일반적으로 실험을 할 수 없다. 실험을 못하면 가설을 테스트할 새로운 증거가 부족하기 때문에 특별한 문제를 야기한다고 프리드먼은 말했다. 그러한 데이터의 필요성은

그러한 데이터의 필요성 때문에 좀 더 쉽게 구할 수 있는 다른 증거들이 (주장하고자 하는) 가설의 유효성에 똑같이 관련된다고 가정하고 싶은 유혹을 느낀다. 가설은, 그 결과에 따른 "함축된 의미"뿐만 아니라 "가정"도 가지고 있으며, (가설 결과가 실제와 일치하는지 확인하는) 함축된 결과에 따른 테스트와 함께 (가설에 들어있는) "가정"과 "현실"의 부합 자체가 가설의 유효성에 대한 하나의 테스트라고 말하고 싶은 유혹을 느낀다. 일반적으로 받

아들여지는 이 관점은 근본적으로 틀린 것이며 많은 잘못을 만들어 낸다.

여기서 프리드먼이 말하는 것은 소위 "그것은 우리를 달에 데려다 줬어."라는 논리이다. 여러분이 계산기에 집어넣는 방정식이 어디에서 나왔는지 무슨 상관인가? 그 방정식이 여러분을 달에 데려다 줄 우주선을 만들 수 있기만 한다면 말이다. 그리고 그것도 납득이 간다. 어떤 이론도 현실의 완벽한 세부 사항에서 출발하여 이루어지지 않는다. 물리학에서건, 경제학에서건, 이론은 어떤 요소는 포함하고 어떤 요소는 무시하는 단순화된 가정에 기반을 둔 근사적 그림에서 시작해야만 한다. 금속의 원자 구조나 시장의 핵심 상호 작용이든 어떠한 이론을 만들 때도 마찬가지다. 그런 다음 이론은 현실의 중요한 관심 요소들을 포착해 세상에 대한 얼개 그림을 만들어 낼 수 있는 가정에서 논리적으로 나오는 결론이나 예측을 끌어내려 한다. 원칙적으로 이런 맥락에서 프리드먼은 가정의 선택은 중요하지 않으며, 이론은 그것이 우리를 달에 데려다 주는지(이 경우에는 이론이 경제 행동에 관한 정확한 예측을 하는지 못하는지를 의미한다.)에 따라 판단되어야 한다고 주장한다.

열의에 차서 프리드먼은 아주 부정확한 가정은 훌륭한 이론의 표시라고 주장하기까지 한다.

이론의 중대성과 그 가정의 "현실성" 사이의 관계는 비판하는 사람들이 제시하는 것과 거의 정반대다. 정말로 중대한 가설은 현실을 아주 부정확하게 대변하는 "가정"을 갖는 것으로 밝혀질 것이다. 그리고 일반적으로 가정이 더욱 더 비현실적일수록 이론은 더 중요한 의미가 있을 것이다. 그 이유는 간단하다. 가설은 적은 것으로 많은 것을 설명할 때 중요하다. 그러므로 가설이 중요해지기 위해서는 가설 속의 가정을 잘못 묘사해야만 한다.

액면 그대로 받아들이면, 이것은 꽤 놀라운 결론이다. 이론은 그럴듯한 가정을 적게 할수록 더 좋아진다는 것이다. 이 주장은 프리드먼의 "F-트위스트"라고 알려지게 되었다. (이것은 새뮤얼슨이 그의 비평에서 붙인 이름이다.) 지난 반세기 동안 경제학자들은 자신의 이론이 기반으로 한 비현실적인 가정을 변호하는 데 F-트위스트 이론의 반직관적인 결론을 내세웠다.

예를 들면 가장 유명한 금융 모델 중 하나는 1964년 경제학자 윌리엄 포사이스 샤프(William Forsyth Sharpe, 1934년~)가 소개한 소위 자본 자산 가격 결정 모델(capital asset pricing model)이다.[6] 이 이론은 주식 가격 이론으로, 장기적으로 주식에서 기대할 수 있는 수익률은 (주식 가격이 얼마나 많이 위아래로 요동하는지에 그 성과가 반영되어 있기 때문에) 주식의 위험률과 직접적으로 연관되어 있다고 한다. 어떤 면에서 더 높은 수익률을 내는 주식은 도중에 더 높은 위험에 투자자를 노출하기 때문에 그렇다고 그 이론은 단언한다. 이 결론에 도달하는 데 있어서 샤프는 가장 가난한 개인부터 워런 버핏(Warren Buffett, 1930년~)까지 모든 투자자는 똑같은 금리로 돈을 빌릴 수 있다고 가정했다. 실제로 부자 투자자들은 일반적으로 더 낮은 금리로 많은 자금을 빌릴 수 있는데도 말이다. 그는 또한 모든 투자자는 다양하게 다른 투자의 전망에 대해 완전히 동일한 관점을 갖는다고 가정했다.

하지만 만약 그렇다면 모든 사람은 정확하게 같은 것을 원할 것이고, 그러면 어떤 주식도 결코 주인이 바뀌지 않을 것이다.

"말할 필요도 없이", 이것들은 "의심할 여지없이 비현실적인 가정이다."라고 샤프도 인정하지만, 그는 자신의 이론을 지배적인 권위를 가진 프리드먼에 호소하며 변호했다. "이론에 대한 적절한 테스트는 가정의 현실성이 아니라 이 이론의 함축된 결과의 수용성(acceptability)이며, 이 이론의 가정은 고전 경제 신조의 주요 부분을 형성하는 평형 조건을 함축하기 때문에, 특히나 비슷한 결과를 내는 대안적 모델이 부족함을 고려하면 이 이론이 거부되어야 할 이유가 별로 없다."

여기에서 샤프는 프리드먼보다 훨씬 더 나아갔다는 것을 주목하라. 그는 이론의 가치를 이론이 하는 예측의 정확성에 두지 않고 오로지 그 수용성에 두었다. 하지만 수용성은 예측의 정확성과 같은 것이 아니다. 그는 또한 금융학의 신조인 "평형 조건을 내포"하는 경향이 있다는 이유로 자신의 이론을 변호한다. 이런 기준이 보편적으로 인정되어야 한다면, 존재하는 금융 이론을 수정하거나 뒤집은 모든 이론은 자동적으로 제외되어야 한다. 어쨌든 이론의 가정이 터무니없다는 점이 그 이론에 불리하게 작용해서는 안 된다는 데에 샤프는 확실히 동의했다.

프리드먼은 "전 시대에 걸쳐 가장 대단한 논쟁가"로 불린다.[7] 그의 F-트위스트 주장은 그의 재능을 잘 보여 준다. 한 단계씩 살펴보면 그 논리는 피할 수 없어 보인다. 하지만 그 진행 과정에 뭔가 근본적으로 잘못된 것이 있다.

교활한 전환-재논의

　나는 2장에서 경제학자들은 보통 교활한 방법으로 "효율적"이라는 말을 사용한다고 주장했다. 그들은 한 종류의 효율성(예측 불가능성)에 대한 증거를 제시하면서 다른 종류의 효율성(최적의 결과)을 주장한다. 그것은 사악한 환상을 뒷받침하는 약삭빠른 속임수이다. 즉 놀랍도록 대단한 주장은 상당히 평범하고 놀랄 것도 없는 증거를 기반으로 세워지는 것처럼 보인다. 이것과 똑같은 속임수가 말도 안 되는 가정을 가진 이론의 가치에 대한 프리드먼의 주장에 깔려 있다. 이전처럼 그 속임수는 프리드먼이 사용한 용어와 그가 어떻게 그 용어를 사용했는지에 전적으로 달려있다.

　내비게이션에 유용한 이론인, 지구와 지구 표면의 모양에 대한 이론을 세우는 것을 생각해 보라. 여러분은 지구는 구라는 가정에서 시작할 수 있다. 이 가정은 사실에 가깝고, 솔직하게 인간 역사상 가장 심오한 발견 중 하나이다. 하지만 지구는 실제로 완벽한 구가 아니기 때문에, 이 가정이 "비현실적"이고, "틀리고" "부정확" 하다고도 말할 수 있다. 산과 나무, 강과 계곡, 거대하게 자리 잡은 바다가 지구는 실제로 구가 아니라는 것을 보여 주는 모든 특징들이다. 여러분은 어느 비교가 바른 것이고 어느 비교가 잘못된 것인지 간주할 수 있다.

　대부분의 사람들은 지구 모양이 평평하다는 관점에서 둥글다는 관점으로의 변화가 강력한 영향력을 가진 중대한 돌파구였다는 것에 동의할 것이다. 하지만 어떤 분별 있는 사람도 그 비교가 "기술적(記述的)으로 부정확"하기 때문에 강력하다고 말하지 않을 것이다. 그 관점은 비교가 바르게 되었기 (지구는 구와의 모양 차이가 매우 작아서 거의 비슷하기) 때문에 강력한 것이지, 잘못 되어서 (강과 계곡, 바다 때문에 정확한 구가 아니어서) 강력한 것이 아니다. 그러나 이론이 "기술적으로 부정확하거나", "틀리다."라고 프리드먼이 말할 때, 그가 의미하는 것이 정확히 이것이다. 단어의 이런 왜곡된 사용은 그의 매우 이상한 결론을 심오하게 보이게 한다. 사실 그 결론이 전혀 사실이 아닐 때도 그렇게 보이게 한다.

또는 물리학에 나오는 다른 예인, 뉴턴 물리학 법칙이 설명하는 행성의 운동을 고려해 보라. 실제 문제에 응용할 때, 이 이론은 행성에 관한 두 가지(행성의 질량과 태양까지의 거리)가 행성 궤도에 훨씬 더 중요하다는 가정을 한다. 행성의 회전, 온도, 행성에 있는 바다 및 조수의 크기, 행성이 반사하는 햇빛의 양 등 이 중 어느 것도 그렇게 중요하지 않다. 그 이론은 이 모든 세부 사항을 무시하지만, 놀랄 만한 정확성으로 예측을 한다. 이 이론은 과학 전체에서 성공한 이론의 전형적인 예로서, 정말 중요한 것만 추출해 대담하게 단순화시켜 성공한 것이다.

이제 프리드먼의 관점을 적용해 보라. 뉴턴 물리학은 그 가정이 "기술적으로 틀리기" 때문에 강력한가? 전혀 그렇지 않다. 그것을 그렇게 강력하게 만든 것은 그 가정이 바르게 되어 있기 때문이지, 잘못되어서가 아니다. "기술적으로 틀린" 이론에 대한 프리드먼의 갈망은 너무나 혼란스럽다.

뉴턴이 수백 년 전에 프리드먼의 논문을 어떻게든 읽고, 그 가르침에 영감을 받아 자신의 이론을 기술적으로 덜 정확하게 만들었다면 어떻게 됐을까? 그는 행성 대기의 성질이 가장 중요하다고 가정하고, 대기가 반사하는 햇빛이 얼마나 많은지를 면밀히 살펴보았을 수도 있다. 모든 행성은 음계의 진동수와 조화적으로 비례하는 질량을 가진 완벽한 정육면체라고 가정했을 수도 있다. 그랬다면 그의 가정은 정말로 기술적으로 틀렸을 것이다. 명백히 그 효과는 뉴턴의 중력 이론을 쓸모없게 만들었을 것이지만, 그 가정이 어찌되었든 잠깐 동안만 정확한 예측을 했다고 해 보자. 그러면 그 이론을 믿기는 거의 불가능할 것이고, 그 성공도 행성 운동 그 자체만큼이나 불가사의할 것이다. 우리는 환각에 빠진 것은 아닌지 의심하게 될 것이며, 당연히 그럴 것이다.

프리드먼의 주장은 잘못된 가정보다는 기술적인 단순성을 강조한 경우로 훨씬 더 우뚝 설 수 있었다. 뉴턴의 중력 이론은 중요하지 않은 변수를 제거했지만, 현실을 최대한 잘못 표현하려는 시도는 하지 않았다. 대신에 (프리드먼의 논리에는) 이중성과 부정직한 설득이 있다. 그의 주장이 오늘날 경제 이론의 형태를 많이 왜곡했기 때문에 나는 프리드먼의 속임수를 약간 상세하게 살펴보았다.[8] 이 경제 이론들은 비현실적인 가정을 하고, 그럼으로써 수학적인 우아함을 얻었지만, 실제 세상에서 경제가 어떻게 작동하는지를 설명하지는 못한다. 물리학이나 다른 과학에서처럼, 모든 훌륭한 경제학 이론은 가장 중요해 보이는 요소를 포함하면서도 단순하고 그럴듯한 가정에서 출발하는 모델을 세우는 것을 목표로 해야 한다. 결국 믿을 만하고 테스트할 수 있는 가정 위에 세워진 이론이, 실제로 원인과 결과의 메커니즘에 관한 무엇인가를 알려 줄 수 있다.

그러면 우리는 어디서 시작해야 하는가? 금융 시장의 경우에 무엇이 "그럴듯"한가? 사람들의 행동과 결정에 따라 시장을 움직이므로 인간 행동에 대한 이해가 좋은 출발점이다. 이것은 원자와 분자의 기본적인 행동에 대한 이해가 물질에 대한 이론을 세우는 첫 단계인 것과 같다. 아마도 가장 명백한 것은, 시장은 경제학자들의 합리적인 이상에 맞는 사람들("최적화"된 방법으로 자신의 목적을 추진하는 사람들)로 구성되어 있지 않다는 사실이다. 사실 경제학자 던컨 폴리(Duncan K. Foley, 1942년~)가 그 주제를 검토하면서 말했듯이, "합리적 선택 이론이 틀렸다는 사실을 확인한 것은 인간 과학으로 이룬 결과 중 몇 안 되는 탄탄한 결과처럼 보인다."[9]

그것밖에 아무것도 없다면, 보통 투자자들(그리고 다른 모든 사람)은 쓸모 있는 합리적 최적화 전략을 사용하기에는 너무나 복잡한 상황에 직면한다. 프리드먼의 F-트위스트는 이 명백한 사실이 함축하는 내용을 회피하고, 어찌되었든 합리성에 기반을 둔 편리한 이론을 계속 사용하는 것도 괜찮다고 주장하기 위한 절박한 시도였다. 시장을 더 깊이 이해하려면 좀 더 정직한 접근 방법이 필요하다. 먼저 그것은 사람들이 시장에서 정말로 어떻게 행동하는지에 주목해야 한다는 것을 의미한다.

똑똑함의 이면

2007년 8월 둘째 주, 월 스트리트뿐만 아니라 전 세계에 소문이 돌고 있었다. 거의 20년에 걸쳐, 제임스 해리스 사이먼(James Harris

Simons, 1938년~)이 운용하는 그 유명한 메달리온 펀드(Medallion Fund)는 거의 내리막을 경험하지 않았다. 그런데 갑자기, 며칠도 안 된 기간에 그 펀드는 거의 10퍼센트를 잃었다. 그 주에만 골드만삭스의 주력 펀드인 글로벌 알파(Global Alpha)가 그해의 26퍼센트나 떨어졌다. 한편으로 AQR 캐피탈 매니지먼트의 클리퍼드 스콧 아스네스(Clifford Scott Asness, 1966년~)가 운용하는 유명한 펀드는 13퍼센트를 잃었다. 다른 퀀트(quant) 헤지펀드도 똑같이 성과가 좋지 않았다. 하지만 그 소문은 그런 내리막이 아직 끝나지 않았다는 것이다. 즉 이런 펀드들이 여전히 큰 손실을 내고 있고, 그 손실을 멈출 방법을 찾을 수 없다는 것이다.

물론 어떤 투자 펀드에게나 손실에 대한 소문은 거의 실제 손실만큼 안 좋다. 손실에 대한 공포는 자체적인 동역학을 갖고 있어 겁먹은 투자자들이 재빨리 빠져나가려고 하기 때문이다. 2004년에 조너선 베일리(Jonathan Bailey, 1967년~)와 스티븐 코츠(Stephen Coates, 1970년~)는 막 출시한 베일리 코츠 크롬웰 펀드의 엄청난 성공으로 산업 대상을 수상했다. 그러나 그 다음 해의 부실 운영으로 그 펀드의 13억 달러짜리 포트폴리오가 20퍼센트나 줄었을 때, 남아 있던 투자자들은 돈을 돌려달라고 요구했고 2005년 6월로 그 펀드는 없어졌다.[10]

그래서 8월 둘째 주에, 아스네스는 그 공포에 정면 대처하기로 결정했다. 그는 투자자들에게 쓴 편지에서 (정확하게 만들어진 수학적 알고리즘을 기반으로 하는 거래를 전문으로 하는) 대단히 정교한 그의 펀드가 어떻게 갑자기 문제를 일으켰는지를 설명했다. "여러분 중 대부분은 지난 며칠에 걸쳐 우리와 관련된 소문을 들었을 것입니다. 우리가 더 잘하고 있다는 소문이라면, 그 소문은 정확합니다. 퀀트 주식 선정에 관하여 최근에 널리 퍼진 어려움을 우리도 겪고 있다는 소문이라도, 그 소문은 정확합니다. 소문이 그보다 더 심각하다면, 그 소문은 단순히 사실이 아닙니다."[11]

사실 아스네스는 최근 주식 선정은 "충격적으로 안 좋다."라고 인정했다. 지난 7년에 걸쳐, AQR의 펀드는 수수료를 빼고도 연평균 13.7퍼센트를 벌었다. 그렇지만 오랫동안 눈부시게 잘나가던 수학적 거래 전략이 갑자기 아주 잘못되었다.

그러나 아스네스는 그 편지에서, 7년 동안 그가 의지했던 모든 것의 갑작스런 실패에도, 자신은 실제로 놀라거나 불안해하지 않았다고 주장했다. 예측 불가능한 갑작스런 실패는 사업의 정상적인 부분이라고 그는 말했다.

가끔 나는 "이것이 바로 컴퓨터 모델이 항상 잘 맞는 것이 아니라는 점을 보여 준다."라고 광범위하게 말하는 것을 듣는다. 그 말은 맞다. 물론 컴퓨터 모델이 항상 맞는 것은 아니다. 항상 잘 맞는 것은 아무것도 없다. 하지만 이것은 모델에 관한 것이 아니라, 지나치게 많이 사용하게 되는 전략에 관한 것이다. 양적인 전략이든 양적이 아닌 전략이든지 간에 성공적인 다른 전략도 과거에 여러 번 그런 일이 있었다. 지나치게 많은 사람들이 한꺼번에 같은 문으로 빠져나가려고 할 때 고통을 받게 된다.

어떤 것도 항상 잘 되지는 않는다. 경제학자들이 즐겨 말하듯이, "공짜 점심은 없다." 시장은 사실 예측하기 매우 어렵기 때문이다. 월

스트리트 설명으로 치면 이것이 표준 요금이며, "과거의 성과는 미래 성과에 대한 지침이 되지 못한다."라는 어디서나 통하는 말로 금융 책임을 부인하는 것과 비슷하다.

그러나 아스네스가 한 말의 후반부, AQR이 사용하는 전략을 너무 많은 사람들이 사용하기 시작해서 문제가 생겼다는 주장, 즉 펀드의 문제는 적어도 부분적으로는 펀드 자체의 행위에 의해 야기되었다는 주장은 뭔가 다르고 좀 더 흥미로운 이야기이다. 이 말은 무엇을 의미 하는가? NFL 팬이 슈퍼볼 우승팀을 잘못 고른 것과 달리, 펀드는 시 장에 관해 단순히 잘못 추측한 것이 아니라고 말하는 것처럼 보인다. 슈퍼볼의 경우는 팬들의 우승팀 추측이 결과에 영향을 미칠 수 없다. 헤지펀드의 재앙은 다른 방식으로 일어났다고, 즉 펀드 자체의 행위 가 그 재앙의 조건을 유발해서 일어났다고 아스네스는 암시했다.

아스네스가 글을 썼듯이, 다른 사람들도 글을 썼다. 르네상스 테크 놀러지의 사이먼은 다음과 같이 썼다. "유감스럽게도 우리는 8월의 지난 며칠 동안 운이 없었다. …… 우리는 장단기 퀀트 헤지펀드 쪽 에서 디레버리지(deleverage)의 큰 물결처럼 보이는 것을 만났다."[12] 바 클레이스 글로벌 캐피탈(Barclays Global Capital)의 마인더 쳉(Minder Cheng)도 투자자들에게 거의 같은 얘기를 했다. "전반적으로 지난 10 일은 매우 부정적이었다."라며, 그도 또한 원인으로 일시적인 디레버 리지의 물결을 지적했다.[13]

이들 모든 헤지펀드 매니저는 똑같은 얘기를 하고 있다. 즉 그들의 거래 전략은 너무 비슷해졌다는 것이다. 서로 너무 가깝게 날아가는 비행기들처럼, 헤지펀드도 서로의 고유 공간을 침범해서 시장을 바꾸었고, 그 결과 동반 추락했다. (그 펀드의 종말에 대한 원인으로 지목된 불가사의한 "디레버리지"에 대해서는 나중 장에서 자세하게 살펴볼 것이다.) 사실상 펀드매니저들은 많은 참가자들로 형성된 복잡한 게임에 참여하고 있다. 이 게임에서 각자의 행동은 다른 사람들에게 영향을 주며, 변화된 다른 사람의 행동이 다시 각자의 행동을 변하게 했다.

7장에서 보겠지만, 실제로 그 헤지펀드에 일어났던 일은, 꽤 간단히 설명될 수 있다. 심지어 올바른 데이터를 가진 사람이면 그것을 예측할 수도 있었다. 우선은 이 사례가 시장이 작동하는 방식에 관해 말하고 있는 것(그리고 시장에 관한 모델 만들기에 어떻게 착수해야 하는지)이 더 중요하다. 2007년 8월 퀀트 펀드의 붕괴는 최종적이고 합리적인 방식으로 시장의 "게임"을 알아내려는 사람들의 무능력을 극적으로 보여 준다. 투자 포지션에 확신을 갖는다는 생각마저도 재앙을 일으키는 비결이라고 존스는 말한다.

"가장 중요한 거래 규칙은 방어를 하는 것이지, 훌륭한 공격을 하는 것이 아니다. 나는 매일 내가 가지고 있는 모든 포지션이 틀렸다고 가정한다. …… 그 포지션이 나한테 불리하면, 나에게는 빠져나올 계획이 있다. 영웅이 되려고 하지 말라. 자만하지 말라. 여러분 자신과 자신의 능력에 의문을 가져라. 자신이 매우 잘한다고 절대 생각하지 말라. 그렇게 하는 순간에 여러분은 죽은 목숨이다."[14]

시장이 게임이라면, 그것은 다른 역사와 믿음, 목표를 가진 수백만의 다양한 개인들이 서로 서로를 상대로 동시에 함께 하는 게임이다. 투자와 손실의 위험이 이 게임의 참가비다.

물론 경제 이론에는 게임의 성격과 사람들이 게임하는 방식에 관해 생각하는 오랜 전통이 있다. 게임 이론은 많은 수학을 포함하고, 경제학에서 높은 명성을 가지고 있다. 그리고 게임 이론은 부분적으로 그런 명성을 가질 만하다. 하지만 경제학에서 전형적으로 사용되는 게임 이론은, 2007년 퀀트 붕괴나 대대로 일어났던 셀 수 없이 많은 비슷한 사건에서도 알 수 있듯, 금융 시장에 고유한 연속적인 예측 불가능성을 다룰 정도까지는 아니다. 역시 문제는 평형에 대한 집착이다.

두 종류의 게임

몇 년 전에, 시카고 대학교의 경제학자 리처드 탈러(Richard Thaler, 1945년~)는 누구나 참여할 수 있는 흥미로운 대회에 대한 광고를《파이낸셜 타임스》에 냈다. 게임은 아주 간단하다. 각 참가자는 0에서 100사이의 숫자를 고른다. 다른 모든 사람이 고른 숫자들의 평균의 3분의 2에 가장 가까운 숫자를 뽑는 사람이 우승자가 된다. 참가비는 10달러였고, 세일러는 우승 상품으로 뉴욕에서 런던 행 왕복 비행기 비즈니스 좌석 2장을 내걸었다.

이 대회는 보통 의미에서 재미있는 놀이이기도 하지만 수학적인 면에서 아주 흥미로운 게임이다. 게임 이론에서 게임은 다수의 개인이 상호 작용하는 상황으로, 더 잘 하거나 못하는 결과가 그들 자신의 행위와 더불어 다른 사람들의 행위에도 의존한다. 물리학자 노이만과 경제학자 모르겐슈테른이 1932년에 발명한 게임 이론은 전략적 선택을 분석하는 강력한 도구로서 유서 깊은 역사를 가지고 있다. 게임 이론의 역사에서, 1개의 통찰력이 다른 것에 비해 유독 두드러진다. 똑똑한 참가자는 자신이 대적하고 있는 참가자도 또한 똑똑하고 최선을 다한다고 가정한다. 그 외 다른 것을 가정하는 것은 순진한 짓이며, 위험해질 가능성이 있다.

1950년 수학자 존 내시(John F. Nash, 1927년~)가 그랬던 것처럼, 이 관점을 심각하게 받아들이면, 온갖 종류의 전략적 상황에 대한 깊은 통찰의 기반을 얻는다. 내시는 체스나 포커, 선거에 이기기 위한 게임 같은 특정 게임을 분석한 것이 아니었다. 그는 (임의의 수의 참가자가 있고, 각 참가자는 많기는 하지만 유한한 개수의 가능한 전략이나 게임하는 방식을 가지는) 게임의 일반적인 아이디어를 분석해 일반적인 부류의 해법을 찾았다. 각 참가자가 똑똑하고 열심히 생각하고, 다른 사람도 똑같이 똑똑하고 열심히 생각한다는 것을 안다면, 그에 따른 논리적인 결과는 일종의 평형 답보 상태이다. 즉 다른 사람도 똑같이 할 것이라는 가정 하에서, 각자는 가장 좋은 보상을 받을 수 있는 전략을 구사한다. 이 상황에서 다른 사람들이 같은 행동을 계속한다면, 누구도 일방적으로 행동을 바꿈으로써 자신의 결과를 향상시킬 수 없다.

이것이 내시 평형이다. 그것은 전략적으로 미래를 고려해 행동하는 사람들에게는 간단한 결과처럼 보인다. 내시 평형의 아이디어는 아주 깔끔해서, 이후에 줄곧 전략적 게임에 관한 경제학적 사고를 지배해 왔다. 내시 평형은 회사들 간의 협상과 진화, 핵 억제의 논리까지 생산적으로 적용되었다. 유감스럽게도 그것에는 큰 단점이 하나 있다. 실제 사람들은 게임 이론이 가정한 합리적인 방식으로 행동하지 않는다. 자명하게 단순한 탈러의 게임이 좋은 예이다. 그 게임에서 각 참가자가 취할 수 있는 행동의 집합은 정확하게 같다. 즉 0에서 100사이의 숫자 중 하나를 뽑는 것이다. 여러분이 합리적이고 다른 사람들도 똑같이 합리적이라고 가정한다면, 모든 사람은 (가장 좋은) 같은 선택을 해야만 한다. 가장 좋은 선택은 모든 사람이 선택한 수(그 수는 모두 같아야 한다.)의 평균의 3분의 2와 같아야만 한다. (모든 사람이 합리적이고, 따라서 모든 사람은 같은 선택을 한다는 것을 기억하라.) 그러므로 탈러의 게임에 대한 답은 선택한 숫자의 3분의 2와 선택한 숫자가 같아야 한다. 즉 0이다. 모든 사람이 0을 선택했다면, 모두 정확하게 맞다. 즉 사람들은 평균의 3분의 2를 선택한 것이 된다. 이것이 내시 평형, 일관되게 합리적인 답이다.

이런 수학적 정교함이 가지는 문제점은 그것이 심리적인 면을 충분히 고려하지 않았다는 것이다. 탈러는 참가자가 선택한 모든 수를 분석해, 몇 사람만이 실제로 0을 선택한 반면 상당수가 33이나 22를 선택했음을 알게 되었다. 모든 사람이 0에서 100까지의 수에서 무작위로 선택한다고 단순히 생각하면 평균이 50이 되어, 여러분이 선택하게 되는 수는 33이다. 여러분이 논리적으로 한 단계 더 나아가면 사람들이 33을 선택할 것이라고 가정해, 22라는 수를 구하게 된다. 사람들마다 이 문제를 다르게 접근했고, 그래서 매우 다른 숫자를 선택했다. 결국 그 평균은 18.9였으며, 우승 숫자는 13이었다.

그러나 사람들이 합리적으로 행동하지 못한다는 것이 내시 평형 개념의 가장 심각한 문제는 아니다. 우리가 이전에 애로-드브뢰의 경제에 대한 평형 증명에서 보았듯이, 평형의 존재만으로는 현실 경제가 실제로 그러한 조건에 굴러 떨어져 들어갈지 아닌지에 관해 거의 알 수 없다. 비슷하게 어떤 게임에 대해서도, 현실적인 추론 능력을 가진 진정한 인간들의 집합이 결코 내시의 평형을 찾지 못하는 것은 당연하다. 내시 평형 상태는 실제 세상과 전혀 관련이 없는 박물관 유물에 해당한다. 사람들이 행동 스타일을 지속적으로 바꾸고 서로에게 맞추며 반응해서, 계속 진행되는 혼란에 빠질 가능성이 크다.

결국 어느 누구도, 심지어 최고 수준의 체스 챔피언도 내시 평형의 완벽한 전략을 사용해 체스를 두지는 못한다. 그 이유로는 첫째, 어떤 인간도 그것이 무엇인지 계산할 수 없기 때문이고 둘째, 상대편이 그 방식으로 게임을 할 것이라는 보장이 없기 때문이다.[15] 이런 일은 가능한 전략의 수가 대단히 많아(금융 시장을 생각해 보라.), 완벽하게 합리적인 심사숙고 같은 것을 거쳐 무엇을 할지에 대한 "문제를 푸는 것"이 불가능한 모든 상황에 해당되는 것처럼 보인다. 이 주제는 인간의 역사만큼 오래되었다. 아마 더 오래되었을지도 모른다. 가장 잘 짜인 계획은 빗나간다. 프로이센의 전쟁 영웅 헬무트 폰 몰트케(Helmuth von Moltke, 1800~1891년)가 말했듯이, "어떤 계획도 (실제로) 적과 마주친 상황에서는 살아남지 못한다."

이 점은 스포츠를 포함해 사람들이 하는 게임뿐만 아니라 경영과 국제 문제에서도 충분히 명백하다.[16] 하지만 그 점은 컴퓨터 게임으로 하는 실험에서 좀 더 명확해진다. 그런 실험에서 게임이 점점 더 어려워져 합리적 행동이 더 불가능해짐에 따라 점차적으로 어떤 일이 일어나는지를 연구하는 것이 가능하다. 그 결과는 게임이 시장과 비슷해 보이기 시작한다는 것이다.

학습 곡선은 결코 끝나지 않는다

잠깐 동안 사람들을 잊어라. 전략을 생각해라. 결국 게임에서 일어난 일은 그 전략 뒤에 있는 지능과 관계없이, 게임에서 쓰인 전략으로 요약된다. 그 지능이 사람의 지능이든 인공 지능이든 컴퓨터를 지시하는 한 그룹의 원숭이든 상관이 없다. 사람들이 하는 복잡한 게임에서 일어나는 것은 무엇이든지 컴퓨터가 하는 게임에 반영되어야 한다. 그리고 컴퓨터는 지치지도 않고 돈을 달라고도 하지 않는다. 이것이 바로 몇 년 전에 물리학자 토비아스 갤러(Tobias Galla)와 파머가 가졌던 아이디어이다. 그들은 게임이 점점 복잡해짐에 따라 게임을 하는 지적인 행위 주체가 어떻게 하는지 체계적인 방법으로 조사하는 데 컴퓨터를 사용했다.

물론 컴퓨터는 (친구들의 뒷모습을 살짝 보고도 알아본다거나 언어의 복잡한 구조를 문법적으로 분석하는 일과 같은) 사람들이 쉽게 하는 일을 하지 못한다. 하지만 상대적으로 단순한 패턴을 즉석에서 알아보아야 될 때는 보통은 컴퓨터가 사람보다 낫다. 브리스톨 대학교의 컴퓨터 과학자 데이브 클리프(Dave Cliff, 1966년~)는 거래에 있어 인간을 조직적으로 능가하는 여러 단계의 컴퓨터 거래 알고리즘을 개발했다. 그 알고리즘은 매우 단순한 규칙을 사용하지만, 지난 실수로부터 매우 빠르게 배우는 역량을 가짐으로써 그렇게 된다.[17] 금융 시장에서 알고리즘을 이용한 거래의 부상(지금은 전체 거래의 50퍼센트를 처리한다.)은 가장 큰 거래 회사들이 클리프나 그와 비슷한 사람들의 생각(컴퓨터가 사람들만큼 잘 할 수 있다.)이 옳다는 확신을 가졌음을 보여 준다.

사람에 비해 컴퓨터를 사용하는 이점은 수십만 건의 실험을 게임의 성격을 바꿔 가며, 매우 빨리 돌릴 수 있는 능력에 있다. 그러한 실험으로 다른 수준의 복잡성이 장기적으로 참가자들이 게임하는 방식에 어떻게 영향을 미치는지 알아보았다. 각 실험에서 갤러와 파머는 앨리스와 밥이라고 불리는 두 참가자들을 서로 경쟁시켰다. 각 참가자는 N개의 가능한 전략에서 선택할 수 있다. 게임 이론에서 게임은, 참가자들이 쓰는 전략의 모든 가능한 선택에 따라 두 참가자들이 받는 보수(payoffs)를 보여 주는, 쌍으로 된 숫자들의 목록으로 정의된다. 사실상 이 숫자들이 게임의 규칙을 정하고, 앨리스와 밥이 선택한 행동에 대한 보수를 정한다. 앨리스와 밥은 이 숫자들을 보고 어떤 전략을 써야 하는지 결정할 수 있다.

이제 갤러와 파머의 분석에 있는 귀여운 아이디어가 여기 있다. 그들은 게임 이론의 방대한 문헌에 있는 수천 개의 연구 중에서 특별한 종류의 게임을 선택할 수도 있었다. 하지만 그렇게 하면, 그 결과는 그 게임이나 그와 비슷한 게임에만 적용할 수 있을 것이다. 훨씬 더 일반적인 결과를 얻기 위해 그들은 무작위로 게임을 선택해서, 숫자 쌍 목록에 있는 숫자 각각을 0을 중심으로 하는(1장에서 자세하게 설명된) 정규 분포에서 골랐다. 대부분의 숫자는 −1에서 1 사이에 있었다. 그들은 선택된 각 게임에 대해 두 컴퓨터가 그 게임을 하게 했다. 각 컴퓨터의 초기 전략은 거의 무작위로 정해지지만, 과거에 결과가 좋았던 전략을 더 자주 구사함으로써 빨리 배우도록 프로그램이 되어 있었다. 결과적으로 컴퓨터들은 그 경쟁에서 시행착오를 거쳐 패턴을 배운다.

전략의 개수인 N이 2, 3, 4 정도 되는 상당히 간단한 게임이라면, 이런 종류의 학습 알고리즘이 보통 실제 사람들보다 더 합리적으로 행동하는 것을 배우면서 내시 평형 전략의 근방으로 상당히 빨리 조정된다는 것을 컴퓨터 과학자들은 알고 있다. 하지만 좀 더 복잡한 게임에서는 상황이 꽤 다르다는 것을 갤러와 파머는 발견했다. N=50인 알고리즘은 오랜 시간이 지난 후에도, 어떤 종류의 안정된 행동에도 정착하지 못했다. 물론 대부분의 경우, 게임 참가자 둘 중 하나가 계속해서 일방적으로 이기는 일은 일어나지 않았다. 즉 어떤 때는 앨리스가 더 잘했고, 어떤 때는 밥이 더 잘했다. 장기적으로 각자는 평균적으로 같은 성공률을 가졌다. 그러나 경쟁은 결코 반복적인 패턴으로 안착하지 못했다. 앨리스가 역전하기 전에 밥이 가끔 장시간 이기기도 했다. 그 이력은 어떠한 예측 가능한 패턴으로도 안착하지 못하는 예측 불가능성의 지속적인 혼돈이었다.

여러 번 시행한 게임의 결과가 요동칠 가능성을 게임 이론 자체가 보여 주었다는 사실에 주목해야 한다. 내시는 모든 유한 게임은 내시 평형(참가자들이나 컴퓨터가 그 평형에 도달한다는 것을 의미하는 것이 아니라, 그러한 결과가 가능하다는 것만을 의미한다.)을 갖는다는 것을 증명했지만, 몇몇 게임은 참가자들로 하여금 소위 혼합 선택을 쓰게 할 수도 있다. 각 전략을 고정된 일정 확률로 선택하는 혼합 전략의 경우에, 한 게임에서 다음 게임까지의 결과는 요동칠 것이다. 그러나 그러한 내시 평형에서, 그 요동은 여전히 안정되고 시간이 지나도 변하지 않을 것이다. 논의를 위해, 시간이 흐르면서 양쪽의 킹 2개만 남은 체스 판을 생각해 보아라. 킹들은 상대 위치 옆으로 다가갈 수 없기 때문에, 실제로는 결코 게임이 끝날 수 없다. 킹들은 무직위로 이 무 소용없이 이리저리 움직일 수 있을 뿐이다. 이것은 갤러와 파머가 발견한 것과 매우 다르다. 게임이 계속되는 한, 두 행위자는 최적의 전략을 배우려고 계속 노력하며, 보통 잠깐 동안은 성공해서 상대방이 그 전략에 대응할 수 있기 전 얼마 동안은 계속 이길 수 있다. 배우고 경쟁하는 과정은 결코 끝나지 않으며, 둘 중 누구도 최종 전략에 안착할 수 없다. 심지어 고정된 확률을 가진, 무작위 선택을 수반하는 전략에도 안착할 수 없다.

이 연구는 충분히 복잡한 게임에서 평형 분석으로 얻은 통찰은, 일어날 가능성이 있는 일에 관해 별로 알려 주지 않는다는 중요한 사실을 지적한다. 사람을 도취시키는 내시 평형 개념은 복잡하고 고차원적인 게임과는 거의 관련이 없다. 균형은커녕, 행위 주체는 어떤 평형도 찾지 못하며 단순히 전략적 행동의 점진적인 진전이 무한히 계속된다. 갤러와 파머가 결론지었듯이, "각 참가자가 과거 조건에 대응하고 상대방보다 더 잘하려고 시도하면서, 참가자들의 전략은 계속적으로 변한다. 전략 공간의 궤적은 고차원의 혼돈을 보여 주며, 이것은 어느 모로 보나, 그 행동이 본질적으로 무작위적이며, 앞으로의 진전도 본질적으로 예측 불가능하다는 것을 시사한다."

똑같이 두드러진 점은 이런 종류의 풍부하고 복잡하게 지속되는 동역학이 실제 시스템에서 볼 수 있는 것과 상당히 비슷하다는 것이다. 그런 실제 시스템에는 한 번의 극단적인 변동성이 상대적으로 평온한 기간을 망쳐 놓는 금융 시장도 포함된다. 그렇지만 4장의 쌀더미에서처럼, 이 혼란의 원인이라고 가리킬 만한 것은 없다. 시스템에 "충격적인 일"도 없고, 잡음도, 그 어떤 다른 것도 원인으로 지적될 만한 것은 없다. 그 혼란은 완벽하게 자연스러운 내적 동역학에서 나온다. 그리고 이런 동역학이 단지 N=50 전략을 가진 게임 속에 있는 것이다. 전략 수 N을 100, 1,000, 1만으로 키워 보거나, 참가자 수를 금융 시장처럼 많게 하면, 상황은 더 혼란스럽고 더욱 예측 불가능해지기만 할 것이다.

여기서 메시지는 복잡한 게임에서 동역학은 정말 중요하며, 경제학자들이 아무리 열심히 노력해도, 동역학 없는 이론을 만들 수는 없다는 것이다. 평형 이론은 결국 시간이 남아도는 사람처럼 시스템을 분석하는 방법이다. 시장을 효과적으로 모델링하는 방법을 배우고자 한다면, 매우 복잡한 게임을 분석하는 것이 유망한 방법처럼 보인다.

다른 전통(The Other Canon)

경제 역사학자 에리크 스텐펠트 라이너트(Erik Steenfeldt Reinert, 1949년~)는 "다른 전통(The other Canon)"에 관해 썼다.[18] 그는 현대의 평형 이론학자들에 의해 옆으로 밀쳐지고 잊혀져, 더 이상 사용되지 않고 역사책 속으로 사라진, 과거 경제학의 사고방식의 분파들을 가리키는 데 "다른 전통"이라는 용어를 사용했다. 경제학자 조지프 알로이스 슘페터(Joseph Alois Schumpeter, 1883~1950년)에게 경제 발전의 핵심은 교환과 최적의 평형으로 이끄는 자유 거래가 아니라, "창조적 파괴(creative destruction)"의 영원한 물결을 만드는 인간의 창의성과 혁신이었다. 오스트리아의 경제학자인 하이에크는 단순한 평형의 이해 밖에 있는 새로운 구조로 변화에 대해 사람들이 집단적으로 반응하여 생긴 '자생적 질서(spontaneous order)'와 인간 사회 및 그 기관에서 생긴 조직을 찬양했다.

경제학자 라이너트(그리고 미국인 소스타인 번드 베블런(Thorstein Bunde Veblen, 1857~1929년)과 영국인 허버트 서머턴 폭스웰(Herbert Somerton Foxwell, 1849~1936년))의 다른 전통에 포함된 모든 사고방식에는, 영국의 위대한 경제학자 케인스의 생각이 그랬던 것처럼, 탈평형 정신이 주입되어 있었다. 케인스에게 미인 대회만큼 시장을 닮은 것은 없다. 미인 대회에서 심사위원은 가장 아름다운 참가자를 뽑는 것을 목표로 하는 것이 아니라, 대부분의 다른 사람들이 가장 아름다운 사람으로 뽑을 것이라고 생각되는 사람을 뽑는 것이 목표이다. 궁극적으로 모든 사람은 다른 사람들이 추측하는 것을 추측해야만 한다. 시장에서 우리는 "평균적인 의견이 기대하는 평균적인 의견을 예상하는 데 우리의 지적 능력을 쏟아야 한다."라고 케인스는 말한다.[19] 이것이 탈러의 대회와 같은 게임에서 본 시장이다.

갤러와 파머의 게임에서처럼, 시장에는 "최선"의 전략이 없다. 어떤 전략의 성패는 다른 모든 사람이 무엇을 하는지와 그들이 사용하는 전략에 의존하기 때문이다. 이것이 바로 아스네스가 퀀트 붕괴라는 고통스런 사건에서 배웠던 (또는 다시 배웠던) 것이다. 그의 전략은 다른 사람들이 그것을 사용하기 전까지는 눈부시게 효과가 있었다. 하지만 너무 많은 사람들이 그 전략을 쓰게 되었고, 얼마 후에 재앙이 뒤따랐다. 시장 행동은 다른 사람들이 사용할 전략과 모든 전략이 서로 간의 상호 작용에서 어떻게 펼쳐질지에 대한 예상을 잘 하려고 경쟁하는, 상호 작용하는 전략들이 지속적으로 바뀌는 생태에서 나온다.

물론 이 모든 것이 다른 투자 전략의 성공을 홍보하는 책을 위한 무궁무진한 시장이 있는 이유이기도 하다. 몇몇 성공한 투자자들은 투자할 회사의 가치를 연구하고, 사야 할 저평가 된 주식이나 팔아야 할 고평가된 주식을 찾아내려고 노력하는 "근본주의자" 또는 "가치 투자자"이다. 유명한 뮤추얼 펀드 매니저인 피터 린치(Peter Lynch, 1944년~)는 1977년부터 1990년에 걸쳐 어마어마하게 성공한 마젤란 펀드(Magellan Fund)를 운용했다. 그 기간 동안 그 펀드는 매해 평균적으로 29퍼센트의 이익을 냈다. 『이기는 투자(beating the street)』라는 그의 책에 따르면, 린치는 복잡한 수학적 분석에 의존하거나("도표 읽기"를 통해) 가격 움직임에 있는 패턴을 불가사의하게 이해해 내고 투자한 것이 아니었다. 그는 구식의 성실함과 조사에 의존했다. 린치는 보통 1년에 수백 개의 회사를 방문해 최고 운영진과 이야기하고, 공장을 돌아다니며 기술자들과 대화를 나누었다. 그는 1,000명이 넘는 매니저들과 전화 통화를 했다. 그의 관점에 따르면 산더미 같은 많은 연구를 하지 않으면 투자는 의미 없기 때문에, 아무나 주식에 투자해서는 안 된다, "수백만의 미국인들은 주식 투자를 삼가야 한다. 이든은 회사를 조사하는 데 아무 관심이 없고, 대차 대조표를 보는 것만으로도 움츠러들고, 연간 보고서를 그림으로만 휙휙 넘겨보는 그런 사람들이다. 아무것도 알지 못하는 회사에 투자하는 것이 여러분이 할 수 있는 가장 안 좋은 일이다."[20]

하지만 많은 투자자가 비슷한 전략을 따른다면, 다른 무리의 사람들은 소위 기술적 전략(과거 가격 움직임에 기초해 미래 가격 움직임을 예측하는 데 도움을 준다고 사람들이 주장하는 방법)을 사용해서 투자한다. 지난 5일 동안 일본의 엔화가 1퍼센트 이상 올랐다면, 기술적 전략은 그 오름세는 계속될 가능성이 있으니 엔을 사기에 좋은 시기라고 주장할 수 있다. 주식과 상품, 외환 거래 시장에서 거래자들은 추세를 따르면서 그러한 규칙을 폭넓게 사용하며, 그들이 과거에 반응했던 대로 역사가 반복되기를 기대한다.

이 주제에 관한 어느 글이 투자 전략에 대한 동기를 설명한 것처럼, 투자에 대한 기술적 접근 방법은 다음과 같은 믿음을 반영한다.

다양한 경제적, 금전적, 정치적, 심리학적인 힘에 대한 투자자의 태도로 결정되는 흐름 안에서 가격은 움직인다. 기술적인 접근 방법은 가격이 현재 작동 중인 대중 심리("군중")의 반영이라는 이론을 기반으로 하고 있다. 따라서 기술적 접근 방법은, 군중 심리가 한편에 있는 극심한 공포와 두려움, 비관주의와 다른 한편에 있는 확신, 지나친 낙관주의, 욕심 사이에서 움직인다는 가정 아래서 미래 가격 움직임을 예측하려고 시도한다.[21]

많은 경우에 그런 시장에서 거래자들은 또한 특정 숫자를 동역학에서 중요한 역할을 하는 것으로 본다. 예를 들면 크레디트 스위스(Credit Suisse)의 북 아메리카 판매 책임자인 호르헤 로드리게스(Jorge Rodriguez)에 따르면, "1달러에 100엔 수준은 여전히 큰 심리학적 장벽이고, 그 장벽이 깨지는데 몇 번의 테스트가 필요할 것이다. 하지만

100엔이라는 장벽을 깨뜨리면, 그 상태로 오래 있지는 않을 것이다. 아마 얼마 동안은 1달러에 102엔에서 106엔 사이에서 거래될 것이다."[22] 환율이 1달러에 100엔 하는 것처럼 특정한 수에 접근할 때, 환율은 마치 격퇴 당하듯이 갑자기 오름세의 반대가 될 것이라고 어떤 연구는 주장한다. 그러나 환율이 그 수준을 부수고 나가게 되면, 그 수준을 지나 빠르게 움직인다.[23]

학문적 연구는 특히 외환 시장에서 그러한 분석이 정말 들어맞을 수 있다는 것을 보여 주었다.

다른 투자자들은 또 다른 전략을 따른다. 잭 슈워거(Jack Schwager, 1948년~)의 책인 『시장의 마법사들(Market Wizards)』에서 인터뷰한, 마이클 마커스라는 이름의 잘 알려진 상품 거래자는 시장의 큰 움직임이 있을 것 같은 특별한 순간을 포착하는 방법이나 강한 상승세가 정체되고 내림세가 되는지 아는 방법을 장내 거래인으로서 배웠다고 말했다.

여러분은 시장에 대한 거의 잠재의식적인 감각을 주식 시장의 장내에서 발달시킨다. 장내의 목소리 강도에 따라 가격 움직임을 판단하는 법을 배운다. 예를 들면 시장이 활발하게 움직이고 있다가 조용해지면, 보통 그것은 시장이 더 큰 진전을 하지 못한다는 신호이다. 때때로 장내 소리가 적당히 시끄럽다가 갑자기 매우 시끄러워질 때를 시장이 솟아오를 준비가 되었다는 신호라고 생각할 수 있지만, 그것은 실제로 시장이 상당한 내리막 길로 들어섰다는 것을 알려 준다.[24]

전설적인 금융가 조지 소로스(George Soros, 1930년~)는 이것과 비슷한 심리적인 통찰을 바탕으로 그의 투자 전략을 구사했다 『금융의 연금술(The Alchemy of Finance)』에서, 그는 심한 허리 통증을 그의 지적 능력이 파악할 수 없는 통찰을 알려 주는 신체적인 신호로 받아들이고, 어떤 위치에서 손을 떼기로 결정했었다고 인정하기까지 했다. (인간이 합리적인 투자자라는 주장을 평가할 때 이 점을 명심하는 것이 좋다.)

다시 한번 말하지만, 시장은 상호 작용하는 행위 주체자들의 생태이다. 그들은 극도로 다양한 전략을 쓰며, 그들 자신만의 집단적이며 예측 불가능한 현실을 함께 만든다.

호모 에코노미쿠스부터 호모 사피엔스까지

이제 경제학자들은 사람들이 투자에 대한 결정을 포함해 어떤 결정을 내려야 할 때, 전혀 합리적이지 않다는 데 대체로 수긍한다. 사실상 면밀하게 살펴보면 완전한 합리성이라는 바로 그 아이디어가 이치에 맞지 않는다. 그것은 논리적 모순이다. 한결같은 합리적 투자자가 며칠 동안 주가가 떨어지고 있는 마이크로소프트 사의 주식 보유분을 팔아야 할지에 대한 결정에 직면했다고 가정하자. 린치처럼 그는 정보 수집과 보고서 연구로 시작한다. 하지만 연구와 심사숙고는 시간이 걸리고 비용이 든다. 즉 마이크로소프트 사의 주식은 여전히 떨어지고 있을 수 있다. 오류의 가능성을 최소화하면서 완벽한 결정을 하는 데 필요한 모든 정보를 얻는 데는 시간이 너무 오래 걸릴 수 있다. 완벽하게 합리적인 투자자는 결정을 내리기 전에, 연구하는 데

(시간을 얼마나 투자할지) 최적 시간을 먼저 결정해야 한다. 심지어 일을 착수하기 전에, 완전히 합리적인 사람은 이 준비 단계의 문제를 해결해야 한다.

그러나 이것은 무한히 있는 문제들 중에서 시작일 뿐이다. 이 준비 단계 문제(내가 결정을 내리기 전에 얼마동안 주식을 연구해야 하는가?)도 또한 어렵다. 시간은 돈이기 때문에, 합리적인 개인은 이 문제를 너무 오래 생각하는 데 자원을 낭비하고 싶지 않을 것이다. 그러므로 완전히 합리적인 사람은 또 다른 문제가 되어 버린 이 준비 단계의 문제를 푸는 데 투자할 최적의 시간을 결정해야만 한다. 이 연쇄적인 문제들은 결코 끝나지 않는다. 논리적 결정을 내는 합리성은 결국 그 자체를 파괴하게 된다. 그건 단순히 모순되는 아이디어, 즉 환상이다.[25]

물론 이것은 터무니없는 시나리오다. 모든 정상적인 사람들은 어느 정도의 연구를 할 것이며, 그런 다음 준비되었다고 느낄 때, 나서서 투자 결정을 할 것이다. 이것이 바로 핵심이다. 사람들은 완벽한 이성에 기초하여 행동하는 것이 아니라, 좀 더 적응할 수 있고 융통성 있는 원칙에 기초해 행동한다. 지난 20년 동안 수많은 심리 실험은 사람들은 보통 어려운 계산보다는 단순한 경험 법칙 또는 "발견적 학습"을 사용해 결정함을 보여 준다. 보통 직관적인 판단은 비용이 많이 드는 우유부단함을 피하면서도 쉽고 빠르게 괜찮은 결과를 준다. 예를 들면 2006년 연구에서, 간단한 결정에 직면하는 사람들은 의식적인 계산을 하면서 최선을 다했지만, 다른 많은 속성들이 얽힌 복잡한 결정에 대해서는 "직감"으로 내린 결정이 더 낫다는 것을 심리학자들은 발견했다.[26]

이 연구는 "행동 경제학"(이론 경제학자들의 편리한 신화보다는 실제 사람들이 행동하는 방식에 맞춰진 경제학)이라고 이름 붙여진 것을 중심으로 한, 경제학 혁명을 불러일으켰다. 프린스턴 대학교의 심리학자 대니얼 카너먼(Daniel Kahneman, 1934년~)이 설명했듯, 우리 인간은 사실상 1개의 의식이 아니라 2개의 의식을 갖고 있다는 것이 행동 경제학의 주요 통찰이다. 여러분의 친구 얼굴 앞에 글이 써져 있는 종이 1장을 들어 보면, 여러분이 읽지 말라고 해도 그 친구는 글을 읽기 시작할 것이다. 우리 시각 범위에 있는 문자를 해석하는 충동은 전 의식적(preconscious)이기 때문에 그도 읽는 것을 멈출 수가 없다. 우리는 통제되지 않고 자동적으로 작동되는 깊은 본능적인 의식을 갖고 있다. 그 의식은 보통 실수를 잘 한다. 예를 들면 그 의식은 잘 일어나지 않는 위험의 가능성을 조직적으로 과소평가하고 우리를 자만하게 만든다. 하지만 이 원시적인 의식 외에 매우 다른 또 하나의 의식이 있다. 이 의식 역시 합리적이지는 않을 수 있지만, 최소한 합리적이 되려고 노력하며 계산을 사용한다. 이 의식을 사용하는 데는 노력이 들고, 느리며 힘들지만, 그 의식은 본능적인 뇌의 오류를 고칠 수 있다. 이런 두 가지 사고 유형이 카너먼의 최근 베스트셀러, 『생각에 관한 생각(*Thinking, Fast and Slow*)』이라는 책 제목에 나오는 그 두 가지이다.

탈러의 말에서처럼, 이런 행동 혁명은 경제 이론학자들을 그들이 선호하는 (완벽하게 합리적이고 탐욕적인) 호모 이코노미쿠스로서의 인간 모델에서 실제의 우리와 비슷하고 좀 더 현실적인 야수 모델인 호모 사피엔스 쪽으로 천천히 움직이게 하고 있다. 이런 것은 의미 있고 필요한 일이지만, 개인의 행동에 대한 더 나은 이해만으로는 부족하다. 사회에서 특히 시장에서 일어나는 대부분 아니면 최소한 많은 놀라운 일들은 개인 행동의 특이성에서 발생한 것이 아니다. 그보다는 많은 개인의 행동이 함께 일을 키우는 방식(퀀트 붕괴에서처럼)으로 누구도 의도하지 않았던 결과를 만든 것이다. 이것은 집단적 복잡성이지 개인적 복잡성이 아니다. 그래서 개인 행동을 연구하는 것만으로는 집단적 복잡성을 이해할 수 없다. 상호 작용하는 사람들 속에서 자연스럽게 솟아나는 그런 종류의 패턴을 이해하기 위한 집중적인 노력이 필요하다.

작년에 물리학자들과 경제학자가 만나는 과학 모임에서, 나는 이 문제를 논하는 발표를 했으며, 실례로 물리학에서의 몇 가지 예를 사용했다. 작은 금속 구슬이나 볼 베어링은 단순한 물건이다. 얕은 접시에 이것들의 더미를 쌓고, 위아래로 흔들어 보시라. 여러분은 어떤 흥미로운 것도 기대하지 않을 것이다. 하지만 구슬 간의 상호 작용은 실제로 믿기 힘들 정도의 복잡성으로 이어진다. 실험에서 구슬들은 그림 5처럼, 광범위하고 풍부한 패턴까지 자연스럽게 형성한다. 때로 구슬들은 격자와 같은 규칙적인 구조를 형성하고, 때로는 지속되는 혼돈도 있고, 때로는 고립된 구조가 형성되어 마치 자신의 목표를 향해 가는 것처럼, 구슬 표면 위에 떠다니기도 한다.[27]

나는 이것이 중요한 논리적 핵심을 효과적으로 짚었다고 생각했다. 즉 많은 상호 작용하는 부분을 가진 어떤 시스템에서 보이는 풍부한 동역학과 구조는 그 부분의 성격과 그 어떤 관계도 없다는 것이다. 그 패턴들은 구슬의 성질을 반영하지 않는다. 이 모든 복잡성을 구슬 더

그림 5 모든 이미지는 지름이 약 10센티미터인 용기를 수직으로 흔들었을 때 생긴 작은 청동 구슬 한 층을 보여 준다. 패턴은 (흔드는 진동수와 진폭에 의존하는) 구슬들의 가속도가 충분히 높기만 하면 나타난다. 어떤 패턴이 이기느냐는 흔드는 진동수에 달려 있다. 어떤 진동수에 대해서는 패턴이 섞이고 시간에 따라 계속 변한다. 오른쪽에 있는 그림은 특이하게 고립된, "오실론(oscillons)"이라고 알려진 패턴을 보여 준다. 그 패턴은 돌아다니면서 자기 나름의 영구한 물체인 양 지속된다. (그림 제공: 폴 엄반하워(Paul Umbanhowar))

미와 같은 단순한 것에서 본다면, 시장처럼 사람들이 상호 작용하는 시스템에서 비슷한 복잡성과 놀라운 광경을 많이 보리라고 기대하는 것은 당연하다.

　그러나 청중의 한 사람으로 연방 준비 은행에서 온 경제학자는 특이하게 반응했다. 경제학자들은 자신의 모델에서 뜻밖의 일을 바라지 않는다고 그는 말했다. "어떤 경제학자가 모델을 제시하고 결국에 모자에서 토끼를 끄집어낸다면, 여러분은 그가 모자에 토끼를 집어넣을 때를 도중에 보여 줄 것이라고 확신할 수 있다."라고 그는 말했다.

다르게 말하면 모델의 목적은 어떤 상황에서 나올 수 있는 놀라운 결과와 같은 것을 탐구하는 것이 아니라, 그 밖에 다른 모든 것을 탐구한다는 것이다. 모든 것은 동등하며 놀라운 일들은 환영받지 못한다.

하지만 바로 그것이 문제이다. 모자 속에 있는, 우리가 모르는 토끼가 우리를 놀라게 하기 때문에 가장 중요하다. 뜻밖의 일들이 우리를 다치게 할 수 있다. 바로 이것이 이런저런 상황의 핵심을 포착하기 위한 단순하고 그럴듯한 모델을 세워서, 많은 것을 배울 수 있는 지점이다. 이것은 금융 시장을 연구하는 사람들에게는 상대적으로 새로운 게임이지만, 이미 우리는 깜짝 놀라게 하는 일들을 보았다.

신뢰의 생태학

제대로 된 질문에 대한 다소 부정확한 답이, 틀린 질문에 대한 정확한 답
보다는 훨씬 낫다.

— 존 와일더 튜키(John Wilder Tukey, 1915~2000년)

경제학자들은 말을 연구할 때 진짜 말을 보러 가지 않는다. 그들은 자리에
앉아 스스로에게 묻는다. "내가 만약 말이라면 나는 어떻게 행동할까?"

— 일리 데번스(Ely Devons, 1913~1967년)

물리학과 대학원생 시절, 나는 미국 독립 기념일 연휴 3일 동안 막
노동을 한 적이 있다. 집세를 내기 위한 돈이 필요했던 나는 뜨거운
버지니아의 태양 아래 3일 동안 땅을 파고 자갈을 정리한 대가로 270
달러를 받았다. 내가 마지막 날 오후, 몇 가지 계산을 위해 실험실로

급히 돌아오지만 않았다면 그 돈은 나에게 큰 도움이 되었을 것이다. 나는 과속으로 딱지를 떼였고, 벌금은 271달러였다. 즉 3일 동안 일한 결과로 내가 얻은 것은 1달러의 손해와, 약간의 운동, 그리고 인생의 아이러니가 안겨 준 헛웃음뿐이었다.

세상은 예측 불가능하다. 때로는 역으로 우리를 괴롭힌다.

물론 이 세상의 예측 불가능성은 더 진지하게 다뤄질 수 있으며, 미국의 경제학자 프랭크 하이네먼 나이트(Frank Hyneman Knight, 1885~1972년)가 바로 이 문제를 본격적으로 다루었다. 저 유명한 시카고 학파의 창시자 중 한 사람인 나이트는 "위험(risk)"과 "불확실성(uncertainty)"을 구별했다. 그의 생각에 "위험"은 어떤 사건들이 일어날 수 있는지, 그리고 그 사건들의 확률은 어떠한지를 알고 있을 때 우리가 직면하게 되는 것이다. 반면 "불확실성"은 더 심각한 무지의 형태로, 익숙하지 않고 한계가 없는 위험이자 진정 예측할 수 없는 세상에서 살아갈 때의 위험이며 상상할 수 없는 급격한 변화이며 "전혀 알 수 없는 위험(unknown unknowns)"이다.

이런 불확실성이 경제학을 엄밀한 과학으로 만드는 데 있어 장애물처럼 보였던 만큼, 나이트의 경제학에 대한 관점은 이에 대한 통찰에 기반하고 있다. 실제로 그는 경제학의 핵심 과제는 기술적 이론화가 아닌 "종교를 포함한, 도덕적 문제의 가치를 발견하고 정의하는 것"이라고 생각했다. 한 경제학 역사가는 다음과 같이 기술한다.

나이트는 시장에서 개인의 이익이 조절되는 것과 같은, 또는 다른 방식으로도 사회를 과학적으로 관리하는 것이 조금이라도 가능할지 의심했다.

인간의 이성은 불완전한 도구이며 인간 본성이 가진 기본 요소들에 따라 종종 못쓰게 된다. …… 그는 (또한) 개인이 문화나 사회에 바탕을 두지 않고 독립적으로 존재할 수 있다는 것을 믿지 않았다. 그는 인간은 본능적으로 사회적이라고 생각했다.[1]

그러나 나이트는 구학파의 경제학자였고 합리성이 경제학을 지배하기 이전의 시대에 자신의 세계관을 세웠던 사람이다. 또한 나이트가 경제학의 출발점으로 생각했던 이런 인간의 행동에 대한 불신을 다른 경제학자들은 그때까지 중요하지 않게 생각하고 있었다.

사회 과학과 경제학이 물리학과 다른 한 가지는 바로 사람들의 기대가 결과에 영향을 끼친다는 점일 것이다. 내일 또는 다음 주 시장에서 어떤 일이 벌어지는가는 사람들이 어떤 일을 예상하는가에 큰 영향을 받는다. 따라서 시장이나 경제를 모델링 하고자 하는 모든 시도는 곧 사람들의 기대를 어떻게 모델링할 것인가 하는 어려운 문제와 맞닥뜨리게 된다. 시장에 대한 이론은 곧 인간 심리의 무한한 복잡성과 연결되는 것이다. 그러나 1961년에 경제학자인 존 프레이저 무스(John Fraser Muth, 1930~2005년)는 이 문제를 다른 방법으로 에둘러 해결했는데, 그것은 곧 5장에서 설명했던 '인간의 합리성'이라는 개념을 약간 변형시킨 "합리적 기대"를 사람들이 가지고 있다고 가정하는 것이었다. 이 아이디어는 사람들이 비록 미래를 알지 못하며 때로 이를 예측하는 데 완전히 실패하더라도, 적어도 어떤 결과들이 가능한지, 그리고 그 가능성은 얼마인지를 합리적으로 알고 있다고 가정하는 것이다.

이 가정은 미래 그 자체의 불확실성과 또 미래에 대한 인식이 가지는 불확실성을 말끔하게 해결했고, 이로써 경제학자들은 인간의 심리에 대한 걱정 없이 깔끔한 이론을 만들 수 있게 되었다. 이는 나이트의 "불확정성"을 확률로 분석할 수 있는 "위험"으로 바꾼 것이며 지난 40년 동안, 특히 시장 또는 모든 경제 분야를 설명하는 경제학 이론의 핵심 요소로 사용되었다. 물론 우리가 익히 보아온 것처럼, 이 이론은 현실과 그렇게 잘 맞아떨어지지는 않았다. 게다가 중요한 것은, 이 가정을 만든 이론들 곧 우리가 지난 수십 년 동안 의지해 온 그 이론들이 또 다른 단점을 가지고 있다는 것인데, 그 단점은 이 이론들이 시장에서 발생하는 가장 중요한 사건들에 대해 거의 통찰을 주지 못한다는 점이다. 최근의 경제 위기와 그에 뒤이은 경기 침체라든지 닷컴 버블과 90년대 후반의 호황, 또는 1987년의 검은 월요일 같은 사건들 말이다. 합리적 기대에 기반을 둔 이론들은 이 사건들에 대해 어떠한 수치적 예측도 시도하지 않았으며, 말 그대로 이들을 가상적이고 측정할 수 없는 "경제 충격(economic shocks)"(예를 들어 신기술의 등장과 같은)의 결과로 제쳐 놓았다. 합리적 기대의 세상에서는, 예를 들어 미래의 주택 가격에 대한 비합리적 확신으로 과도하게 채무가 쌓이는 따위의 문제는 존재하지 않는 것이다. 또한 시장에서 발생하는 모든 사건들은 곧 그 정의에 따라, 합리적인 참여자들이 찾은 최적의 결론으로 여겨진다.

영국의 경제학자이자 작가인 존 앤더슨 케이(John Anderson Kay, 1948년~)는 적절한 비유를 들고 있다. 그는 베르톨트 브레히트(Bertolt Brecht, 1898~1956년)의 연극 「갈릴레오의 삶(Life of Galileo)」에서 종교 재판장이 갈릴레오 갈릴레이(Galileo Galilei 1564~1642년)의 망원경을 들여다보기를 거부하는 장면에 주목했다. 왜 종교 재판장은 이것을 거부했을까? 그것은 교회는 이미 일련의 추론에 따라 행성들이 갈릴레오의 이론대로 움직인다는 사실을 알고 있었기 때문이다. 그러나 그들은 망원경을 들여다보기를 거부했고, 케이는 이 장면을 이렇게 묘사했다. "교회가 지금까지 선언해 온 바에 따르면 망원경으로 보이는 그것이 거기에 존재해서는 안 되었다. 이 부분은 마치 지난 몇 년간의 사건들이 있었는데도 합리적 기대 이론을 여전히 믿고 있는 몇몇 경제학자들이 보였던 반응을 떠올리게 만들었다. (그들은 갈릴레오를 심문했던 종교 재판관들과 같다.) …… 경제학자들은 프리드먼이 실제로는 그곳에 존재하지 않는 것을 보았다는 것을 선험적으로 알고 있으며, 그래서 망원경을 들여다보기를 거부하는 것이다."

경제학을 이끄는 주류들은 위와 같은 입장을 고수했고, 그 결과 이 시장 이론(the theory of markets)에 의미심장한 변화를 시도했던 소수의 변절자들과 다른 분야 과학자들의 결연한 노력은 무위로 돌아가고 말았다.[2] 이 변절자들은 합리적 기대는 환상에 불과하며 인간의 계산 능력과 이성은 그렇게 뛰어나지 않다는 가정을 가지고 문제에 접근했다. 심리학자들의 연구 결과는 역시 사람들은 그렇게 이성적이지 않다는 것을, 적어도 이성적이지 않을 때가 훨씬 더 많다는 사실을 말해 준다. 현실에서 사람들은 행동하고, 실수하고, 관찰하고 그리고 배운다. 사실 인간의 장점은 오히려 여기에 있다.

생각에 관한 생각

20대에 네덜란드 체스 대표 팀을 지낸 아드리안 드 그루트(Adriaan de Groot, 1914~2006년)는 심리학으로 전공을 바꾼 후, 체스와 같은 복잡한 문제를 인간이 어떻게 사고하는지 학문적으로 연구했다. 그는 박사 학위 논문으로, 후에 책으로도 출판된 「체스에 있어서의 사고와 선택(Thoughts and Choice in Chess)」을 썼고 이 책은 오늘날에도 고전으로 남아 있다. 체스 챔피언은 어떻게 체스를 두는 것일까? 그리고 왜 체스 전문가는 일반인보다 그토록 뛰어난 것일까? 사람들은 흔히 게리 키모비치 카스파로프(Garry Kimovich Kasparov, 1963년~)가 초인적인 지적 능력을 가지고 30수에서 50수 앞을 내다본다고 상상하지만 이것은 사실이 아니다. 그루트가 발견한 (그리고 자신의 경험에서 이미 알고 있었을) 전문가와 일반인의 차이는 다른 곳에 있었다.

체스는 터무니없이 복잡한 게임이다. 어떤 경기도 예전에 있었던 경기와 같지 않으며, 두 선수가 자신들의 말 중 절반을 잃은 상태에서도 5수 뒤에 가능한 말판의 상태는 수천 가지에 달한다. 체스에 있어 "최상의 수"를 찾는 방법은 거의 존재하지 않으며, 선수들은 그때그때 상황에 맞춰 자신의 전략을 만들게 된다. 실제로 그루트가 알아낸 것은 체스 전문가들이 아마추어들보다 훨씬 뒤의 수까지 보는 것도 아니며 더 많은 가능성을 고려하는 것도 아니라는 사실이다. 그 대신 전문가는 초보자가 처음 눈에 띄는 첫 세 가지 수를 열심히 생각하는 동안, 마치 쇼핑을 잘하는 사람이 모든 셔츠를 일일이 입어 보지 않는 것처럼 가능성이 있는 두세 가지 수로 빠르게 압축하는 방법을 알고 있다.

그루트는 또 그랜드 마스터(체스의 최고 경지에 오른 이를 일컫는 말)들은 체스 말의 위치를 거의 사진 기억처럼 기억한다는 사실도 발견했다. 그는 체스 마스터와 보통의 선수들로 하여금 2초에서 15초까지 체스 판을 바라보도록 한 후 말들의 위치를 기억하게 했을 때 마스터는 93퍼센트의 말을 기억하지만 보통 선수들은 약 50퍼센트만을 기억한다는 사실을 발견했다.

왜 이런 일이 일어날까? 그랜드 마스터는 다른 이들보다 더 뛰어난 기억력을 가지고 있을까? 당연히 그렇지 않다.

수십 년 뒤, 윌리엄 체이스(William G. Chase, 1940~1983년)와 허버트 알렉산더 사이먼은 후속 연구를 통해 체스 마스터는 특정한, 특별한 목적을 위한 기억력을 가지고 있음을 보였다.[3] 체이스와 사이먼은 그루트의 실험을 반복하면서 실제 경기에 나타났던 체스 말의 배치와 함께 체스 말을 완전히 임의로 배치한 체스판 역시 포함시켜 보았다. 그 결과 체스 마스터는 실제 경기에 나왔던 체스 말의 배치는 보통 선수보다 훨씬 더 잘 기억했지만 임의의 체스 말의 배치는 그렇게 기억하지 못했다. 임의의 배치에 대해서는, 체스 마스터와 보통 선수들 모두 인간의 단기 기억 능력의 한계인 7개의 말까지만을 대체로 기억했던 것이다. 대부분의 인간은 임의의 숫자를 들려주었을 때 7개까지만 기억한다.[4]

즉 체스 마스터는 자기의 필요에 맞는 기억술을 가지고 있는 것이다. 그들은 경기 중에 자주 나타나는 형태들을 오랜 경험을 통해 자동으로 인식하게 되었다고 말할 수 있을 것이다. 그 결과, 그들은 하나의 말판을 기억하기 위해 모든 말들과 이들의 위치를 각각 기억하는 것이 아니라 몇 개의 말들로 이루어진 익숙한 패턴 3~4개가 하나의 말판을 구성하는 것으로 기억하게 되었다. 이것은 사람들이 하나의 문장, 예를 들어 "이 시대는 인간의 정신을 시험하고 있다.(these are the times that try men's souls)"는 기억할 수 있지만 같은 길이의 임의의 알파벳이 나열된 문장은 기억할 수 없는 것과 같은 원리이다. 체이스와 사이먼은 이렇게 말했다. "(체스 마스터의) 지각 능력은 다른 모든 기술들과 마찬가지로 수 년간의 꾸준한 연습으로 만들어진 확장된 인지 능력에 바탕을 두고 있다. 한 때 느리게, 의식적으로 추론으로서만 가능했던 작업은 이것을 통해 빠르고 무의식적인 지각 과정을 통하게 된다. 체스 마스터가 자신은 옳은 수를 '본다.'라고 말하는 것은 전혀 틀린 말이 아니다."

전문가들은 일반적인 패턴들을 모두 꿰고 있는 이런 특별한 통찰력을 가지고 있으므로 당연히 더 나은 전략을 만들 수 있다. 그들은 경험으로 각 패턴들의 가치와 중요성을 파악하고 있기 때문에 어떤 전략을 세워야 할지를 알 수 있게 된다. 그랜드 마스터는 최고의 수를 찾기 위해 계산을 할 필요가 없으며, 사실 계산을 통해 이것을 찾는 것은 수학적으로도 가능하지 않다. 그들은 오랜 연습의 결과로 개발된 패턴 인식 능력으로 다양한 상황에 대해 최선의, 또는 적어도 충분히 좋은 이론들을 만들며, 일생 동안 이 이론들을 개선해 나가는 것이다.

인간의 행동, 특히 학습의 비밀에 대한 위의 연구 내용들은 합리적 기대라는 광기가 경제학을 휘어잡고 있던 1970년대에 정립되었다. 그러나 극히 적은 수의 경제학자들만이 여기에 주목했을 뿐이다. 그로부터 40년 동안 대부분의 주류 경제학자들은 자신들이 선호하는 합리적 인간이라는 가정을 정당화하기 위한 용도로만 이 인간의 학습 과정과 경제학에서 이 과정의 잠재적 중요성을 피상적으로 언급했을 뿐이다. 그들은 이 연구를 이용해, 사람들이 학습을 통해 언젠가는 합리적 기대를 가진 듯 행동할 것이므로 우리도 사람들이 합리적 기대를 가졌다고 가정할 수 있다는 (전혀 설득력 없는)[5] 가정을 펼쳤다. 물론 그것은 사실이 아니다. 많은 연구들이 크게 복잡하지 않은 상황에서도 사람들이 완벽하게 합리적 행동과는 꽤 거리가 먼 행동을 한다는 것을 보였다. 예를 들어 사람들은 자신들이 문제를 해결하지 못하고 있다고 느낄수록 더 필사적이 되었고, 완벽한 임의의 소음에서 종종 어떤 패턴을 발견하고는 했다.[6]

1990년대에 와서야, 스탠퍼드 대학교의 경제학자인 윌리엄 브라이언 아서(William Brian Arthur, 1946년~)가 단순해 보이는 지능 게임을 다루기 시작하면서 인지 심리학의 결과들이 시장 이론의 기초에 도입되었다. 그는 명백한 합리적 판단이 가능하지 않은, 즉 적어도 체스 게임만큼 복잡한 그런 상황에서 사람들이 어떻게 결정을 내리는지를 알고 싶어 했다. 그의 모델은 현실을 실제로 반영하는 것처럼 보이며, 이것은 합리적 기대 가정보다는 명백히 뛰어난 장점으로, 그의 게임은 시장을 모델링 하는 분야에서 작은 혁명을 일으켰다. 그의 게임은 시장이 가진 풍부한 내부의 동역학(날씨와는 그 사촌지간처럼 비슷한 성격의 동역학)이 모델링될 수 있는, 가능성 높은 한 방법을 보여 준다.

평형에 도달하지 못하는 이유

아서는 체스 마스터들이 체스 게임에서 사용하는 능력들을 보통 사람들 역시 일상에서, 또는 각자의 전문 영역에서 보여 줄 것이라 생각했다. 체스에서 사람들은 체스가 가진 그 복잡성 때문에 "최적"의 행동을 할 수 없으며, 따라서 다양한 상황에 맞추어 그에 맞는 방법들을 고려하게 된다. 만약 많은 사람들이 이런 복잡한 상황에 동시에 놓인다면 이들은 어떻게 행동할까? 이 질문에 답하기 위해 아서는 엘 파롤 술집 문제(the puzzle of El Farol bar)라는 놀랍도록 간단한 문제를 고안해 냈다.

매주 목요일 값싼 음료와 음악을 제공하는 엘 파롤이라는 대학가의 술집을 생각해 보자. 당연히 학생들은 이 술집을 가고 싶어 한다. 문제는 이 술집이 매우 좁기 때문에 학생들 중 최대 60퍼센트만이 이곳에 들어올 수 있다는 점이다. 만약 더 많은 학생들이 이 술집을 찾게 되면, 이곳은 매우 불쾌하고 혼잡한 곳이 된다. 따라서 매주 목요일, 모든 학생들은 과연 다른 이들이 이 술집에 올 것인지 오지 않을 것인지를 예측하는 복잡한 결정을 해야 한다. 이들은 다른 이들에게 어떻게 할 것인지를 물어볼 수 없으며 모든 이는 동시에 결정을 내려야 한다.

이제 한 경제학자가 이 학생들의 행동을 예측하려 한다면 그는 게임 이론을 적용해 보려 할 것이다. 5장에서 보았듯이 1950년대 내시의 기념비적인 작업에서 만들어진 이 이론은 모든 참여자는 최선의 전략을 찾으려 하며, 다른 이들도 그렇게 한다는 사실 역시 모두 알고 있다는, 이 두 가지 사실을 가정한다. 즉 게임의 모든 참여자는 다른 참여자들의 전략을 고려해 자신의 전략을 결정하며, 이때 다른 참여자들 역시 최선을 다해 그들의 전략을 결정한다고 가정하는 것이다. 그러나 이 엘 파롤 문제에서는 이런 합리적 사고가 작동하지 않는다. 만약 모든 참여자가 합리적이라면 모든 참여자는 같은 결론을 내릴 것이며 이것은 곧 그들이 같은 날 술집에서 만나게 됨을 의미한다. 이것은 혼잡을 피하려는 그들의 전략이 실패했음을 의미한다. 이 문제에 주어진 상황은 사실 체스의 경우보다 더 어려운데, 그것은 이 문제에는 단순히 해를 찾기 어려운 것이 아니라 아예 해가 존재하지 않기 때문이다. 이 문제에서 엄밀한 이성적 추론은 성립하지 않는다.

아서는 합리적 사고가 불가능한 이런 상황에서 사람들이 실제로 어떻게 반응하는지 알고 싶었다. 아서는 체스 마스터들이 자신의 이론을 만들고 연습으로 이것을 다듬어 나갔다는 사실로부터 엘 파롤 술집 문제 역시 사람들이 자신의 이론을 만들고 이것을 바탕으로 행동할 것이라고 생각했다.

예를 들어 누군가는 "지난 주 술집이 혼잡했다면 이번 주는 혼잡하지 않을 거야."라고 생각하고 엘 파롤로 갈 것이다. 다른 이는 "2주 연속 술집이 혼잡했으니 이번 주도 혼잡하겠지."라고 생각하고 그냥 집에 있을 것이다. 심리학자들은 실제로 사람들이 종종 몇 가지 원칙만을 가지고 행동하며 그것들 중 최근에 잘 작동한 하나의 원칙을 바탕으로 행동한다는 것을 보여 왔다.

아서는 엘 파롤 술집 문제를 이런 관점에서 컴퓨터로 시뮬레이션했다. 그는 각 사람들이 다양한 이론을 가지고 있으며 각자의 경험을 바탕으로 그 이론을 다듬어 간다고 가정했다. 그 결과 엘 파롤에 오는 이들의 비율은 곧 60퍼센트 전후로 맞추어졌다. 그러나 중요한 점은 이 숫자가 정확히 60퍼센트가 되지는 않았다는 점이다. 오히려 그 숫자는 사람들이 다른 이의 전략 변화에 따라 계속 자신의 전략을 바꾸는 동안 60퍼센트 근처에서 계속 위아래로 임의로 움직였다. 이 문제에서는 경제학자들이 보통 좋아하고 기대하는, 변하지 않는 균형이 유지되는 "평형"과 같은 것이 존재하지 않았다. 완전한 정적인 상황이 되었다가도 다시 끝없는 변화가 시작되었다. 이것은 마치 사람들이 같은 문제를 매주 새롭게 풀고 있는 것으로 보였다.[7]

자, 이런 참신한 문제가 있었다. 그래서 뭐가 어떻다는 말일까? 아서가 푼 문제는 간단한 장난감 모형(toy model)이지만 그냥 장난감은 아니다. 이것은 시장에 대한 더 나은 모델을 만드는 길을 보여 주는 장난감이다.[8] 이 문제에서 "술집에 간다."를 "물건을 산다."로, "집에 있는다."를 "물건을 판다."로 바꾸고 사는 사람과 파는 사람의 수의 차이가 가격을 결정한다고 가정해 보자. 이제 이 술집 문제는 더 이상 술집 문제가 아닌, 모두가 다른 이들이 어떻게 생각하는지 추측해야 하는, 케인스가 앞서 미인 선발 대회에 비유했던 바로 그 시장을 직접 흉내 낸 모델이다. (물론 이것은 단지 첫 걸음에 불과하다. 투자자는 다른 모든 이가 팔기를 원한다고 해서 이것을 꼭 사고 싶어 하지는 않으며 그 반대도 마찬가지다. 시장은 더 복잡한 존재이다.)

1990년대에 아서는 경제학자 블레이크 르바론(Blake LeBaron)과 다른 이들과 함께 이 아이디어를 더욱 발전시켜 참여자들이 주식을 사고팔거나, 안전한 이자 채권을 사고팔며 다양한 종류의 예측 전략을 사용할 수 있는 구체적인 시장 모델을 만들었다. 뉴멕시코의 새너제이 연구소에서 아서와 그의 동료들은 시뮬레이션으로, 중개인들이 자신들의 판단에 따라 결정되는 이 시장에 대해 점점 더 이성적이고 편향되지 않은 관점을 가지게 되는지 지켜보았다. 그러나 시뮬레이션 결과는 일반적으로는 그렇게 되지 않는다는 것이었다. 중개인들은 이성적 평형 지점에 접근하는 대신, 다양한 종류의 예측 전략과 시장에 대해 서로 다른 관점들 사이를 오갔다. 특히 그들의 행동은 장기적인 호경기와 폭락, 그리고 격렬한 가격의 요동으로 이루어진 거대하고 예측 불가능한 가격 변화를 만들었다.[9]

어떤 다른 평형 이론과 비교하더라도 술집 문제와 새너제이 연구소의 모델은 현실과 훨씬 더 가까웠다. 이 두 모델은 다소 거칠기는 하지만, 어떻게 시장 참여자들의 생각과 이들의 끊임없는 학습을 시장 모델에 포함할 수 있는지를 보여 주었으며, 또 시장이 얼마나 예측 불가능한지 곧바로 보여 주었다. 물리학자, 컴퓨터 과학자, 경제학자들은 지난 20년간 이 모델에 세부 사항을 추가함으로써 가장 현실적인 시장 모델을 만들었다. 특히 르바론은 이것을 꾸준히 향상시키고 가다듬어 실제 시장과 거의 구별할 수 없는 가격 요동을 보여 주는 모델을 만들었다.[10]

그러나 어떤 이론이 멋진 결과를 보여 주는 이유는 종종 그 이론의 세부 사항 때문이 아니라 그 이론이 가진 간단한 측면일 수 있다. 즉 큰 그림이 때로는 더 중요한 것이다. 만약 아서의 모델이 시장의 핵심을 대략적으로나마 포착하고 있다면, 우리는 이 모델이 어떤 놀라운 예측을 포함하는지를, 곧 가벼운 관찰로는 절대 발견할 수 없지만 실제 시장에는 분명히 나타나는 특성들을 예측하는지 물어 볼 수 있을 것이다. 그리고 아서의 모델은 전략들의 경쟁만 남긴, 매우 간단하고 추상적인 형태만 남았을 때도 그런 예측을 보여 주었다.

시장의 원자 구조

1997년 아서의 연구에 자극받은 2명의 물리학자 이쳉 장(Yi-Cheng Zhang)과 다미엔 샬레(Damien Challet)는 아서의 엘 파롤 게임을 전략을 계속 적응시키고 학습하는 부분만 남긴 간단한 지능적인 게임으로 만들었다. 그들은 이 게임을 "소수자 게임(minority game)"이라고 불렀다. 물리학자들은 종종 하나의 전자와 하나의 양성자로 이루어진, 모든 원자 중 가장 간단한 원자인 "수소 원자"를 어떤 상황의 정수를 나타내는 간단한 모델에 대한 비유로 사용한다. 이것은 물리학자들이 수소 원자를 이해함으로써 수십 개의 전자를 가진 복잡한 구조의 원자들을 이해할 수 있는 심오한 통찰력을 얻은 바 있기 때문이다. 그런 의미에서 이 소수자 게임 역시 시장의 법칙에 대한 수소 원자라고 부를 수 있을 것이다.[11]

술집 문제에서처럼 이 소수자 게임에도 매 라운드 A와 B라는 두 가지 선택지 중 하나를 택하는 다수의 사람들이 존재한다. 그들의 목적은 다른 이들이 선택하지 않는 선택지를 골라서 소수파가 되는 것이다. 아서의 게임에서처럼 장과 샬레 역시 참여자들이 각각 각자의 이론과 가설을 가지고 매 선택을 하도록 만들었고, 이들이 제한된 크기의 학습 용량을 가진다고 가정하였다. 즉 참여자들은 12개, 또는

15개의 임의의 "전략", 곧 미래를 예측하는 서로 다른 "생각의 방법"을 가지고 결정을 내렸다. 각각의 참여자들은 자신들의 전략을 사용하면서 어떤 전략이 잘 작동하는지를 확인했고, 매 결정마다 가장 잘 맞는 과거의 전략을 사용했다.

따라서 이 게임은 술집 게임과 논리적으로 완전히 같다. 참여자들은 과거를 바탕으로 미래를 예측하기 위해 일단 시도하고 다시 오류를 수정하는 간단한 방법을 사용했고, 이 방식을 통해 다수가 선택하지 않을 선택지를 골랐다. 이 게임에서는 어떠한 전략도 최선의 전략이 되지 않는다. 만약 어떤 최선의 전략이 있다면 결국 모두가 그 전략을 사용하게 될 것이고, 그 결과 모두가 같은 선택지를 택함으로써 그들이 다수가 되어 모두 패자가 되기 때문이다. 2007년 많은 헤지펀드들이 보여 준 것처럼 성공적인 전략이란 결국 실패의 씨앗을 가지고 있는 것이다. 아서의 게임과 마찬가지로, 소수자 게임 역시 선택지 A와 B를 각각 어떤 주식의 "매수"와 "매도"로 치환할 경우 금융 시장의 간단한 모델이 된다.

그러나 소수자 게임은 술집 게임에 비해 수학적 단순함이라는 한 가지 특징을 더 가지고 있고, 이는 우리에게 커다란 이점을 준다. 곧 이 문제가 가진 단순함은 종이와 연필만으로도 우리가 이 문제를 완벽하게 풀 수 있게 만들어 주는 것이다.

아서의 엘 파롤 게임과 소수자 게임이 까다로운 이유는 바로 모두가 동시에 승자가 될 수 없는 설정 때문이며, 이런 시스템 특성을 "좌절"이라고 부르자. 장과 샬레는 마침 1980년대 스핀 글라스라는 물질에서 물리학자들이 이와 유사한 좌절에 부딪혔다는 사실을 알고 있었다. 이 물질에서 원자들은 작은 막대자석처럼 움직인다. 일반적으로 두 막대자석 사이에는 서로 같은 방향을 향하도록 만드는 힘이 작용한다. 하지만 스핀 글라스의 경우 이 원칙은 원자들 중 일부에게만 적용되었다. 즉 어떤 원자들은 이들이 서로 반대 방향을 향하도록 하는 힘을 받았던 것이다. 따라서 다음과 같은 일이 발생했을 것이라 생각할 수 있다. 세 원자 A, B, C가 있을 때 원자 A와 B는 같은 방향을 향하길 원하고, B와 C도 같은 방향을 향하길 원하지만 A와 C는 다른 방향을 향하길 원한다고 해 보자. 이 경우 우리는 자동적으로 "좌절"에 부딪히게 된다. 원자들이 어떤 방향을 선택한다 하더라도 1쌍은 자신이 원하지 않는 방향을 향하게 된다. 그 결과로 이 물질은 하나의 최저 에너지 상태를 가질 수 없다. 구리, 실리콘, 또는 소금과 같은 대부분의 물질에서 원자들은 자연스럽게 자신들이 선호하는 기하학적 형태로 정렬하며 각 원자들은 다른 원자들과 사이좋은 관계를 유지한다. 그러나 스핀 글래스에서는 이것이 가능하지 않다. 원자들은 어느 정도의 좌절이 존재하는 수백만 가지 가능한 형태 중 하나로 정렬하게 된다.

물리학에서 이런 "좌절" 문제를 푸는 데 사용되었던 방법들을 이용해 장과 샬레는 소수자 게임을 완전하게 풀 수 있었다. 그들이 이 문제의 답을 풀어냈다는 것은 사실 시장을 어느 정도는 물리적 대상으로 다룰 수 있다는 다소 심오한 결론을 의미하기도 한다. 구체적으로 시장은 일반적으로 물과 얼음같이 매우 뚜렷이 구별되는 두 위상(phase) 또는 행동 양식을 가진다. 그리고 이 두 양식 사이를 전혀 예측할 수 없는 방법으로 오고간다.

수 년 동안 장과 샬레, 그리고 이 분야의 많은 이들은 여러 가지 다른 조건하에서의 소수자 게임을 연구했다. 이들 "실험"(물론 컴퓨터 시뮬레이션에 불과하지만)의 목적은 소수자 게임의 패턴을 찾는 것이었다. 그들 역시 "좌절" 문제의 수학적 결과에서 예상했던 것처럼, 시장이 완전히 구별되는 두 상태에 있을 수 있다는 사실과 한 상태에서 다른 상태로 갑자기 바뀌는 경향이 있다는 사실을 발견했다.

이런 갑작스러운 시장 상태의 전환을 쉽게 볼 수 있는 하나의 그래프가 있다. 그것은 과거의 가격으로 미래의 가격을 예측할 수 있는 정도인 "예측 가능성"이 시장에 존재하는 참여자의 수에 대해 어떻게 변하는지 나타내는 그래프이다. 곧 참여자의 수가 어떤 값 이하일 때 시장은 항상 예측 가능한 범위 내에서 움직이며 어느 정도의 예측 가능성을 가진다. 그러나 참여자의 수가 증가할 경우 예측 가능성은 서서히 떨어지며, 어떤 수 이상이 될 경우 예측 가능성은 완전히 0으로 떨어지게 된다. (다음 그림을 참조하라.)

흥미롭게도 이 예측 불가능한 상태는 경제학자들이 이상적으로 생각하는 "효율적인" 예측 불가능한 시장(새뮤얼슨은 이 시장을 "적절하게 예상된 가격이 임의로 오르내리는"이라고 표현했다.)과 비슷하다. 그러나 예측 가능한 상태는 이것과는 다르다. 이 영역에서는 시장의 참여자들이 시장을 예측할 수 있고 시장을 이용한 수도 있다.

이 예측 불가능 상태로의 전환은 정말로 중요하다. 나는 최근 초단타 거래가 일어나는 시장에서 동역학이 변한 이유가, 즉 플래쉬 크래쉬와 같은 스파이크가 일어나는 빈도가 증가한 이유가 이런 전환과 관련이 있을 것이라고 생각한다. 우리는 이것을 8장에서 볼 것이다.

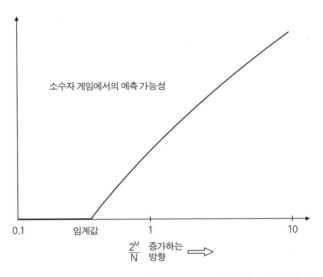

그림 6 이 그림은 소수자 게임의 예측 가능성이 오른쪽으로 갈수록 감소하는 시장의 참여자 수에 대해 어떻게 변하는지를 보여 주고 있다. 참여자의 수가 충분히 클 경우, 시장은 완전히 예측 불가능하게 된다. 참여자의 수가 줄어들 때, 시장은 갑자기 예측 가능해지기 시작한다. (그림 제공: 토비아스 갤러(Tobias Galla))

그러나 그 문제를 다루기에 앞서, 우리는 이 문제를 좀 더 들여다보아야 한다. 무엇이 이런 근본적인 변화를 만드는 것일까? 그 답은 사실 매우 간단한 것으로 드러났다.

장과 샬레는 그들의 게임에서 참여자들로 하여금 과거를 분석해 미래를 예측하도록 만들었다. 구체적으로 각 참여자들은 지난 m번의 시장의 가격 변화를 분석하며 이 숫자 m은 2, 4, 7 등의 어떤 숫자이다. 이 게임에서 가격은 매 사건마다 오르거나 내리는 두 가지 변화밖에 존재하지 않았기 때문에 이들이 예측에 사용하는 "시장 역사(market histories)"의 개수는 2^m개가 된다. 만약 지난 5번의 시장을 분석한다면, 가능한 시장 역사의 개수는 2^5인 32가지가 되는 것이다.

여기에 비밀이 숨어 있다. 시장이 예측 가능해지거나 불가능해지는 전환점은 바로 참여자의 수가 2^m와 같을 때이다.[12] (앞서 지난 5번의 변화만을 분석한 예에서 우리는 32가지 가능한 시장의 역사를 가진다. 따라서 이 경우 32명보다 적은 참여자가 있다면 시장은 예측 가능하게 된다.) 이것은 놀라운 결과지만, 충분히 그럴듯한 결과이기도 하다.

그 이유는 바로 이렇다. 지난 5번의 시장만을 관측하는 이들에게 32가지 가능한 시장 변화의 순서는 곧 가능한 모든 시장의 움직임을 말한다. 참여자들은 이 중 몇몇 순서에 관심을 가지고 있고 그 순서가 나타났을 때 시장에 참여하게 된다. 어떤 시장의 움직임이 있었을 때 그 패턴을 선호하는 이들도 있을 것이며, 그 패턴에 무관심한 이들도 있을 것이다. 참여자의 수가 적을수록, 시장의 지난 움직임은 모두가 무관심한 패턴일 가능성이 커진다. 이것은 아무도 그 패턴에 참여하지 않는다는 사실을 말하며, 즉 이익을 냄으로써 그 패턴을 망가뜨리는 누군가가 존재하지 않는다는 뜻이다. 간단히 말해 참여자들이 사용하는 전략이 모든 가능한 전략을 다 아우르지 못하게 되며, 따라서 아무도 모르는 어떤 패턴들이 존재하게 된다. 반대로 참여자의 수가 32명보다 더 많아질 경우, 모든 가능한 전략은 누군가의 전략 주머니에 들어 있게 된다. 그리고 그 참여자는 그 패턴이 나타났을 때 이익을 얻게 되며, 따라서 그 패턴은 망가지게 된다. 한때의 최선의 전략은 더 이상 최선의 전략이 아니게 되며, 우리는 다시 예측 불가능한 시장을 만나게 된다.

다르게 말하면 우리의 수소 원자 시장 모델에서 근본적인 전환을 만드는 요소는 바로 "밀집도(crowdedness)"이며, 이것은 어떤 물리적인 차원의 문제가 아니라 지적이고 전략적인 차원에서 발생하는 문제인 것이다. 2007년 8월 첫 주에 헤지펀드들에 의해 벌어진 시장의 혼란 이후, AQR 캐피탈 매니지먼트 사의 아스네스는 그 사건에 대해 "전략이 너무 많아졌다."라고 요약했는데 그는 자신이 무슨 말을 하고 있는지 분명히 알았을 것이다.

현실을 모방하기 위한 노력

EMH의 약한 형태, 곧 시장은 본질적으로 예측 불가능하다는 가설로 돌아가 보자. 이 가설은 적어도 엄격하게 따지지 않고 말한다면, 아스네스와 같은 수많은 투자자들이 예측을 이용해 현실에서 돈을 벌고 있다는 점에서 참일 수가 없다. 아스네스의 전략들은 일반적인 "상품 선물(managed futures)"의 전략을 포함하고 있으며 그는 이것을 이렇게 설명했다.

…… 이들은 모멘텀 투자로 알려진, 어떤 형태의 추세-추종(trend-following) 전략의 하나다. 간단히 말하면 모멘텀 투자란 오르는 주식을 사고 내리는 주식을 파는 것이다. 모멘텀이 실제로 "작동"한다는, 곧 가격의 모멘텀으로 미래를 충분히 예측할 수 있다는 것을 밝히는 연구들이 1990년대 초반 이후 수없이 쏟아졌다. 우리는 가격의 움직임을 두 가지의 다른 시간 스케일로 관찰하며, 언제 이들이 너무 많이 갔는지를 결정하려 노력한다. 우리는 1. 단기 경향과 2. 장기 경향, 그리고 3. 이 경향이 너무 길어지고 있지는 않는지를 관찰한다.[13]

사실 시장을 이렇게 "효율적이고", 또 전적으로 예측 불가능한 이상적인 시장으로 만든 것은 바로 중개자들이 끊임없이 시장을 예측하는 전략을 찾아 왔기 때문이다. 그러나 중개자들이 자신들의 전략으로 시장에서 돈을 번 적이 있다면, 이것은 시장이 충분히 효율적이지 않았다는 뜻이며, 따라서 그것은 좋은 소식이 아니다. 분석 결과는 중개자들의 성공은 사실상 불가능했다는 것을 보여 준다. 경제학자 샌포드 제이 그로스먼(Sanford Jay Grossman, 1953년~)과 조지프 스티글리츠(Joseph E. Stiglitz, 1943년~)가 1981년 지적했듯이 시장은 그저 아주 조금만 예측 가능할 뿐이다. 예측 가능성은 투자자들로 하여금 정보를 모으고 시장을 공부하게 만들며, 그 이유는 그들이 이것을 이용해 이익을 볼 수 있기 때문이다. 이 소수자 게임의 수소 원자 버전은 이 예측 가능성에 대해 새로운 관점을 알려 주었고, 또 왜 시장이 일반적으로 아주 조금 예측 가능하며 많은 예측을 할 수 없는지를 매우 명확하게 설명해 준다.

그것은 마치 이렇게 보인다. 만약 시장이 혼잡한 상태에 있다면 이 시장은 전혀 예측할 수 없기 때문에 중개자들이 자신의 전략을 이용해 이득을 보는 것은 불가능하다. 투자자들은 자신들이 이 시장에서 돈을 벌 수 없다는 것을 고통스런 경험을 통해 알게 되며, 결국 이들은 시장을 떠나게 된다. 그 결과 시장은 다시 덜 혼잡한 상태가 되며 곧 예측 가능한 상태가 된다. 이 시장에서 누군가는 이익을 보게 되며 투자자와 중개자들은 다시 시장으로 들어온다.[14] 따라서 시장은 이 전환점 근처에서 두 상태를 계속 오가며 맴돌게 된다. 약한 형태의 EMH는 바로 이런 상태, 곧 가격의 예측성이 매우 낮지만 0은 아닌 상태, 그리고 시장이 움직이는 패턴을 찾는 것이 불가능하지는 않지만 매우 어려운, 그런 상태로 존재하려 한다는 경향을 다소 서툴게 표현한 것이다. 그리고 시장은 실제로 종종 이런 상태에 있는 것처럼 보인다.

소수자 게임에 세부 조건을 더해서 보다 현실적인 모델로 만드는 것도 가능하다. 수소 원자 버전은 모든 참여자들이 매 순간 한 번의 거래를 하는 것을 가정하고 있고 이것은 전체 거래 시도의 양이 항상 고정되어 있음을 의미한다. 이런 조건에서는 현실에서 종종 보이는 폭발적인 거래량의 증가나 비현실적으로 시장이 침묵에 빠져 있는 상태는 표현되지 않는다. 만약 시장이 오전 중에 예측 불가능할 정도로 심하게 요동을 쳤다면 어떤 투자자는 더 이상 예측을 포기하고 그날의 거래를 접고 골프를 치러 나갈 것이다. 실제로 경험 많은 투자자들은 성공적인 투자의 필수적인 요소로 좋은 기회를 기다려야 한다는 원칙과 좋은 기회가 아닐 때 참아야 한다는 원칙을 꼽는다.

소수자 게임이 위와 같은 현실을 반영하도록 간단히 바꿀 수 있다. 곧 참여자로 하여금 항상 거래에 참여하지 않고, 그들의 전략이 최근에 충분히 잘 작동했을 때만 참여하도록 바꾸면 된다. 이 간단한 변화는 사실은 투자자의 확신이라는 개념을 포함하는 것이다. 사람들은 자신이 시장을 이길 수 있다는 확신이 없을 때는 돈을 걸지 않는다. 이 작은 변화로 소수자 게임은 거래량의 변동이라는 원래의 목적뿐만 아니라 악명 높은 시장의 두툼한 꼬리와 장기 기억과 같은 실제 시장의 다양한 통계적 특성을 가지게 된다. 새로운 모델은 실제 시장의 움직임을 보여 주는 데 있어서, 전통적인 경제학의 모델보다 훨씬

우수하며 가장 미묘한 실제 시장의 통계적 특성마저 보여 준다.[15]

소수자 게임의 시뮬레이션에서 우리는 가격과 거래량이 우발적으로 날뛰면서, 실제 시장과 같이 그 자체로 살아 있는 듯한 전형적인 패턴을 볼 수 있다. 가격의 갑작스럽고 큰 상승이 외부의 어떤 극적인 요소가 아닌 시스템 자체의 메커니즘에 따라 나타난다. 한순간 시장은 거의 침묵 상태로 바뀌며 대부분의 투자자들은 자신들이 사용하던 전략에 자신감을 잃고 소심해진다. 다른 순간, 갑자기 정반대의 상황이 펼쳐지는데 마치 중개자들이 미래에 어떤 진정한 확신을 가진 것처럼 거래량은 폭증하고 가격은 급격한 변동을 겪는다. 이런 혼란은 그저 투자자들이 사용하는 전략이 우연히 순간적으로 겹치기 때문일 뿐이다.

장과 샬레가 소수자 게임을 발명한 이래 이것을 여러 방향으로 확장시킨 수많은 연구들이 있었다. 시장이 새로운 정책이나 합병 뉴스와 같은 외부의 충격에도 영향을 받는다는 것은 분명하며 이것을 모델에 포함시키기는 어렵지 않았다.[16] 어떤 이들은 참여자들이 성공적인 전략에 대한 정보나 소문을 교환하는 기능을 추가함으로써 사람들이 다른 이의 전략을 따라하도록 만들었다. 이것 역시 실제 시장에 분명히 존재하는 현상이다. 장 자신은 부단한 예측으로 이익을 내려는 진정 투자자의 전업 중개자만 존재하던 소수자 게임에 이익을 위해 열심히 노력하지 않는 다른 계층을 추가함으로써 이 게임을 더욱 일반화했다. 이 계층 역시 실제 시장에 존재하는 요소이며, 이익을 위해서가 아니라 다른 사업의 일부로서 주식, 채권 등을 사고파는 이들을 반영한 것이다. 소수자 게임의 다른 버전들 중에는 아예 소수자의

이익이라는 원칙을 떠나 다수자가 이익을 보거나, 또는 이 두 가정을 혼합한 게임들도 존재한다.[17]

따라서 소수자 게임은 하나의 특정한 모델이 아니라 다수의 모델을 만들어 낼 수 있는 상위 개념이라고 말할 수 있다. 아니, 더 나은 설명이 있다. 시장을 완전히 새롭게 바라보는 방법으로, 곧 시장을 상호 작용하는 전략들의 생태계로 생각하는 것이다.

생태학적 관점

월 스트리트의 전문가들과 영리한 투자자들은 자신들이 어떤 사건이 어떤 결과를 낳을지를 파악할 수 있다고 생각하며 이 능력에 자부심을 가지고 있다. 크루즈 1척이 이탈리아의 어느 해변에서 가라앉았을 때 이 사건은 이 배를 소유한 회사, 그리고 그들의 경쟁 회사의 주식에 어떤 영향을 끼치게 될까? 만약 유럽 중앙은행이 그리스 정부와 구제 금융에 대해 논의를 시작하면 금값이나 이탈리아, 프랑스, 포르투갈 채권의 가격은 어떻게 바뀔까? 월 스트리트의 어떤 이들은 오랜 경험과 연구로 미묘한 단서를 찾아내는, 체스에서 그랜드 마스터가 가진 것과 같은 능력을 정말로 갖고 있을지도 모른다. 그러나 설사 그렇다 하더라도, 각 사건의 영향이 전파되는 경로의 수는 너무나 많기 때문에 이들이 어떤 사건의 궁극적인 결과를 계산할 수 있는 가능성은 극히 과장되어 있을 가능성이 높다.

20년 전 생태학자 피터 요지스(Peter Yodzis)는 생태계 먹이망의 맥락에서 이 문제에 대해 깊이 생각했다. 물개는 대구(cod)를 먹는다. 즉 물개의 수가 줄어들면 대구의 수는 증가할 것이다. 그러나 다르게 생각해 보면 물개는 대구의 경쟁종인 헤이크(hake) 또한 잡아먹기 때문에 물개의 수가 줄어든다는 것은 더 많은 헤이크가 생긴다는 것을 말하며, 곧 대구는 더 치열한 경쟁을 해야 함을 의미한다. 두 효과는 모두 계산되어야 하며, 요지스는 이것이 시작에 불과함을 보였다. 요지스는 네 종류 이하의 동물만을 포함하는 "경로"(위에서 보인 연속된 인과 관계)들을 그린 실제 먹이망에서 2억 2500만 가지의 서로 다른 간섭을 발견했다. 즉 A가 B에 영향을 끼치며 그 결과 C가 발생하고 다시 D가 일어난다는 설명은 전적으로 불완전한 설명인 것이다. 서로 비슷한 영향을 끼치는 수없이 많은 유사한 인과적 경로의 존재 앞에서, 하나의 인과적 경로가 끼치는 영향은 미미할 수밖에 없다.

금융과 경제학에서 나타나는 상호 의존성의 네트워크도 역시 그 정도의 복잡성을 가지고 있으며 이 복잡한 상호 작용의 생태학을 연구하기 위해서는 컴퓨터를 사용해야만 한다. 소수자 게임은 간단한 모델과 그 여러 확장된 형태들에서 모두 시스템적 관점에서 시장을 바라볼 때 어떤 일이 일어나는지를 묘사했다. 이 모델은 평형 이론에서는 절대로 예상할 수 없었던 내용인 예측 가능한 상태와 예측 불가능한 상태, 또는 "액체"와 "고체" 사이의 심오한 상태 변화를 보여 주었다. 소수자 게임뿐만 아니라 시장을 전략들이 서로 상호 작용하는 생태계로 다루는 다른 모델들 역시 현실적인 용도로 사용될 수 있다.

약 15년 전 나스닥(NASDAQ) 증권 거래소의 소장은 이들이 전통적으로 사용해 오던 분수 단위의 가격을 버리고 현대적인 10진법을 사용할 계획을 세웠다. 그들은 당시의 최소 단위였던 16분의 1을 0.01

로 바꿀 경우 매도-매수 스프레드가 줄어들며 더 많은 이들이 거래에 참여할 것으로 생각했다. 물론 이것을 실현하기에 앞서 이들은 과학자를 고용해 이 생각을 소수자 게임을 발전시킨, 나스닥과 매우 유사한 시장 모델을 통해 검증해 보았다. 그 모델은 시장 조성자와 다양한 시간 간격을 가지고 다양한 종류의 시장에 참여하는 여러 중개자들을 포함하고 있었으며 스스로 지금까지 알려져 있지 않은 더 효율적인 전략을 학습하는 능력 역시 갖추고 있었다. 나스닥은 현명하게도 이 모델이 거래량과 가격의 요동, 시장 조성자의 행동 등을 실제 시장과 유사하게 만들어 내는지를 먼저 확인했다. 그리고 그 결과에 만족한 그들은 자신들의 단위 변경 계획을 이 모델에 적용해 보았다.

이 모델로 그들은 10진법으로의 개선이 원칙적으로는 그들에게 도움이 된다는 것을 확인했다. 그러나 이 모델은 잠재적으로 어떤 문제가 발생할 수 있는지도 알려 주었는데 그것은 가격의 단위가 줄어들었을 때 시장 조성자들이 자신들의 이익을 위해 시장 거래를 조작할 수 있다는 것과 시장의 전체 변동성이 커졌을 때도 이것을 통해 그들이 이익을 볼 수 있다는 사실이다. 나스닥은 이 모델의 경고를 참고해 그런 문제들이 발생하지 않도록 조치를 취한 후 2001년에 10진법을 도입했다.[18]

로와 다른 여러 이들은 금융 경제학이 실패한 원인을 경제학자들의 "물리학 선망"으로 돌린다. 물리학 선망이란 일반 상대성 이론이나 양자 역학과 같이 우아한 수학을 이용해 보편적인 진실에 도달하는 이론을 만들고자 하는 욕망을 말한다. 그의 이러한 평가는 정확하며, 적어도 부분적으로는 그렇다. 현대 거시 경제학은 물리학의 장이론이나 양자 전기 동역학에서 사용되는 것과 같은 수학을 사용하였다. 그러나 내가 앞에서 말했듯이 물리학이 근본적인 몇 가지 이론들로 이루어졌다는 생각은 심각하게 잘못된 것이다. 은하계나 블랙홀의 형성에서부터 균열이 금속에서 어떻게 퍼져 나가는지를 다루는 등의 대부분 물리학 연구는 1~2개의 방정식으로 표현할 수 없으며 수많은 불안정한 상태와 되먹임에 대한 이해를 요구한다. 이것은 곧 다양한 서로 다른 수학적 모델을 사용해야 한다는 것과, 이것 때문에 불가피한 대규모의 컴퓨터 시뮬레이션을 의미한다. 경제학자들이 물리학 선망으로 고통받아 왔다면, 그 이유는 그들이 사실과 다른 물리학을 선망해 왔기 때문이다.

그들은 제대로 된 물리학, 곧 제대로 된 과학을 선망해야 한다. 불안정한 세상은 "모든 것의 이론"에 대한 어떤 희망도 포기해야 한다는 것을 의미한다. 물리학자들과 다른 과학자들은 어렵사리 이것을 깨달았다. 지극히 단순한 문제조차도 아름답고 우아한 해답을 찾고자 하는 우리의 욕망을 쉽게 좌절시킨다.

고양이 떼와 같이

집고양이는 지상에서 가장 완고한 동물이다. 집고양이는 절대로 시키는 대로 하지 않는다. 미국 영어에 있는 "고양이 떼와 같이" 라는 표현은 마치 아이스크림 트럭을 발견한 초등학생들이 지르는 소리처럼 어떤 주체할 수 없는 것들을 제어하려 노력할 때의 어려움이, 고집 센 고양이 떼를 연상시킨다는 점에서 유래된 표현이다. 세상에서 가장 간단한 것들을 제어하려 노력할 때도 어떤 경우에는 이와 유사한 골칫거리가 발생한다.

아마 당신은 언제인가 고등학교 과학 시간에 고체, 액체, 기체, 그리고 다소 덜 알려진 플라즈마라는 물질의 네 가지 상태를 배웠을 것이다. 플라즈마는 기체가 가열되어 원자가 분리된 상태이다. 온도가 충분히 올라가면 원자들 간의 충돌은 원자핵과 전자를 분리시킬 정도로 강해진다. 따라서 원자는 분리되며 뜨거운 기체는 전하를 띤 전자와 양성자로 구성되며 이들 입자는 전자기력에 따라 다소 먼 거리에서도 서로 상호 작용을 하게 된다.

이 때문에 플라즈마는 일반적인 기체와는 전혀 다른 성질을 가진다. 태양과 지구의 상층부, 그리고 원자로 내부에는 플라즈마가 존재할 것으로 생각되고 있다. 오래 전에 유리관 내의 고정된 온도에서 평형 상태에 있는 플라즈마의 기본적인 성질이 대략적으로 밝혀졌다. 그러나 평형 상태가 아닌 플라즈마의 경우에는 거의 무한대의 복잡함을 가진다.

오늘날 진행되고 있는 핵융합 에너지 연구에서 그 예를 볼 수 있다. 이론적으로는 간단하다. 수소 기체를 매우 높은 온도로 올리면 두 수소 원자핵이 부딪혀 더 무거운 원자핵으로 융합되며[19] 이때 남는 에너지를 우리는 사용할 수 있다. 한번 반응이 시작되면, 우리는 추가적인 에너지를 넣지 않고 수소를 계속 반응시킬 수 있다. 핵융합을 위해 필요한 것은 높은 온도(충돌하는 수소 원자가 충분히 큰 에너지를 가지도록)와 높은 밀도(충돌이 자주 일어나도록)밖에 없다. 우리는 용기에 수소를 넣고 데우고 압축하는 것만으로, 저렴할 뿐만 아니라 사실상 무한대의 에너지를 얻을 수 있다.

단 하나의, 그러나 매우 심각한 문제가 있는데 그것이 바로 내가 원하는 방식으로 조절할 수 있는 플라즈마를 만드는 것이다. 그러나 플라즈마는 "고양이 떼처럼" 행동하며, 아마 그보다 더 심할 것이다.

캘리포니아에 있는 로런스 리버모어 국립 연구소에서는 물리학자와 공학자들이 지난 50년간 관성을 이용한 방법으로 플라즈마를 가둔 후 핵융합을 일으키려 노력해 왔다. 이들의 계획은 수소를 가둔 매우 작은 알약에 고밀도의 X선을 모든 방향으로 주사해 수소를 가열하는 것이다. 알약이 기화되면서 작은 공 모양의 수소 플라즈마가 남고, X선은 이 플라즈마를 응축시키며 동시에 데우게 된다. 충분한 압력과 태양보다 높은 온도가 만들어지면 핵융합이 시작된다.[20] 이것은 사실 실험실에서 작은 별을 만드는 것과 같다고 할 수 있다. 문제는 플라즈마가 이렇게 완벽하게 대칭적인 구형을 유지하지 못한다는 점이다.

물리학에 존재하는 본질적 불안정성은 플라즈마 구형의 표면에 물결을 만들며 이것은 점점 커진다.[21] 물결이 커지면서 이 첫 번째 불안정성은 다른 종류의 두 번째 불안정성을 만드는데, 이것 때문에 초기의 완벽한 대칭은 어쩔 수 없이 파괴된다. 그 결과 플라즈마의 서로 다른 부분이 섞이며 외부의 차가운 부분은 내부로 들어가고 전체 과정은 흐트러진다. 온도는 핵융합에 충분할 만큼 높아지지 않는다.[22]

그림 7은 초기의 불안정성으로 만들어진 하나의 파도가 어떻게 다른 불안정성들을 야기하며 곧 답이 없는 복잡성을 가지는지 보여 준다.

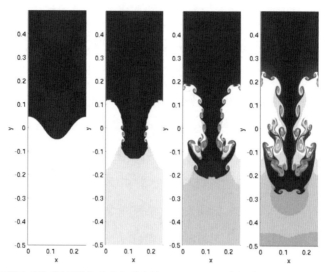

그림 7 제트 엔진에서 물결은 레일리-테일러(Rayleigh-Taylor) 불안정성에 따라 심각한 혼돈 상태로 진행된다. 위의 컴퓨터 시뮬레이션 결과에서 보듯이 양의 되먹임은 초기의 단순성을 파괴하고 복잡성이 가득한 난류의 바다를 만든다. (그림 제공: 셴타이 리(Shengtai Li, Los Alamos National Laboratory))

이 물결들과 입자들의 위치를 제어하고 예측하려는 노력이 얼마나 어려울지 상상해 보자. 그리고 이 모든 혼란이 그저 전하를 띤 입자들로 이루어진 단순한 기체들을 압축하려는 시도에서 생겼다는 것을 기억하자. 즉 플라즈마란 본질적으로 불안정한 것이다. 이 불안정성과 플라즈마가 가진 다른 불안정성들 때문에 플라즈마 물리학의 거의 모든 내용은 간단하지 않다. 원형의 입자 가속기를 따라 전하를 띤 입자들의 빔을 주사했을 때 이 빔이 균일한 상태에서 불안정한 상태로 바뀌는 방법에는 서로 뭉치거나 흔들거리는 등의 수백 가지 경우가 있다. 다양한 상황에서 플라즈마가 양의 되먹임에 따라 만드는 놀랍고 예측 불가능한 움직임의 알려진 모든 경우를 기술한 『플라즈마 불안정성 핸드북(*Handbook on Plasma Instabilities*)』은 작은 전화번호부만 한 3권의 책으로 이루어져 있다. 각각의 항목은 바로 과거 물리학자나 공학자들이 플라즈마로 어떤 일을 하려 했을 때 플라즈마가 어떻게 이들의 지시를 거부했는지에 대한 증언들이다. 항목의 이름은 어떤 일이 일어났고, 왜 그런 일이 일어났으며, 또는 누가 처음으로 그 일을 설명했는지로 구성되어 있다. 불안정성의 종류에는 범프-인-테일 불안정성, 세렌코프 불안정성, 필라멘트화 현상, 소방호스 불안정성, 진동 이류 불안정성, 웨이벨 불안정성, Z-핀치 불안정성 등이 있으며, 나는 수백 가지를 더 말할 수 있다.[23]

이 모든 것은 우리가 금융과 경제학을 다룰 때 겸손해야 함을 알려 준다. 경제학자들은 지난 100년간 절대적인 정리를 발견하기 위해 노력했지만, 이런 진리의 발견이 학문적 진보의 기반은 아닐 것이다.

그리고 플라즈마는 수백만 명의 사람들이 각자의 생각과 감정을 가지고 예측할 수 없는 상호 작용을 벌임으로써 이루어지는, 거의 무한대의 복잡도를 가진 현실의 금융 시스템과 경제학과는 비교도 안 될 정도로 간단한 구조를 가졌음을 생각해야 한다. 우리는 원자와 분자의 움직임에 대해서는 놀랄 만큼 높은 정확성을 가지고 예측할 수 있는 물리 법칙을 알고 있지만 인간의 행동 방식에 대해서는 몇몇 당연한 규칙들과 정확한 수치가 아닌 정성적인 정도만을 이해하고 있을 뿐이다. 수소 플라즈마를 압축하는 것은 인간 수백만 명의 상호 작용을 고려하는 것에 비하면 아무것도 아니다. 적어도 전자와 양성자는 자신들의 의지를 가지고 임의의 방향으로 움직이지는 않는다. 이것이 시장과 경제학이 우주에서 가장 복잡한 것들에 속하는 이유이다.

금융의 물리학

경제학의 역사야말로 수백 종류의 위기와 기묘한 사건들로 꾸며진 길고 화려한 복잡성의 묘사일지 모른다. 대부분은 어떤 방식으로든 수천 또는 수백만의 사람들이 집단적으로 하나의 환상을 향해 몰려가는 것이었으며, 튤립과 인터넷 주식, 주택의 가격은 항상 오르기만 했고 절대 떨어지지 않았다. 이러한 상황은 순전히 양의 되먹임 현상, 곧 최초의 움직임이 더 많은 같은 종류의 움직임을 야기하게 되는 현상에 따라 만들어졌다.

그러나 현실의 경제학과 금융 분야의 연구는 양의 되먹임을 대체로 무시하며 평형 시스템에 대해서만 집중하고 있고, 이것은 문제가 된다. 라이너트는 경제학의 역사가 "종종 미친 것처럼 흘러간다."라고 말했는데 내게는 이것이 지난 50년 동안 경제학 연구가 평형 상태에 기초한 체계에 모든 것을 끼워 맞추려 했다는 점에서 적절한 표현으로 느껴진다. 우리는 아마 이런 한 시기의 거의 끝에 서 있는 것이다.

만약 누군가가 경제학과 금융에서의 불안정성의 종류들을 정리하려 한다면 그 목록은 플라즈마 물리학에서의 종류들보다 분명히 더 길어질 것이다. 그 목록에는 100분의 1초에서 1년, 또는 수십 년에 이르는 각 시간 스케일의 되먹임들이 모두 고려되어야 할 것이다. 어떤 되먹임은 특정 행동을 강제하는 계약이나 법, 강한 사회적 규율에 따르며 마치 기계적인 과정처럼 작동할 것이다. 반면 우리의 심리적인 측면이나 의사 결정 경향, 곧 학습이나 사색과 같은 습관적인 행동들에 기초한 되먹임도 있을 것이다. 2007년 8월 퀀트 펀드들의 손실 과정 중의 소규모 헤지펀드들처럼 소수에게만 영향을 끼치는 되먹임도 있을 것이고 거대한 네트워크 효과로 전 지구의 개인과 회사들에게 영향이 전파되는 되먹임도 있을 것이다.

다음 장에서는 금융 시스템에 영향을 끼치는 기본적인 몇몇 불안정성과 탈평형형적 관점을 이용해 어떻게 이들의 움직임을 이해할 수 있는지를 다룰 것이다. 물론 나는 『금융과 경제학에서의 불안정성 핸드북(*Handbook of Financial and Economic Instabilities*)』의 개요를 시작할 생각이 전혀 없다. 나의 목표는 그런 책에 포함될 만한 분류들 중 일부를 묘사하는 것이다. 나는 우리가 심각한 불안정이 예상되는 그런 상황들을 이해하기 위해서는, 의심의 여지없이 평형이 아닌 탈평형의 용어로 사고해야 한다는 사실을 보이기 위해 노력하고 있을 뿐이다.

시장을 나타내는 이론은 절대로 우아한 몇 가지 공식들(물리학에서도 이는 아주 드문 경우이다.)만으로 표현되지는 않을 것이다. 시장을 이해하기 위해서는 진화나 날씨를 이해할 때와 같이 근사적 용법을 사용해야 하고, 적당히 깔끔하지만 단점이 있는 모델을 다루어야 하며, 그리고 매우 혼란스럽고 변덕이 가득한 현실을 이해하는 데 도움이 된다면, 어떤 방법이라도 (그 방법이 술집에 관한 장난 같은 게임으로부터 유래되었다 하더라도) 진지하게 고려해야 한다는 것을 의미한다.

효율성의 위험

우리가 가진 기본적인 위험은 보험으로, 헤지로, 분산으로 해결할 수 있으며 이로써 더 안전한 세상이 만들어질 것이다. 새로운 대중적인 금융은 위험 부담을 줄여줌으로써 우리를 보다 도전적으로, 보다 직관적으로 행동할 수 있도록 만들어 줄 것이다.

　　　　　　　　　　　　─ 로버트 실러(Robert Shiller), 경제학자, 예일 대학교 (2003년)

우리의 시장에 대한 가장 큰 위협은 우리의 적이 아닌 우리 자신에게서 온다. …… 은행을 대차 대조표를 늘림으로써, 파생 상품을 이용해, 장부 외 거래로, 총부채와 순 부채를 섞어 사용함으로써, 총부채에 존재하는 위험이 순 부채에 있는 것처럼 가장함으로써, 그리고 그 위험이 척도에 대해 기하급수적임에도 선형적인 척함으로써…… 그리고 과학이 이것을 해결하기 전에 먼저 시장을 파괴할지 모르는 다른 맹점들이 존재한다.

— 제임스 리카즈(James G. Rickards), 금융 증권 분석가, 수석 관리 이사,

탄젠트 캐피탈 파트너스

　　1768년, 영국의 변호사 조지 해들리(George Hadley, 1685~1768년)는 런던의 북서쪽 플리튼의 한 마을에서 죽었다. 그에 관한 기록은 그가 비록 런던에서 변호사로 수십 년을 일했음에도 극히 작은 재산을 소유했다고 말하고 있다. "그의 재산은 아버지로부터 받은 재산보다도 적었다. 이것은 그가 직업을 통해 전혀 재산을 모으지 못했음을 말해 준다." 그는 자신의 일을 그리 즐기지도 않았다. 그 대신 그는 자신의 모든 에너지를 아마추어 과학자로 몇몇 초기 형태의 망원경을 개선하는 일과 그의 형 존이 (후일 위도를 측정하는 장비로 항해에서 널리 쓰일) 육분의 초기 모형을 만드는 일을 도왔다.[1]

　　그의 삶에서 보다 인상적인 부분은 1735년 5월 그가 왕립 학회에 제출한 짧은 논문으로, 「일반 무역풍의 원인에 대하여」는 대기가 지구적인 관점에서 어떻게 움직이는지에 대해 근대적인 설명을 제안한 최초의 논문이다.

　　해들리는 적도 지방은 따뜻하며 극지방은 춥기 때문에, 적도 지방의 따뜻한 공기는 상승하며 대기의 상층으로 올라가 다시 극지방을 향하고 그곳에 도달한 공기는 하강하여 차갑게 될 것이라고 생각했다. 이 차가운 공기는 지표면을 따라 다시 적도 지방으로 돌아와야 하며, 따라서 이런 공기의 흐름은 뜨거운 열대 지방의 열을 극지방으로 전달할 것이다. 해들리는 여기에서 더 나아가, 이미 극지방으로 향하고 있는 높은 상공의 공기들은 지구의 자전에 따라 동쪽으로 흐르

는 강한 바람을 만들며, 같은 원리로 지표면에서는 적도 부근에서 영속적인 서풍이 발생해야 한다고 주장했다.[2] 즉 해들리는 수 세기동안 유럽의 탐험가들이 미국으로 항해할 때 의존해 온 안정적인 바람인 "무역풍"을 설명한 것이다.

해들리는 대기를 전체적으로 평형 상태에 있는 부드럽고 안정적인 공기의 흐름으로 상상했다. 이것은 대기에 대한 첫 설명으로는 자연스럽지만,[3] 사실이 아닐뿐더러 해들리의 설명이 단지 적도에서 위아래 30도(북반구에서는 플로리다, 남반구에서는 남아프리카에 해당하는) 지역까지만 참이라는 점에서 심각한 문제가 있다. 또 중위도 지역에서는 해들리의 이론이 전혀 성립하지 않는다. 이 지역에는 안정적인 균형은 존재하지 않으며 끝없는 변화와 폭풍, 한랭 전선과 온난 전선, 사이클론과 고기압 등의 혼란의 지구적 소용돌이가 계속된다.

날씨라고 불리는 중위도 지방의 예측할 수 없는 대기의 움직임을 개념적으로나마 이해할 수 있게 된 것은 1950년대 초반이다. 그 시기가 되어서야 연구자들은 날씨가 가진 혼돈을 안정된 평형을 이용한 패턴으로는 설명할 수 없다는 명백한 진실에 도달했다. 그 대신 날씨는 끝없는 불안정과 난류로부터 나오는 것이었다.[4] 가장 큰 원인은 과학 용어로 "경압 불안정성(baroclinic instability)"이라는 것으로 앞 장에서 이야기했던 플라즈마 불안정성의 가까운 친척에 해당하는 것이다. 중위도 지방에서 지구 주위를 돌고 있는, 잘 알려진 높은 상공의 제트 기류는 절대로 보기 좋은 반지 형태를 유지하지 않는다. 양의 되먹임은 원형 경로에 존재하는 작은 일탈을 키워 제트 기류를 꼬리 치는 뱀처럼 보이게 한다. 물결무늬는 때로 점점 자라나 커다란 소용돌이가 되어 스스로의 새로운 삶을 시작하며 중위도 지역을 떠돌다 우리에게 예측할 수 없는 날씨를 안겨 준다.

이것이 의미하는 바는 폭풍과 전선은 태양으로부터 도달한 에너지가 지구에 전달되는 과정에서 핵심적인 역할을 하고 있다는 사실이다. 우주의 다른 어딘가에 태양과 비슷한 항성이 지구와 비슷하게 자전하는 행성을 가지고 그 행성에게 열을 전달하고 있다면, 그 행성에는 폭풍과 허리케인과 토네이도가 존재할 수밖에 없다. 우리의 대기는 평형 상태에 있지 않으면서 끊임없는 불균형을 유지하는 시스템의 완벽한 예이다.

이 이야기에는 한 가지 더 흥미로운 요소가 있다. 대기의 움직임은 우리의 수학적 뇌로 이해하기에는 너무나 복잡하기 때문에 우리는 1956년에야 날씨 패턴에 대한 근대적 이해에 도달할 수 있었다. 그 당시 노먼 필립스(Norman Phillips)라는 이름의 한 과학자는 초기의 컴퓨터를 이용해 대기 유체 역학의 공식들을 대략적으로 사용한 가상의 대기를 시뮬레이션했다. 그는 컴퓨터로 한 가지 실험을 했는데, 이것은 정지한 대기를 지구의 자전이 끌어서 움직이게 하는 힘과 온도 차이에 따라 공기가 오르내리게 하는 힘으로 서서히 가속시키는 실험이었다. 이 실험에는 12시간이 걸렸는데, 이것으로 그는 바로 경압 불안정성이 안정적인 대기의 흐름을 우리가 보는 사이클론과 전선들로 바꾸는 원인임을 보였다.[5]

기상학이 막 현실의 복잡성을 만들어 내는 불안정성의 가치와 역할을 깨닫기 시작한 1950년대 중반에 경제학은 오히려 평형적 사고의 견고한 체계에 자신을 가두려 애쓰고 있었다는 사실은 아이러니하다. 애로와 드브뢰는 1954년 "후생 경제학 정리(theorems of welfare economics)"의 증명으로 (비록 이 연구가 후일 소넨샤인, 드브뢰, 만텔 등 여러 학자들의 연구로 실제 경제와의 관계에 의혹을 사기는 했으나) 수 세대의 경제학자들로 하여금 경제적 현실을 평형 개념으로 해석하게끔 만들었다. 그 이후 전부는 아니라 하더라도 다수의 경제학자들은 이 정리에 대해 부정적인 연구가 한 번도 발표되지 않은 것처럼 행동했다. 프리드먼은 그런 부정적인 결과를 염려하지 않는다고 주장하며 그 이유로 "일반 균형의 안정성에 대한 연구는 중요하지 않다. …… 왜냐하면 경제가 안정적이라는 사실은 명확하기 때문이다."[6]라고 말했다.

이런 입장에 따라 오늘날의 경제학자들은 탈평형 문제를 평형적 사고로 억지로 해결하려 노력했던 1920년대쯤의 대기 과학이 머물렀던 위치에 서 있다.

앞서의 몇몇 장들에서 우리는 평형 개념에서 단지 몇 발짝 벗어나는 것만으로 무엇을 할 수 있는지를 보았다. 소수자 게임과 같은 간단한 시장 모델에서도 예측 불가능한 격변을 나타내는 두툼한 꼬리와 같은 실제 시장 고유의 특징을 재현할 수 있었다. 이런 상호 작용하는 전략들의 "생태학"은 실제 시장이 가진 장기 기억이라는 특징, 곧 오늘의 시장 변화가 10년 또는 그 후의 시장 변화에 중요한 단서가 될 수 있는 그 섬세한 특징을, 근본적으로 재현할 수 있었다. 이 간단한 "참여자-중심 모델"이 복잡한 시장 동역학의 특징을 내포한다는 사실은 이 모델을 기존 경제학의 평형 모델과 이미 구별 지어 준다. 이 모델들은 본질적으로 평형적 사고로는 설명을 시작도 할 수 없는 "날씨"라는 특성을 가지고 있기 때문에 실제 시장과 비슷하게 행동하는 것이다.

이런 모델에 대한 진지한 연구가 시작된 것은 불과 약 15년 전이다. 극히 평범한 시장의 되먹임이 주식, 집, 또는 여러 대상에 대해 투기적 거품과 붕괴를 쉽게 만든다는 것을 알려 주는 많은 연구들이 보고되었다. 개인 투자자들은 "펀더멘털리스트(Fundamentalist)"와 "차티스트(chartists)"의 두 부류로 나눌 수 있다는 것이 여러 조사[7]로 드러났다. 펀더멘털리스트들은 그들이 사고파는 상품의 "진정한" 가치를 판단하기 위해 노력하며, 이들은 주식의 가격이 현실적으로 장기적인 회사의 잠재적 가치를 반영한다고 보는 것이다. 그 결과 이들은 시장을 안정화시키는 방향으로 움직인다. (날씨에 비유하면 이들은 공기를 움직이는 바람에 해당하며 그 결과 기압의 차이는 줄어들고 대기는 보다 균형을 잡게 된다.) 반대로 차티스트는 투기적 흐름에서 이익을 얻으며 따라서 이를 더 강화하게 되고 종종 시장을 불안정하게 만든다. (이들의 투기적 에너지는 적당히 비유하자면, 공기를 데우고 제트 기류의 가장자리에서 떨어져 나오는 모든 소용돌이를 만드는 태양 에너지에 해당한다고 말할 수 있다.) 여러 연구들은 만약 시장이 급등할 때 펀더멘털리스트들이 다른 이들처럼 이익을 보기 위해 차티스트처럼 행동하는 경향을 조금이라도 나타낼 경우, 거품은 커지게 된다는 것을 밝혔다. 또한 시장이 하락기에 있을 때 차티스트들이 보다 조심스러워지고, 이들이 일시적으로 펀더멘털리스트로 바뀐다면, 붕괴는 지속된다.[8]

물론 이런 결과들은 시장을 관찰해 본 적이 있는 사람들에게는 전혀 놀라운 것이 아니다. 하지만 그들은 거품이 만들어지는 과정을 과학적으로 연구할 수 있는 첫 걸음을 내딛은 것이다. 탈평형 모델들이 보여 주는 다른 초기 결과들은 효율적 시장의 추종자들을 더 놀라게 만들 것이다. 효율적 시장의 추종자들은 대출이 쉽게 이루어질 때 이익을 얻을 수 있는 기회를 포착한 영리한 투자자들이 레버리지를 이용할 수 있게 되며 이것은 가격의 괴리를 사라지게 하고 시장을 더 빨리 효율적으로 바꾸어, 결과적으로 시장을 더 잘 작동하게 만들 것이라고 믿고 있었다. 시장은 보다 "완전하게" 됨으로써 더 효율적이게 되는데, 이것은 파생 상품이 투자자로 하여금 어떤 정보이든 이용할 수 있게 함으로써, 투자자가 그 정보를 시장에 적용해 이익을 보게 만들기 때문이다. 이러한 평형적 관점에서 나온 주장은 20여 년간 정책적 결정의 바탕이 되었고 고삐 풀린 혁신과 시장의 규제 철폐를 가속화했다.

그러나 시장 동역학을 탈평형적 관점에서 바라본 연구들은 위와 같은, 시장을 효율적으로 만드는 것으로 알려진 신성한 길에 실은 함정이 설치되어 있다는 사실을 알려 준다. 그 시장의 효율을 향한 길들은 근본적인 불안정성을 가지고 있으며 그 결과 시장이 혼란과 붕괴에 빠질 가능성을 높인다. 곧 효율의 추구는 불안정성을 증가시키는 것이다.

"기술적으로 말하면: 모든 것은 엉망이 되었다."

이것은 아스네스가 지난 2007년 4일간의 퀀트 펀드 폭락 동안 그가 공동 설립하고 운영했던 AQR 캐피탈 매니지먼트가 10억 달러(약

1조 원)에 가까운 돈을 잃었던 암울했던 순간을 묘사한 말이다. 같은 기간, 지난 10년간 환상적으로 작동했던 전략들을 사용하던 다른 유사한 몇몇 펀드 회사들의 전체 손해는 1천억 달러(약 103조 원)에 이르렀다. 왜 이런 일이 일어났을까? 이런 일이 다시 일어날 수도 있을까? 그때 누구도 보지 못한 어떤 초기 경고 신호가 있었을까?

MIT 경제학과 교수인 로와 대학원생 아미르 칸다니(Amir Khandani)는, 퀀트 폭락 사건이 일어난 직후 이루어진 분석에서 위의 질문들에 대한 몇 가지 단서와 부분적인 해답을 발견했다. 그들은 헤지펀드 업계가 가진 비밀주의 때문에 마치 과학 수사관이 일하는 것처럼 증거의 단편들로부터 범죄를 재구성해야 했다. 이들의 첫 번째 질문은 어떻게 그 펀드들이 지난 10년간 꾸준히 이익을 낼 수 있었는지에 대한 것이었다.

로와 칸다니는 이들 펀드들이 일반적으로 소위 롱/숏 에쿼티 전략을 사용한다는 것을 알고 있었다. 예를 들어 이들은 저평가된 주식들을 사고("롱") 고평가된 주식을 팔면서("숏") 이들의 가격이 제자리로 돌아왔을 때 주식을 처분해 이익을 보는 것이다. 헤지펀드들이 사용한 구체적인 전략과 이들이 사고 판 주식을 모르는 상태로, 로와 칸다니는 뭔가 다른 시도를 하였다. 그들은 과거의 자료를 바탕으로 같은 종류의 간단한 전략 하나를 사용해, 어떤 결과가 나오는지를 본 것이다. 그들은 그 전략이 잘 작동했다면 헤지펀드 역시 그와 비슷한 전략을 사용했을 것이라 추측했다.

그들은 전날 가격이 떨어진 주식은 사고, 전날 가격이 오른 주식은 파는 "역매매" 전략을 테스트했다. 이것은 낮아진 가격은 올라가고 올라간 가격은 떨어진다는 생각에 돈을 거는 것이다. 이보다 더 간단한 전략을 상상하기는 힘들 정도지만, 이 전략은 1995년부터 2007년까지 평균 하루 1퍼센트라는 일관된 수익률을 보였다. 이 수치는 연 250퍼센트의 수익을 의미하며 비록 이 숫자가 비현실적이지만 경이로운 수익률임은 분명하다. 그러나 각각의 모든 주식을 매일 시장에서 사고팔았다면 엄청난 수수료가 들었을 것이다. 그럼에도 이 결과는 기본적인 롱/숏 전략이 지난 10년간 안정적인 수익을 올렸을 것이라는 사실을 추측하게 해 준다. 즉 헤지펀드가 특별히 기이한 전략을 구사했으리라 생각할 필요가 없는 것이다.

다음 질문은 이 전략이 운명의 기간인 8월 6일부터 9일까지 어떤 결과를 낳았는지를 보는 것이다. 예상대로 이들은 끔찍한 결과를 얻었다. 간단한 역매매 전략은 헤지펀드들에게 실제 그 사건 당시 발생한 손실과 맞먹을 정도의 심각한 손실을 기록했다. 따라서 두 번째 결론을 얻을 수 있다. 지난 8월 헤지펀드의 몰락은 그들이 갑자기 전략을 바꾸었기 때문이 아니다. 그들이 선호하는 롱/숏 에쿼티 전략이 그들에게 그런 재앙을 가져다 준 것이다.

지금까지의 결과는 이들 헤지펀드들이 우연히 어떤 이상한 대재앙에 말려들었음을 확인해 줄 뿐이다. 그러나 이 시험 전략이 시기에 따라 어떻게 변해 왔는지에서 더 많은 단서가 발견되었다. 로와 칸다니의 역매매 전략의 평균 하루 이익률은 1995년에는 1.38퍼센트였지만 2000년에는 0.44퍼센트로 떨어졌으며 헤지펀드의 몰락 이전 2007년의 7개월 동안은 0.13퍼센트밖에 되지 않았다. 지난 12년 동안 헤지펀드의 핵심 전략은 점점 덜 효율적으로 바뀌었다. 그러나 같은 기간 헤지펀드 시장은 100억 달러(약 10조 원)에서 1,600억 달러(약 165조 원)으로, 펀드의 종류는 1,000여개에서 1만여 개까지 폭발적으로 증가했다. 로와 칸다니에게 이것은 매우 이상한 일이었다. 그들은 투자자들이 헤지펀드의 수익이 하락하고 있음에도 돈을 계속해서 투자했으며, "이것은 반직관적으로 보입니다."라고 말했다. 그러나 그 수수께끼의 해답을 이들의 단순 수익률로는 알 수 없다. "(여기) 보고된 평균 1일 수익률은 …… 레버리지 되지 않은 수익률이라는 사실을 기억해야 합니다. …… 이 전략들이 나빠질수록 헤지펀드 매니저들은 투자자들이 기대하는 수익률 수준을 유지하기 위해 보통 더 많은 레버리지를 사용했습니다."[9]

펀드 매니저에게 가장 중요한 일은 투자자를 유혹하는 일이며 이것은 높은 수익률을 거두어야 한다는 것을 의미한다. 만약 치열해진 경쟁이 전략의 단순 수익률을 낮춘다면 가장 간단한 방법은 레버리지를 이용해 수익률을 높이고 모든 것이 정상인 것처럼 보이게 만드는 것이다. 이것은 마치 마약 중독자가 같은 수준의 쾌락을 위해 점점 더 많은 양의 마약을 주사하는 것과 같다.

로와 칸다니가 내린 결론은 이런 과도한 레버리지를 향한 경쟁이 대참사가 일어날 무대를 마련했고 결국 흔히 말하는 "출구를 향해 뛰어라." 같은 사태가 일어났다는 것이다. 8월 둘째 주, 한 펀드는 현금을 마련하기 위해 주식을 좀 매도해야 했고 이것은 아마도 마진 콜, 곧 은행의 자산 대비 대출금의 비율을 유지하기 위해 펀드가 지불해야 하는 돈을 처리하기 위해서였을 것이다. 이 매도는 바로 그 주식의 가치를 낮추었고 따라서 이 주식을 가지고 있던 다른 펀드들의 총자산 역시 감소했으며 이것은 높은 레버리지를 사용하고 있던 다른 펀드들의 연쇄적인 마진 콜을 불러왔을 것이다. 이들은 모두 현금 보유량을 높이기 위해 주식을 팔았고 가치는 더욱 떨어졌으며 더 많은 마진 콜이 발동되었다.

여기서 가장 중요한 점은, 한번 이 흐름이 시작될 경우 누구도 이것을 멈출 수 없다는 점이다. 헤지펀드들은 지난 10년간 서서히 그리고 자진해서 높은 레버리지의 극장으로 들어왔고, 화재 경보가 울렸을 때 이들은 공포에 휩싸여 다른 이들을 짓밟아 가며 출구를 향해 몰려들 수밖에 없었다.

이것은 간접적 증거를 이용한 설득이 뒷받침 된 매우 영리한 분석이다. 그리고 출구를 향해 달려 나간다는 시나리오를 생각하면[10] 여전히 당혹스럽다. 헤지펀드들은 적어도 1년 이상 그런 레버리지를 사용해 왔고 그동안 어떤 일도 일어나지 않았었다. 왜 10년 동안은 그렇게 안정적으로 보였던 문제가, 단 몇 시간 만에 그런 사건을 일으키게 된 것일까?

미국의 물리학자 리처드 필립스 파인만(Richard Phillips Feynman, 1918~1988년)은 양자 역학의 기이한 법칙을 공부하는 학생에게 이것을 보고 "어떻게 그럴 수가 있지?"라는 생각을 하는 것은 시간 낭비라고 말한 바 있다. 그런 생각은 불가능한 난센스이 블랙홀에 빠지는 것과 같으며 이런 양자 수준에서 일어나는 일을 우리에게 익숙한 개념들을 표현하는 용어로 이해할 수는 없는 것이다. 그러나 금융은 양자 역학이 아니다. "어떻게 그럴 수가 있지?" 이 질문에는 답이 있어야 한다.

눈에 보이지 않는 경계들

대기에 대한 초기의 모델들은 극지방에서 적도로 올수록 강해지는 태양열, 그리고 공기의 에너지와 각 운동량의 보존이라는 가장 기초적인 물리학만을 포함하고 있었다. 구름이나 산과 바다가 일으키는 효과와 같은 것들은 전혀 포함하지 않았다. 그럼에도 그 모델은 회전하는 지구에서 중력으로 밀착된 공기가 불균형하게 데워질 때 어떤 일이 일어나는지에 대한 연구를 가능하게 만들었다. 이 모델을 실행한 컴퓨터는 오늘날 가장 저렴한 휴대폰보다도 성능이 나빴지만, 그들의 근본적인 질문인 "어떻게 그럴 수가 있지?"에 답하기에는 충분했다. 이 가장 간단한 이론만으로도 우리는 몇몇 단순한 요소들이 어떻게 상호 작용하여 지구상의 끊임없이 변하는 날씨를 만들어 내는지를 볼 수 있었다.

반세기가 지난 오늘날, 우리는 인간을 고려하고 시장을 포함하는 시스템에 같은 일을 시작할 수 있다. 50년 전 필립스가 한 것처럼 헤지펀드와 투자자와 은행으로 이루어진 간단한 가상의 시장을 만들고 이들이 실제 세상에서 하는 것처럼 행동하게 한다면 우리가 원하는 종류의 실험을 할 수 있을 것이다. 2009년 몇몇 경제학자와 물리학자들이 이런 실험을 수행했고, 그 결과 이들은 2007년의 시장 붕괴가 특이한 사건이 전혀 아님을 발견했다. 이것은 마치 덥고 습한 여름날 태풍이 발생할 수 있음을 예측하는 것과 비슷하다.[11]

파머, 지아나코플로스, 스테판 터너(Stefan Thurner, 1969년~)는 다음의 단순한 세 요소들의 섬세한 상호 작용을 관찰할 수 있는 가상 시장을 만들었다. 그것은 첫째, 그들은 몇몇 헤지펀드들이 투자자(현실 세계에서처럼 가장 뛰어난 펀드에 돈을 맡기는)를 유인하기 위한 경쟁을 벌이도록 만들었다. 둘째, 그들은 펀드들이 은행에서 돈을 빌릴 수 있게 했고 그들의 수익을 레버리지를 이용해 증가시킬 수 있도록 했다. 셋째, 그들은 은행으로 하여금 펀드가 가진 자산 대비 그들의 차입금인 레버리지를 5, 10, 12, 20 등의 임의의 수인 특정 비율 이하로 제한하도록 했다. 이 장의 앞부분에서 논의한 것처럼 은행은 이 비율을 낮게 유지하도록 펀드로 하여금 마진 콜이나 상환을 요구했다.

이들이 만든 시장의 뼈대는 시장의 중요한 특징만을 포함했는데, 이것은 평형 경제학의 많은 표준 모델과 다르지 않았다. 그러나 표준 모델과 중요한 차이가 있었는데, 바로 표준 경제학 모델에서는 시작부터 균형 잡힌 평형 상태만이 가능한 결과임을 가정했다는 점이다. 그러나 이들의 시뮬레이션에서는 그러한 제한을 가하지 않았다.

이들은 이 모델을 이용해 헤지펀드 시장이 어떻게 진화하는지에 대한 수백 번의 실험을 실시했다. 각각의 실험에서 세부 내용은 조금씩 달랐지만 (가장 높은 수익을 거둔 펀드들이 바뀐다던지, 가격이 변화하는 모습이 바뀌는 등) 항상 등장하는 일관된 이야기가 있었다. 한 펀드가 다른 이들보다 높은 수익을 보이면, 이들이 더 많은 투자자들을 유치하면서 경쟁자들의 자산을 가져가기 시작했다. 경쟁을 유지하기 위해 다른 펀드들은 고수익을 내야 했고, 이것을 위해 레버리지를 늘렸다. 그 결과는 현실에서 일어난 그대로 높은 레버리지를 향한 전형적인 군비 경쟁이었다. 이것은 놀라운 일이 아니다. 이 모델의 모든 요소는 이 과정을 흉내 내기 위해 만들어진 것이다.

또 한 가지, 적어도 시장을 유지하는 재정 거래(arbitrage)의 힘을 믿는 이들이 당연하게 생각했듯이 높은 레버리지를 향하는 경향이 실제로 시장을 더 효율적으로 만들었다는 것이다. 실험에서 펀드들 사이의 경쟁은 가격의 변동성을 지속적으로 감소시켰다. 즉 주식의 가격은 시간이 갈수록 그들의 "참" 가격에 접근했다. 이것은 쉽게 이해 가능하다. 레버리지가 높아질수록 펀드들은 어떤 순간적인 가격 오류에도 보다 활발하게 참여할 수 있고 이것은 이들의 가격을 현실적인, 또는 근본적인 가격에 더 가깝게 만드는 효과가 있다. 펀드들의 주된 목표는 그저 돈을 버는 것임에도, 그들은 시장을 위해 어떤 서비스를 제공하고 있다고 할 수 있는 것이다.

그러나 시뮬레이션은 이 증가된 안정성이 실은 일시적이며 매우 깨지기 쉬운 환상이라는 사실 역시 보여 주었다.

경제학에서 "변동성"은 위험한 단어이며, 종종 잘못 이해된다. 이것은 시장이 가진 불규칙성과 시장에서 발생하는 수백만 가지 예상할 수 없는 일들이 의미하는 시장의 본질적인 혼란스러움을 적절하게 지칭하는 단어다. 동시에 이 단어는 가격 요동을 제곱한 후 시간에 대해 평균한 특정 수치를 말하며, 관례적으로 시장이 현재 얼마나 혼란스러운지를 의미하기도 한다. 이 수치는 쉽게 계산할 수 있고 또 이 의미를 이해하는 것은 어렵지 않지만, 한편으로 시장에 드물게 일어나는 대재앙이나 블랙 스완 현상에 시장이 얼마나 취약한지에 대해서는 전혀 정보를 제공하지 않는다는 단점이 있다. 사실 시장의 이 관례적인 평균 제곱으로 나타나는 변동성 수치는, 시장이 이런 극단적인 상황에 취약해질수록 심지어 더 작아지기도 한다.

바로 이런 현상이 투자자들이 레버리지를 높일 때 일어난다는 것이 시뮬레이션을 통해 밝혀졌다. 시장이 효율적이 될수록, 주식은 그들의 실제 가격에 접근했고 시장의 변동성 수치는 감소했다. 그러나 더 큰 의미에서 시장의 변동성은 커졌다. 극단적인 사태가 일어날 가능성을 지켜본 수백 번의 실험에서 터너와 그의 동료들은 레버리지의 증가가, 시장을 서서히 그러나 예외 없이 폭발적 참사가 더 쉽게 일어날 수 있는 불안정한 상태로 만든다는 것을 발견했다. 예를 들어 시장의 변화가 특정한 큰 값, 곧 1퍼센트나 5퍼센트, 또는 10퍼센트 등을 넘을 확률을 계산한다고 가정해 보자. 레버리지가 낮을 때에는 이런 큰 시장의 움직임을 볼 확률은 매우 낮고 우리는 매우 일관된 가우시안 정규 분포를 볼 수 있다. 곧 큰 움직임은 매우 드물게 일어난다. 그러나 헤지펀드가 레버리지를 높이기 시작하면 시장의 움직임은 종종 임계값을 넘기 시작하며 극적인 움직임이 일어날 확률은 매우 커진다. 이때 가격의 움직임은 두툼한 꼬리를 가지게 되며 시장이 위기에 처할 확률도 높아진다.

　　이것은 다르게 말하면, 높은 레버리지가 가져다주는 시장의 안정과 효율이 더 잦은 위기라는 비용을 지불하고 얻게 되는 헛된 것이라고 말할 수도 있을 것이다. 시장이 경주용 자동차라면 레버리지는 자동차를 가속시키도록 엑셀을 밟는 발이라고 할 수 있을 것이다. 단지 시장은 속도가 빨라질수록 더 덜컹거리고 부서질 가능성이 높아지는 자동차일 따름이다.

　　이것이 우리가 시뮬레이션을 통해 알게 된 첫 번째 교훈이지만, 다른 교훈이 또 있다. 일단 레버리지가 이 불안정성의 한계를 넘게 되면 시장은 반드시 붕괴하며 단지 어떤 형태로 언제 붕괴하는가만 문제가 된다는 것이다. 일반적인 시뮬레이션에서 펀드들은 운명의 날 전까지는 아무 문제없이 잘 운영된다. 그리고 어느 날 어떠한 경고도 없던 상태에서 모든 것이 퀀트 붕괴처럼 폭발하고 만다. 이것은 우연한 사건도 아니며 매우 드문 어떤 요소들이 재수 없이 얽힌 사건도, 25 표준편차의 사건이 3일 연속 발생한 그런 일도 아니며 그저 레버리지가 헤지펀드와 은행을 피할 수 없는 위험한 소용돌이로 빠뜨린 일일 뿐이다. 물론 헤지펀드들에게는 이 최후의 대재앙이 그저 마른하늘의 날벼락과 같았을 것이다. 이런 갑작스러운 '출구를 향해 달려라' 사태는, 로와 칸다니가 묘사한 것처럼, 마진 콜과 강제적 디레버리징의 되먹임이 낳은 사건이지만, 동시에 그 사건이 발생한 그날은 다른 어떤 날들과도 다르지 않은 평범한 날이었기 때문이다.

사실 그 점이 가장 중요하다. 최후 붕괴의 원인은 그날 먼저 있었던 사건들과는 전혀 무관하며, 단지 그 시장이 가지고 있는 불안정한 특성 때문인 것이다. 이것은 누구의 잘못도 아닌 동시에 모두의 잘못이기도 하다. 경쟁과 레버리지가 "변동성"을 낮추게 되면 금융 이론가들은 눈에 보이는 시장의 효율에 감탄하게 된다. 그러나 모든 이들의 합리적인 것처럼 보이는 행동이 낳은 바로 이 효율이야말로 환상일 뿐이며 재앙은 문 밖에서 들어올 준비를 하고 있다. 몇몇 뛰어난 시장 관찰자들은 퀀트 붕괴가 일어난 지 단 몇 주 후에, 이 모델이 분명하게 알려 준 불가피한 시장의 특성을 추측해 냈다. 투자 은행가이자 헤지펀드 매니저였던 릭 북스태버(Rick Bookstaber, 1950년~)는 2007년 8월 이렇게 썼다.

더 많은 자본이 시장으로 들어오고 레버리지가 증가할수록 기회를 쫓는 돈은 더 많아진다. …… 헤지펀드는 목표 수익률을 맞추기 위해 과거보다 10배 이상의 레버리지를 사용해야 한다. 레버리지를 높이면 유동성은 커지고 변동성은 낮아지며 기회는 더욱 줄어들게 된다. 이것은 다시 레버리지를 더욱 높이게 된다. ……

이 유동성과 변동성이 위기에 어떤 영향을 끼치는지를 파악하는 것은 쉽지 않다. 왜냐하면 일상의 시장에서는 무엇인가 잘못되고 있다는 신호가 나타나지 않기 때문이다. 사실 낮은 변동성의 상황에서 오히려 모든 것은 완벽해 보인다. 우리는 레버리지가 증가했다는 것을 모른다. 이는 누구도 구체적인 숫자들을 가지고 있지 않기 때문이다. …… 수면은 유리와 같이 부드럽다. 단지 깊은 곳에서 무슨 일이 일어나고 있는지 우리는 알 수 없을 뿐이다.[12]

물론 이것은 놀라운 일이 아니다. 양의 되먹임은 본질적으로 이런 것이기 때문이다. 위험은 시스템 자체에 있는 것이 아니라 그들이 어떻게 엮여 있는지, 그리고 그들이 어떻게 상호 작용하는지에 있다.

교통

나는 나의 전작 『사회적 원자(*The Social Atom*)』에서 사회 과학자들은 종종 사회적 결과가 가진 복잡성의 원인을 인간 개인의 복잡성으로 돌리는 실수를 저지른다고 지적한 바 있다. 급변하는 유행과 사회 변화뿐만 아니라 꽉 막힌 도로, 폭동, 끝없는 가난 등의 문제를 보자.

이런 문제를 쉽게 이해할 수 있는 좋은 설명은 존재하지 않으며, 이 때문에 우리는 쉽게 이 문제들이 그렇게 이해하기 어려운 이유를 개인으로서의 사람이 가진 복잡성 때문으로 돌리게 된다.

물론 그런 추측이 항상 틀린 것은 아니지만, 여기에는 논리적 오류가 숨어 있다. 즉 결론이 전제로부터 도출되지 않는 것이다. 집단에서 복잡한 현상이 나타나는 원인이 꼭 이것을 구성하는 개인들의 특징일 필요는 없다. 그 대신 우리가 이 책에서 수없이 본 예들처럼 사회적 현실의 복잡성 대부분은 집단 내의, 그리고 집단들의 상호 작용에 기인한다.

이러한 그리고 많은 다른 경우들을 이해하기 위해 우리는 인간이 아니라 패턴을 이해해야 하는 것이다.

이 생각은 반직관적인 것처럼 보일 수 있지만, 이것은 전혀 과격한 생각이 아니며, 실로 우리가 매일 경험하는 것이다. 매일 수백만 명의 사람들은 꽉 막힌 도로에서 시간을 보내고 있고, 이들은 그 시간 동안 수많은 종류의 생각과 감정을 경험한다. 인간은 누군가 또는 어떤 대상에 책임을 지우는 경향이 있다. 그러나 누구도 길이 막히는 것을 원하지 않으며, 많은 경우 길을 막히게 만든 특정한 차량이나 운전자를 지적하는 것은 가능하지 않다. 다수의 교통 혼잡은 차가 너무 많기 때문에 일어난 어쩔 수 없는 결과이며 아무리 부드럽게 뚫리던 길도 차량의 밀도가 어느 정도를 넘게 되면 불안정해진다. 교통 혼잡은 차들의 집단 때문에 발생하며 진짜 원인은 이 혼잡을 일으킨 누군가의 브레이크나 가벼운 충돌이 아니라 차들의 높은 밀도다. 사실 이들 혼잡은 법칙을 정확히 따르며 예측 가능하기 때문에 간단한 수식으로 정확히 모델을 만들 수 있다. 정체 현상 자체는 차량의 진행 방향 반대쪽으로 약 시속 8킬로미터로 움직인다.[13)]

이 문제의 근원에는 한 요소가 다른 요소에게 직접적으로, 또는 간접적으로 영향을 주는 상호 작용이 자리 잡고 있다. 도로 위에 차량들의 상호 작용이 있다는 것은 명백하다. 차들은 동시에 같은 위치에 존재할 수 없으며 이것은 나의 길을 가려면 남의 위치를 신경 써야 한다는 사실을 의미한다. 우리는 사람들, 회사들, 또는 다른 사회적 요인들 간의 상호 작용이 경제학과 금융과 같은 다른 분야에서도 이것과 유사한 복잡한 집단적 현상을 만들어낼 수 있음을 기대할 수 있다. 그러나 경제학자들은 흥미롭게도, 대부분 수학적 단순성이라는 목표를 위해, "대표 대리인"이라는 꼼수를 사용해 이 상호 작용이라는 관점을 배제하기 위해 노력해 왔다.

이 개념은 집단의 행동은 단순히 이것을 구성하는 개인들의 행동의 합으로 결정된다고 가정하는 것이다. 한 무리의 사람들을 인터뷰해 보자. 이들에게 은행이 예금 이율을 3퍼센트 더 준다고 말하면 이들은 평균적으로 자신들의 소득 중 5퍼센트를 더 저축하겠다고 말할 것이다. 이 정보로부터 우리는 미국의 모든 은행이 이율을 3퍼센트 올리면 미국인들은 전체적으로 볼 때 5퍼센트 더 저축을 할 것이라고 추측할 수 있다. 여기서 집단은 한 거대한 개인처럼 움직이며 이를 우리는 "대표 대리인"이라고 부른다. 이 가정은 그럴듯하게 들린다. 그렇지 않은가? 그러나 이것은 도가 지나친 단순화이다.

만약 집단들이 이것을 구성하는 개인들의 이익들로만 표현될 수 있다면 우리는 교통 혼잡을 가질 이유가 없다. 누구도 자신이 교통 혼잡을 만들고 싶다고 생각하지 않을 것이기 때문이다. 종종 상호 작용은 그 구성원의 의도와 바람보다 훨씬 더 큰 영향을 끼친다.

교통은 집단적으로 나타나는 사회적 결과가 각 개인의 특정 행동들이나 의도들, 바람들의 명백한 반영이 아니라는 것을 알려 주는 좋은 예다. 인간이 쉽게 이해할 수 없는 집단적 과정과 되먹임의 그물망에 따라 갑작스럽고 극적인 결과가 나타나게 되며, 심지어 여기에 참여하고 있는 이들(그리고 아마 특히 참여한 그들)은 그 결과가 나타나는 과정을 더욱 파악하기 힘들다. 갑자기 예상할 수 없을 때 나타나 우리를 꼼짝 못하게 만드는 교통 정체에 짜증을 느끼거나 난처하게 된 경험이 없는 사람이 있을까? 공사 때문에 도로를 막고 있지도 않았고, 고장난 차가 길을 막고 있지도 않았으며, 사고도 없었고, 아무런 원인도 찾을 수 없었는데 말이다. 교통이 정체된 원인은 구체적인 한 장소의 세부 사항에 있지 않았다. 그 원인은 도로의 모든 곳에, 교통 밀도라는 거시적인 관점에서만 보이는 개념으로 존재한다.

터너-파머-지아나코플로스 실험은 교통 문제와 같은 문제는 아니지만 금융이라는 맥락에서 매우 유사한 문제를 보여 주고 있다.

적은 위험 = 많은 위험?

터너와 그의 동료들의 연구는 시장을 더 효율적으로 만드는 기제가 동시에 시장을 덜 안정적으로 만들 수 있다는 분명한 교훈을 보여 주었다. 과학자와 공학자들은 이것과 비슷한, 효율과 안정성 사이의 트레이드-오프에 종종 직면한다. 자동차, 버스, 기차, 비행기의 엔진을 만드는 데 있어 이것이 가벼울수록 연료는 절약되며 따라서 기본적으로 공학자들은 이것들을 가능한 한 얇고 가벼운 물질로 만들려고 할 것이다. 그러나 여기에는 한계가 있다. 만약 극도로 효율적인 초경량 엔진을 만들었다 하더라도 고온에서 녹거나 거친 도로에서 부서져서는 안 되기 때문이다.

어떤 기술에서도 너무 많은 효율은 안정성을 해친다. 곧 효율성이란 더 적은 것을 가지고 더 많은 일을 하는 것인 반면 안정성은 여분의 숨 쉴 공간, 여분의 힘과 용량을 뜻하기 때문이다. 그러나 경제학에서 효율은 무조건적인 선으로 찬양되어 왔으며 우리는 효율이야말로 모든 형태의 경제적 혁신의 필연적 결과일 것으로 기대해 왔던 것이다. 2005년 머튼과 보디는 이렇게 썼다.

새로운 금융 상품과 시장의 설계, 향상된 컴퓨터와 통신 기술, 그리고 지난 세대를 통해 진보된 금융 이론은 전 세계 금융 시장과 기구의 구조를 극적으로 빠르게 변화시킬 것이다. …… 가장 첫 번째 예는 선물, 옵션, 스와프, 그리고 다른 경제 협정과 같은 파생 상품의 개발, 개선, 그리고 대규모 적용이다. 금융 거래 기술에서의 실무적인 혁신은 위험을 공유할 기회를 증가시켰고, 거래 비용을 낮추었고 정보 비용 및 대리인 비용을 절감하여 효율을 향상시켰다[14]

특이하게도 이 논문은 시장의 안정성이라는 개념을 단 한 번도 언급하지 않았다. 경제 협력 개발 기구(OECD), 세계은행, 국제 통화 기금 역시 파생 상품이 위험을 줄이고 투자자들이 그들의 포지션을 섬세하게 조절할 수 있게 함으로써 시장을 보다 효율적으로 만든다는 위와 동일한 주장을 2007년 5월 내놓은 바 있다.

> 파생 금융 상품은 시장 전체의 효율성과 유동성에 기여한다. 이들은 시장 참여자들이 효율적으로 포지션을 헤지할 수 있게 하고 언제든지 시장에 들어오고 나갈 수 있게 만들며 지속적인 가격 조정과 파생 금융 상품군들의 거래를 이용한 시장 정보를 제공한다. …… 결국 이 요소들은 투자자와 중재자들에 의해 경매에서 경쟁적 참여자를 늘리고 유통 시장을 더 활성화시켜 정부의 조달 비용을 직접적으로 낮추게 된다.[15]

경제학자들의 화려한 수식어들이 단언하듯이 평형 이론은 효율적인 시장을 가진 황금의 도시로 가는 여러 경로들을 보여 주었고 그들 중 가장 기대되는 길은 바로 파생 상품으로 포장된 길이었다. 그러나 다시 한번, 그렇다면 안정성은?

전설적인 금융인 버핏이 2002년 투자자들에게 보낸 편지에서 단언한 "파생 상품은 대량 학살 무기가 될 것"이라는 말은 매우 잘 알려져 있다. 그의 편지는 다음과 같다.

> 많은 사람들이 파생 상품은 위험을 견딜 수 없는 참여자들이 이것을 더 강한 이들에게 전가할 수 있게 함으로써 시스템이 가진 문제를 줄일 것이라고 주장한다. 이들은 파생 상품이 경제를 안정화시키고, 거래를 촉진하며, 개인 참여자들의 골칫거리를 제거해 줄 것으로 믿는다. …… 미시적 수준에서 그들이 하는 말은 종종 참이다. 그러나 거시적 수준에서는 위험하

며, 더욱 위험해지고 있다고 나는 확신한다. 커다란 위험이, 특히 신용 위험이 상대적으로 소수의, 자신들끼리 다양한 거래를 주고받는 파생 상품 딜러들에게 집중되고 있다. 1명에게 생긴 문제는 곧 다른 이에게 영향을 끼친다. …… 지금 파생 상품의 요정은 요술 램프에서 빠져나왔다. 이 파생 상품들의 종류는 이들이 가진 독성을 명백하게 보여 줄 어떤 사건이 생길 때까지 수와 다양성에서 곧 곱절이 될 것이다.

그는 옳았고, 그 과정도 정확했다. 2008년 9월 16일, 미국 연방 준비 제도 이사회는 거대 보험 회사인 AIG의 파산을 막기 위해 850억 달러(약 88조 원)를 급히 지원했다. 서브프라임 주택 저당 증권에 문제가 있다는 소문이 있었는데도 AIG는 태평스럽게 신용 부도 스와프(당시 급격히 위험해지던 주택 저당 증권을 실질적으로 보증하는 것과 마찬가지였던)를 골드만삭스, 소시에테 제네랄(Société Générale), 도이체 방크(Deutsche Bank)와 다른 은행들에 팔았다. 순식간에 AIG는 거의 5,000억 달러(약 517조 원)를 지불해야 하는 상황에 처했다. 그리고 이들 파생 상품을 통해 AIG의 이 같은 실패는 전 세계의 금융 시스템으로 퍼져 나갔다.

그러나 버핏의 직관은 회사 하나나 위기 하나만을 의미한 것은 아니었으며, 사실 모든 종류의 파생 상품은 이미한 것이었다. 파생 상품은 위험을 분산시키며 평형 경제학의 표준적인 사고방식은 이런 종류의 "위험 공유"가 각 기관 및 전체 금융 시스템을 보다 안정적이고 효율적으로 만든다고 주장했다. 다시 한번, 이것은 진실이 아니며 적어도 항상 그렇지는 못하다.

2년 전, 물리학자 스테파노 바티스톤(Stefano Battiston, 1972년~)은 물리학자들과 뉴욕 컬럼비아 대학교의 노벨상 수상자인 스티글리츠를 포함한 경제학자들로 이루어진 팀을 이끌며 많은 수의 은행과 금융 회사들이 파생 상품과 다른 금융 계약으로 엮이게 되었을 때의 금융 네트워크의 안정성을 조사했다. 예를 들어 은행 A가 은행 B에게 큰돈을 융자해 주었으며, 따라서 A는 B가 돈을 갚지 못할 위험 요소를 가지게 되었다고 하자. 은행 A는 다른 기관들에게 이 융자의 이윤을 팔아 그 위험을 낮출 수 있다. 은행 A는 이제 은행 B만이 아니라 다른 기관들과도 연결되었다. 경제학에서는 이러한 종류의 위험 공유, 곧 기관들 사이의 수많은 연결이 각 은행을 안전하게 할 뿐만 아니라 전체 시스템을 더욱 안정적으로 만든다고 믿고 있었다.

그러나 바티스톤과 그의 동료들은 이런 대담한 가정이 근거가 없다는 것을 발견했다.[16] 그들은 은행 시스템을 서로 상호 작용하는 기관들의 네트워크로 모델링해 충격에 대한 이들의 반응을 조사하는 방식으로 네트워크의 안정성을 연구했다. 구체적으로 그들은 네트워크의 각 기관이 때로는 이익을 추구하고 때로는 다소 덜 추구하는 식으로 독립적으로 작동한다고 가정했다. 즉 각 기관은 임의의 충격에 처한 것이다. 이런 설정에서 각 기관의 재정적 회복력은 자신의 상황이 좋은지 나쁜지와 자신의 재정적 파트너의 회복력이라는 두 요소로 결정되었다. 이것은 파트너의 재정적 건강 상태가 부실할 경우 그 여파는 그와 관계를 맺은 기관들에게 직접적으로 미치기 때문이다.

연구진은 이런 재정적으로 독립된 기관들의 네트워크를 기본적인 형태로 잡고, 한 특정 기관의 갑작스런 파산이 가져올 결과를 조사했

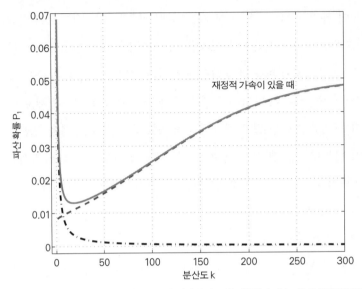

그림 8 은행이 파산할 확률은 은행들 간의 연결의 밀도에 의존한다. (k는 한 은행이 평균적으로 다른 은행과 맺은 거래의 수이다. 점선으로 나타난 기존의 결과는 k의 증가와 함께 위험은 공유되며 파산 확률은 감소한다는 것이다. 그러나 현실에 존재하는 재정적 충격이 해소되지 않고 더 나빠지는 "재정적 가속" 또는 되먹임의 존재를 가정하면 너무 많은 위험 공유는 시스템의 전반적 불안정성을 높이게 된다. (S. 바티스톤(Battiston), D.D. 가티(Gatti), M. 갈레가티(Gallegati), B.C.N. 그린왈드(Greenwald), J.E. 스티글리츠(Stiglitz)의 「Liaisons Dangereuses: Increasing Connectivity, Risk Sharing, and Systemic Risk」, Journal of Economic Dynamics and Control(2012)에서 그들의 전재 허가를 받았음.))

다. 그들은 그 여파가 네트워크의 연결성에 크게 의존한다는 것을 발견했다. (위 그림을 참조하라.) 만약 한 은행이 나쁜 결정을 내리고 갑자기 파산했을 때, 네트워크의 연결성이 상대적으로 낮다면, 그 영향은 그렇게 심각하지 않았다. 몇몇 기관에는 이것 때문에 문제가 발생했으나 일반적으로는 멀리 전파되지 않았다. 이 경우 위험 공유의 교과서적인 이점은 작동하고 있었다.

그러나 연결성이 증가하면 모양은 극적으로 변하기 시작한다. 연결성이 특정한 임계값을 넘게 되면, 위험 공유는 역설적으로 정반대의 효과를 보이기 시작한다. 그것은 이 위기가 전파되는 경로가 너무나 많이 존재하기 때문에 오히려 시스템의 전반적인 붕괴 확률이 올라가게 되는 것이다. 따라서 위험 공유가 각 은행의 위험을 실제로 낮춘다 하더라도 너무 많은 은행들 간의 연결은 전체 시스템을 불안정하게 만든다. 이것은 위험 공유는 시스템의 위험을 낮추는 긍정적인 결과만을 가진다는 초기 경제학자들의 분석과 정확히 반대되는 결론이다.

그들의 분석이 틀렸던 이유는 평형 가정에는 들어 있지 않은 시스템의 동적 특성, 곧 금융 위기가 네트워크의 수많은 독립적인 경로를 따라서 퍼져 나갈 수 있다는 사실을 놓쳤기 때문이다. 위기가 전파되는 경로가 증가할수록, "재정적 가속" 또는 되먹임, 곧 개별 기관의 재정적 허약함이 증폭되는 (예를 들어 위기에 처한 은행이 자신의 빚을 갚지 않기 위해 더 많은 보증금을 지불해야 하는 등의) 방식으로 초기 충격의 효과를 실제로 증폭시키며 심각한 시스템의 위기를 가져온다.

여기서 우리는 개체의 문제와 집단적 문제의 대결을 다시 한번 보게 된다. 파생 상품의 문제는 개별 기관을 약하게 하는 데서 오는 것이 아니라 전체 그룹으로부터 발생한다는 것이다.

물론 이것이 파생 상품이 절대 있어서는 안 된다는 것을 의미하지는 않는다. 예를 들어 신용 부도 스와프를 판매하는 회사들은 그들이 위험을 감소시킨다고 주장하며 그들의 주장 중 상당 부분은 설득력이 있다. 특정한 국가의 은행이나 회사에 돈을 빌려 주는 외국 은행들은 그 나라의 경제 위기에 대비해 국가 부채에 대한 스와프를 살 수 있다. 위기가 보호될 수 있다는 가능성이 있을 때 사람들은 더 쉽게 대출을 할 수 있다. 그러나 여기에는 한계가 있다. 이러한 공유가 너무 과하게 이루어진다면 개별 기관의 위험을 조금씩 줄이는 이 상품이 오히려 거대한 은행 시스템의 위기를 초래하게 된다. 우리는 파생 상품으로 이루어진 길을 통해 완전 시장이라는 완벽한 효율의 천국으로 갈 수 있다는 믿음이 얼마나 순진한 것이었는지를 알게 되는 것이다.[17]

이 주제에 관해 더 많은 이야기들이 있다. 실제로 파생 상품이 시장의 안정성을 깨뜨린다는 아이디어를 지지하는 2건의 연구가 최근 발표되었다. 분명한 것은 내 투자의 위험 중 일부를 다른 상품으로 전가하는 것이 결국 다른 상품의 위험을 더 크게 하는 결과를 가져온다는 것이다. 경제학자 윌리엄 브록(William Brock), 카스 홈스(Cars Hommes), 그리고 플로리안 와게너(Florian Wagener)는 이 효과가 투자자들을 가장 최신의, 가장 나은 투자로 몰리게 하며, 하나의 투자에서 다른 투자로 쉽게 돈을 옮기게 만들어 그 결과 시장은 점점 더 불안정해 진다는 것을 보였다. 또한 물리학자 파비오 카치올리(Fabio Caccioli)와 마테오 마실리(Matteo Marsili)는 이것과 밀접한 관계를 가지지만, 조금 다른 2차 효과를 발견했다. 이들의 연구에서 금융 회사들은 더 많은 파생 상품을 이용해 자신들의 위험을 보다 효과적으로 헤지하며, 시장은 흔히 말하듯 더 효율적으로 바뀌어 갔다. 그러나 회사들이 완전한 헤지를 위해 자신들의 자산을 작은 시장 충격에도 끊임없이 조정하면서 헤지가 만든 균형 역시 점점 더 불안정해진다는 사실 역시 발견했다. 시장은 안정적으로 남아 있었으나 실은 연필이 손끝 위에서 균형을 잡고 있듯이 아슬아슬한 것이었다. 각각의 새로운 파생 상품은 이 균형을 더욱 위험하게 만들었다.

지금까지 우리는 시장을 더 효율적으로 만든다고 알려진 레버리지와 파생 상품이라는 두 가지 방법이 모두 알려진 것처럼 그렇게 잘 작동하지는 않는다는 것을 보았다.

인과를 다시 생각하기

역사학자들은 원인과 결과라는 개념이 가진 까다로운 본성에 대해 어느 누구보다도 많이 생각해 왔으며, 특히 우리가 사는 세상이 수많은 잠재적 원인들의 경쟁과 간섭, 그리고 이들의 상호 작용이 만드는 그물망으로 이루어진다는 사실에서, 이런 세상을 설명하는 것이 얼마나 어려운지에 대해서도 마찬가지로 고민해 왔다. 역사는 혼돈이라는 특성, 곧 작은 사건들이 엮여 전체 국가의 운명을 기묘하게 바꾸어 가는, 그런 특성을 가지고 있다. 1920년 그리스의 왕이 애완용 원숭이에게 물려 죽은 사건은 그 후 연속된 사건들로 결국 그리스와 터키가 전쟁을 일으키도록 만들었다. 후에 영국의 수상이 될 윈스턴 처칠(Winston Churchill, 1874~1965년)은 이 당시 "원숭이 한 마리가 25만 명을 물어 죽였다."라고 평했다.

경제학과 금융에서 사건을 설명하는 것 역시 그만큼 혼란스러운 일이다. 충분히 똑똑한 사람들이라면, 거의 모든 사건에 대해 수많은 가능한 설명을 만들어 낼 수 있을 것이다. 역사상 가장 큰 규모의 파산이었던 2008년 9월 15일 투자 은행 리먼 브라더스의 파산은 그 즉

시 참혹한 효과를 낳았다. 그 다음 날 세계 시장은 마비되었고 세계의 주식 시장에서는 10조 달러(약 1경 350조 원) 이상의 돈이 사라졌으며 이것은 역사상 가장 큰 폭락이었다. 여기에 대한 설명이 있을 수 있을까? 이것은 단순히 누가 누구에게 동의하고의 문제가 아니다.

시카고 대학교의 경제학자 존 하울랜드 코크란(John Howland Cochrane, 1957년~)은 이것이 전적으로 예측의 문제, 곧 정부가 투자자들에게 확신을 주지 못했기 때문에 발생한 문제라고 주장했다. 코크란은 파생 상품과 서브프라임 주택 저당 증권, 그리고 주택 가격의 거품 등은 문제의 본질과는 무관하다고 말했다. 그는 1년 뒤 "그 사건"에 대해 다음과 같이 썼다.

우리가 "탈출", "공황 상태", "안전 자산 선호(flight to quality)" 등 무엇이라 부르든 간에 2008년 9월 시작된 그 일은 겨울을 지나며 잠잠해졌다. 일반적인 환매 조건부 채권(RP), 은행 간 대출, 기업 어음 시장을 포함한 신용 매도(short-term credit)도 사라졌다. 만약 그때와 같은 공황 상태가 일어나지 않았다면 주택 가격 폭락에 의한 경제 위축은 2001년의 닷컴 폭락에 따른 불경기보다 결코 심하지 않았을 것이다.[18]

그의 입장에서는 곧 리먼 사태가 일어나기 전까지는 투자가들은 "대마불사"를 믿었고 규모가 큰 기관은 반드시 구제 금융을 받을 것이라 생각했다고 말한다. 그러나 정부가 리먼 브라더스를 포기하기로 결정했을 때 모든 이는 이 문제를 다시 생각해야 했으며, "만약 시티그룹과 골드만삭스 역시 파산한다면 어떻게 될까?"라는 생각에 이르자, "갑자기", 코크란은 이렇게 표현했다. "미친 것처럼 탈출하는 것이 정답처럼 생각되었다." 즉 은행과 다른 기관들은 현금을 비축하기 시작했고 대출은 즉시 중단되었다.

이와는 대조적으로 뉴욕의 한 금융 변호사가 운영하는 블로그 "한심한 경제학(Economics of Contempt)"은 코크란의 주장을 "말도 안 되는 헛소리"로 표현했다. 코크란이 리먼의 파산이 직접적으로 다른 2차 파산을 불러일으킨 것은 아니라고 주장하는 반면, 그 블로그에서는 리먼의 파산이 그 즉시 수많은 헤지펀드들을 날려 버렸다고 지적했다. 또한 리먼 브라더스 유럽 자회사의 파산을 감독하던 파산 관재인이 고객들의 펀드에 있는 400억 달러를 동결했을 때 "헤지펀드들에게 갑자기 금지된 돈은 400억 달러였으나 …… 시장에서는 수천억 달러의 유동성이 갑자기 사라졌다."라고 적었으며, 마침내 뱅크 오브 아메리카, 시티 그룹, 도이체 방크와 같은 리먼의 가장 큰 거래 대상들이 파산할 수도 있었던 상황에서, 결국 정부에 의해 모두 구제되었다고 명시하고 있다.[19]

한 사람은 모두의 예상이 빗나간 것과 사람들의 부정한 의도, 그리고 정부의 미숙한 대처가 사태의 원인이라고 설명한다. 다른 이는 전 세계의 모든 기관들과 연결된 핵심적인 기관이 엄청난 빚을 지고 파산한 데 따른 기계적 연쇄 반응이 원인이라고 설명한다. 어느 것이 사실일까?

영국의 역사학자인 카는 이런 혼란을 해결하는 한 가지 방법을 제안했다. 그는 한 사건에 대해 수많은 모순된 원인들이 존재할 때, 그 원인들 중 미래를 위한 교훈을 끄집어낼 수 있는, 곧 "일반화시킬 수 있는" 원인을 찾아야 한다고 말했다. 1937년 5월 6일, 뉴저지의 레이크허스트 해군 기지에 계류 중이던 독일의 비행선 힌덴부르크호는 36명의 사상자를 내며 폭발했다. 이 폭발의 가장 큰 원인은 비행선을 공기 중에 띄우는 수소 기체의 발화였다. 한 이론은 이 발화가 일어난 원인으로, 구름을 통과하면서 비행선의 금속 표면에 축적된 전하가 일으킨 정전기 불꽃을 꼽았다. 곧 이 불꽃이 수소 기체를 발화시켰고 이것 때문에 폭발이 이어진 것이다. 그렇다면 여기에서 우리가 얻어야 할 교훈은 불꽃을 일어나지 않게 해야 한다는 것이다. 정말 그럴까?

거대한 금속 장비가 대기를 통과할 경우 불꽃은 항상 일어난다. 이 장비가 역시 금속으로 이루어진 정거장에 착륙할 때도 마찬가지다. 물론 이 불꽃들이 항상 폭발을 일으키지는 않는다. 그러나 폭발성이 있는 수소 기체가 가득 차 있는 풍선은 항상 폭발을 일으킬 가능성이 있다. 즉 이것이 보다 일반적인 이유인 것이다. 수소로 가득 차 있는 비행선을 하늘에 날리는 일은, 비록 매번 다른 이유로 그 폭발이 일어난다 해도 항상 어떤 재난이 일어날 가능성을 가진 것이다.

일반화될 수 있는 이유를 찾는 일은 A가 B를 일으키고 다시 C라는 사건이 일어난다는 식의 그럴듯한 이야기를 찾는 것보다 한 발짝을 더 나아가는 일이며 이 이유를 통해, 즉 대기의 순환을 위한 모델이건, 레버리지 시장의 모델이건, 또는 독립적인 금융 기관의 네트워크 모델이건, 그 모델로 일반화될 수 있는 이유를 찾을 수 있을 때, 그 모델의 가치가 증명된다. 앞에서 설명한 독립적인 금융 기관의 네트워크 모델은, 수많은 금융 기관들이 극도로 복잡한 그물망의 의존성을 가질 때 집단적 재난이 일어날 확률이 분명히 증가한다는 것을(비록 그 일이 어떻게 일어나며 어디에서 시작되고 이렇게 전파되어 가는지를 예상하는 것은 어렵다 해도) 가르쳐 준다.

이러한 관점에서 코크란의 설명은 마치 힌덴부르크호의 폭발이 수소의 존재를 무시한 채, 전기 스파크 때문이라고 주장하는 것처럼 보인다. 물론 코크란의 주장처럼, 정부가 사람들의 예상대로 행동하지 않았기 때문에 사람들이 혼란에 빠졌을 수 있다. 심지어 건강한 은행도 이런 혼란 때문에 피해를 입을 수 있다. 그러나 2008년 9월의 리먼 브라더스는 건강한 상태가 결코 아니었다. 리먼 브라더스는 그들의 레버리지를 2003년 24대 1에서 2007년 31대 1까지 올렸다. 이 수치는 이 기관의 자산이 3~4퍼센트만 하락해도 파산할 것임을 의미한다. 2008년 7월까지 리먼 주식은 73퍼센트가 떨어졌다.

사태를 더 복잡하게 만든 것은, 파생 상품에 따라 리먼은 거의 모든 이들과 연결되었다는 것이다. 약 8,000여개의 기관이 리먼의 파생 상품 계약이 일으킨 부수적 효과 때문에 수십억 달러를 지불해야 했다. 리먼은 파산을 선언한 지 3년이 지날 때까지도 자신의 가장 큰 거래 대상들과 여전히 해결되지 않은 파생 상품 계약에 대해 협상을 하고 있었다. 유럽의 리먼 브라더스 인터내셔널 홈페이지에는 아직도 리먼이 빚을 갚지 못한 6,000개 이상의 회사를 파산 관재인들이 파악하고 있다고 쓰여 있다.

따라서 리먼 브라더스의 파산이 초래한 혼란은 리먼 브라더스가 다른 기관들과 맺은 네트워크와 양의 되먹임에 의해 유발된 충분히 예측 가능한 사건이었다고 보는 것이 더 합리적으로 보인다. 즉 은행들의 탈출이 스파크를 만든 것은 사실이지만 그 스파크는 어쩔 수 없는 것이었으며 이미 비행선은 수소로 가득 차 있었던 것이다.

이 간단한 모델들은 어쩌면, 왜 우리가 항상 경제 위기에 놀라게 되는지를 설명해 주는 것 같다. 여기에는 분명히 심리적인 효과, 곧 "이번에는 다르다."라는 생각이 존재하며 이 때문에 많은 사람들은 실제 그 위기가 닥치기 전까지는 이것을 예측하지 못한다. 그러나 더 깊은 이유도 존재하는데, 그것은 이 현상이 우리의 전통적인 사고방식 바깥에서 발생한다는 것이다. 즉 위기의 진정한 원인은 우리의 눈에 잘 보이지 않는 집단적 현상이, 역시 우리의 눈에 보이지 않는 위험의 임계값을 넘기게 되는 것이다. 나는 많은 경제학자들과 은행가들이 진실로 자신들이 만든 세상이 이제까지 없던 더 효율적이고 더 안정적인 세상이라고 믿었을 것임을 확신한다. 단지 그들의 모델에, 그리고 거기에 기초한 추론에, 근본적인 오류가 있었다.

"효율적" 경계선을 주의하라

무엇이든 과한 것은 좋지 않다는 것은 너무나 당연한 말이며, 이는 고대 그리스의 이카루스와 그의 날개 이야기의 주제가 되었을 만큼 오래된 생각이다. 이론 경제학자들은 후생 정리가 부여 쥬 미래와 완벽한 시장 효율에 중독되어 시대를 막론한 이 교훈을 단체로 잊은 듯이 보인다.

금융 분야에서 투자 이론에는 경제학자 해리 마코위츠(Harry M. Markowitz, 1927년~)가 오래전에 만든 "효율적 경계선"이라는 개념이 존재한다. 이 이론의 핵심은 모든 달걀을 하나의 바구니에 담는 것은 영리하지 못한 일이라는 것이다. 조금 더 자세히 말하면, 이 이론은 어떤 수준의 기대 수익에서도 투자 종목을 조심스럽게 선택한 포트폴리오 투자로, 포트폴리오의 전체 위험을 낮출 수 있다고 주장한다. 예를 들어 당신이 10가지 다른 맥주 회사에 조금씩 투자한다고 해 보자. 이것은 포트폴리오의 시작이 될 수 있다. 그러나 그 포트폴리오보다 세 맥주 회사, 두 제약 회사, 그리고 구글, 애플, 제너럴 모터스(GM), 나이키, 토이저러스 등을 포함한 포트폴리오는 임의의 시장 변화에 대해 더 강할 것이다. 경제에 있어 임의의 변화는 각각의 주식에 다르게 작용하고, 이 효과가 더해지면서 충격은 약해진다.

현실에는 수천 종의 주식이 있다는 것을 생각해 보면, 수학적으로는 원하는 수익률과 적당한 위험을 가진 효율적 경계선에 있는 최적의 포트폴리오가 있을 것이라고 생각할 수 있다.

효율적 경계선은 개념적으로는 표준 경제학의 규제 없는 시장, 곧 더 많은 파생 상품과 쉬운 신용 대출, 언제 어디서나 어떤 거래이건 가능한 기회가 있어 자연스럽게 더 효율적으로 되는 그런 상태에서 나오는 개념에 가깝다. 이 장에서 내가 주장한 것처럼, 그런 환상은 광고에 가까우며 과학이 아니다. 어떤 방법을 쓰더라도, 다른 문제를 일으키지 않으면서 효율만을 높이는 것은 거의 불가능하다. 내가 여기서 설명한 두 모델은 쉬운 신용 대출과 더 많은 파생 상품과 관련된 높은 레버리지가, 매우 간단한 메커니즘으로 어떻게 시장을 더가 아닌 덜 안정적으로 만드는지를 구체적으로 보여 준다. 완벽하게 효율적인 시장은 완벽하게 불안정한 시장으로 보이기 시작한다.

이런 사실이 분명해진 데에는 앞서의 탈평형 연구들이 큰 역할을 한 것이 사실이지만, 또한 이들은 사실 다른 이들이 여러 경우에 대해 주의해 온 아이디어를 보다 정확하게 만든 것에 불과하다. 10년 전 경제학자 로버트 넬슨(Robert Nelson)이 말한 것처럼[20], 오늘날 정설로 받아들여지는 평형 경제학의 주요 생각들은 여러 세대의 학생들에게 대학 교재로 사용된 새뮤얼슨의 『경제학(*Economics*)』의 영향을 크게 받았다. 그들은 그 책의 주장을 받아들일 때, 그 책에 명시된 제한 조건들을 빠뜨렸던 것이다.

문제는 이 책에 사용된 시장의 작동 방식에 대한 이미지가 과학적이라기보다는 시적이라는 것이다. 이는 이 책이 집필될 당시, 개종자들에게 효율이라는 진보적 복음을 새롭게 이해시킬 필요가 있었고, 따라서 강력한 비유가 필요했던 것이라고 이해할 수 있다. 새뮤얼슨이 시장의 작동 방식을 위해 가정한 주장들 중 어떤 것도 강력한 과학적 기반을 가지고 있지 않다는 것을 다음 50년 동안의 경제학자들은 점점 더 확신하게 될 것이다.

알다시피 이 경고는 마땅히 그랬어야 할 만큼 그렇게 많은 이들에게 전달되지 못했다.

그러나 분명히 해 두고 싶은 것은, 혹시 그렇게 보일지도 모르지만, 내가 평형 경제학의 모든 통찰이 틀렸다고 말하거나 이 탈평형 모델이 경제학의 모든 문제들을 더 쉽게 만들어 줄 것이라고 말하는 것은 아니라는 사실이다. 1970년대 초반 경제학자 제임스 토빈(James Tobin, 1918년~)은 금융 거래(그의 처음 생각은 외환 거래였다.)에 대한 작은 세금이 불필요한 투기를 막고 시장을 보다 안정적으로 만들 것이라고 제안했다. 이 경우 짧은 시간에 수많은 거래를 히게 만드는 투기적 행위자들은 투기를 덜 하는 장기 투자자보다 더 많은 세금을 내게될 것이다. 즉 투기는 방지될 것이다. 경제학자들은 이 아이디어의 장점을 가지고 어떤 결론도 내지 않고 계속 토론했다. 그리고 위기는 계속해서 찾아왔고, 그때마다 이 아이디어는 다시 논의되었고 논란을 낳았다.

최근 독일의 경제학자 프랑크 베스터호프(Frank Westerhoff)는 자연스러운 되먹임이 존재하고 실제 시장의 특징을 보여 주는 그럴듯한 시장 모델에서 토빈의 아이디어가 어떻게 작동하는지에 대한 일련의 실험들을 탈평형의 관점에서 검증했다. 그의 시뮬레이션 결과는 이런 종류의 질문에 대한 답을 예상하는 것이 얼마나 까다로운지를 보여 준다. 그의 모델에서, 0.1퍼센트 이하의 낮은 세율에서는 토빈의 세금이 시장의 변동성을 줄였고 가격을 그들의 현실적, 본질적 가치를 유지하게 만들며 매우 잘 작동했다. 그러나 이 세율을 0.3퍼센트까지 올리자 가격 괴리는 예측 불가능하고 다소 이상한 형태를 띠며 다시 증가했다. 너무 높은 세금은 펀더멘털리스트들을 시장으로부터 떠나게 하며, 이때 가격은 실제 가격에서 벗어나 커다란 거품을 만들게 되고 따라서 거래에 대해 세금이 붙었음에도 투기 행위는 다시 이익을 내게 된다. 위의 결과들은 하나의 시장만을 고려했을 때의 결과이다. 두 가지 시장이 존재하는 모델에서 두 시장 중 하나에만 거래세를 부여했을 때, 베스터호프는 거래세가 있는 시장은 안정되며 다른 시장은 투기자들이 옮겨 옴에 따라 가격의 요동이 더 심해지는 것을 발견했다. 반대로 두 시장에 동일한 거래세가 있을 때 시장의 변동성은 모두 줄어들었다.

따라서 거래세의 효과가 정해져 있으며 분명한가라는 질문에 대한 대답은, 상황에 따라 다르다가 될 것이다. 그러나 적어도 이 모델들이 어떤 결과에 대한 편견 없이 시장에 존재하는 다양한 효과와 영향을 과학적 방법으로 예측할 수 있게 만들었다는 사실은 분명하다.

물론 이 장에 등장한 모델들로 우리가 배운 내용은 컴퓨터의 도움이 아니었다면 배울 수 없었을 것이라는 사실을 기억할 필요가 있다. 역사적으로 위대한 철학자와 이론가들은 만약이라는 가정을 이용한 흥미진진한 생각의 놀이를 즐겼다. 그러나 그들은 어떤 가정들 A, B, C가 되먹임의 난해한 그물망을 통해 어떤 결과를 내놓을지 경험하고 예측할 수 있는, 충분한 도구들을 가지지 못했었다. 그러나 이것은 더 이상 사실이 아니다. 적어도 특정한 문제에 대해서는 이런 도구가 가능해졌다. 그리고 이 계산 능력은 실제 시장을, 그리고 시장에 대한 과학을 어떤 한 개인의 두뇌가 이해할 수 있는 것보다 더 빠르게 바꾸고 있다.

빛의 속도로 이루어지는 트레이딩

초단타 매매는 시장의 전반적인 질을 향상시켰다. 거래 비용은 낮아졌고, 시장은 더 튼튼해짐과 동시에 더 많은 유동성을 가졌으며, 관련된 시장들 사이의 가격 불일치는 줄어들었고, 주식과 원자재의 가치에 대한 정보는 가격에 더 잘 반영되었다.

— 짐 오버달(Jim Overdahl), 전 수석 이코노미스트, 미국 증권 거래 위원회(SEC)

빠른 것은 좋은 것이다. …… "어리석고 빠른 것"은 위험하다.

— 한 초단타 매매 블로그에서

마이크 매카시(Mike McCarthy)는 플래쉬 크래쉬에 당했다. 그가 백주 대낮에 빼앗긴 돈은 1만 5000달러가 넘는다. 그리고 그가 이 돈을 다시 찾을 수 있는 방법은 없다.

지난 몇 년간 매카시는 이 때문에 힘든 시간을 보냈다. GM의 재정 부서에서 23년을 버틴 그는 2006년 이곳을 떠나 컨트리와이드 파이낸셜(Countrywide Financial)이라는, 당시 우후죽순처럼 생기던 주택 저당 증권 회사를 차렸다. 그의 회사는 곧 미국 전체의 주택 저당 증권 계약 중 약 20퍼센트를 가지게 되었다. 불행히도 매카시는 컨트리와이드가 곧 서브프라임 사태 때문에 파산하게 될 것임을 알지 못했고, 회사가 파산한 지 1년이 지나지 않아 그는 회사를 떠나게 되었다. 49세의 나이로 매카시는 다시 실업자가 되었다.

2009년 그는 어머니의 갑작스런 죽음으로 상심에 빠졌다. 그는 어머니가 남긴 주식 포트폴리오를 포함한 신탁금을 이율과 배당금을 고려해 가족들과 분배했다. 2010년 5월 시장이 요동치려 하자 매카시는 이것을 팔기로 결정했다. 그는 5월 6일 오후에 자신의 중개인 스미스 바니(Smith Barney)에게 전화를 걸어 이렇게 말했다고 한다. "시장이 불안해 보이니 내가 가진 P&G와 DirecTV를 팔고 싶소. 다시 생각해 보니, 다른 10종목도 모두 팔아 주시오."

그것은 살짝 늦은 결정이었다. 그리고 동시에 너무 빠른 결정이기도 했다. 매카시의 중개인이 그의 P&G를 판 것은 약 오후 2시 46분으로, 최저가에서 다시 플래쉬 크래쉬가 닥친 지 약 1분이 지났을 때였고, 정상적인 가격으로 급속하게 돌아오기 몇 분 전이었다. 그의 주식은 39.37달러에 팔렸는데, P&G의 지난 7년간 주가 중 최저가였고, 몇 분 전, 그리고 몇 분 후의 60~63달러 가격의 3분의 2밖에 되지 않는 금액이었다. 그 차이는 1만 5000달러 이상이었다.

후일 매카시는 이렇게 말했다. "그 돈은 6개월에서 8개월 정도의 주택 융자금 이자였지요." "나는 P&G를 보고 있어요. 지금은 62달러 정도군요. 나는 그 일을 믿을 수가 없어요. 마치 내가 다른 세상에 있는 것 같아요."[1]

1926년 날씨 예측의 선구자였던 영국의 물리학자 루이스 프라이 리처드슨(Lewis Fry Richardson, 1881~1953년)은 독특한 질문을 담은 한 논문을 발표했다. "바람은 속도를 가지고 있을까?" 그는 이 바보처럼 보이는 질문에 분명한 답이 없다는 사실을 지적했다. 물론 우리는 하늘의 구름이 약 시속 20마일로 움직이는 것을 볼 수 있다. 그러나 그 속도는 큰 부피의 공기들이 움직이는 속도의 평균에 불과하다. 특정 부분의 공기들이 움직이는 속도를 따지게 될 경우 이 문제는 복잡해지기 시작한다. 바람은 소용돌이를 만들고 이것들은 다시 작은 소용돌이로 나뉘며, 공기의 흐름은 담배 연기처럼 뒤틀리고 꼬인다. 가까이에서 볼 경우 각 부분의 속도와 방향은 거칠고 변덕스럽게 변화한다. 바람은 명백한 속도를 가지고 있지 않다.

매카시가 발견했듯이 시장에도 이런 특성이 있다. P&G는 62달러에 멈춰 있는 것처럼 보이지만 시장의 미세한 바람은 그가 이 주식을 팔 때의 가격을 37달러로 만들었다. 이것이 빛의 속도로 이루어지는 알고리즘 트레이딩이 주도하는 시장의 참 모습이다.

인포리치(Inforeach)라는 뉴욕의 회사는 HiFreq라 불리는 하나의 회선으로 초당 2만 번 이상의 거래가 가능한 알고리즘 트레이딩 제품을 팔고 있다. 이 회사는 "지연 시간 제로"라는, 버튼이 눌린 순간으로부터 실제 거래가 이루어지기까지의 시간이 0이 되는 이상적인 상태를 만들려는 수백 개의 회사 중 하나에 불과하다. 오늘날 가장 빠른 거래는 빛이 축구장 하나를 통과하는 데 걸리는 시간인 100만분의 1초 만에 이루어진다. 이 속도는 금융법이 아인슈타인의 상대성 이론을 고려해야 할 정도로 빠른 속도다. 미국과 영국 사이의 대서양간 통신에서 5밀리 초를 줄이기 위해 기존의 것보다 310마일이 짧은 새 통신 케이블이 10년 만에 설치되었다.[2]

이 기술적인 군비 경쟁은 전혀 줄어들 기미가 보이지 않으며, 거래 시간은 곧 수 나노초 아래로 내려갈 것이다. 이는 컴퓨터까지 닿기 위한 수 피트의 케이블 때문에 한 회사가 다른 회사보다 더 빨리 거래할 수 있게 될 정도의 시간이다. 태평양의 이국적인 섬은 아인슈타인의 상대성 법칙을 활용해 이익을 볼 수 있는 거래를 뜻하는 용어인 "상대론적 재정 거래"에 적합한 이상적인 매매 장소가 될 것이다. 아인슈타인의 이론은 일본과 로스앤젤레스의 주식 가격의 작은 차이로부터 이익을 보기 위해서는 두 지점의 가격을 우주의 누구보다도 빨리 알 수 있는 두 지점의 정확한 중간, 즉 태평양 한가운데 만들어질 어떤 장소에 그 거래를 위한 설비를 두어야 한다는 것을 의미하기 때문이다.[3]

거래에서 속도와 지능만큼 중요한 것은 없고, 오늘날 이것은 컴퓨터의 계산 능력으로 구체화되었다. 그러나 이 산업의 속도가 말 그대로 빛의 속도에 접근하게 된 지금, 우리는 이것이 정말 좋은 생각인지 의문을 가져야 한다.

2009년 7월에 정량 금융(quantitative finance) 분야에 오랜 경력을 가진 전문가 폴 윌모트(Paul Wilmott, 1959년~)는 《뉴욕 타임스》의 외부인 기고란에 이런 현상이 가져올 위험이 작지 않을 수 있다는 글을 올렸다. "이미 위험스러울 정도로 큰 영향력을 가졌으며 도덕적으로 의심스러운 금융이라는 지뢰밭 위에" 윌모트는 우리가 "기계의 분별 없는 능력"을 더하고 있다고 썼다.[4] 그리고 그는 현명하게도 주식 시장의 유래에 대해 생각한 끝에, 이러한 초고속 매매가 기업의 자금 조달과 무슨 관계가 있을지 고민하게 되었고, 구체적으로는 이 초고속 알고리즘을 따른 피드백이 위험한 사태를 불러일으킬지 모른다고 생각했다. 예를 들어 오늘날의 기준으로는 모든 것이 느리게 움직이던 2003년, 한 미국의 투자 회사는 직원 1명이 매매 알고리즘을 바꾼 지 16초 만에 파산하고 말았다.[5] 그리고 그 회사는 자신의 파산을 거의 1시간이 지난 후에야 파악했다. 이런 일이 더 큰 투자 은행이나 전체 외환 시장, 또는 한 나라의 전체 경제 시스템에 일어나지 않는다고 장담할 수 있을까?

초단타 거래자와 많은 경제학자들에게 윌모트의 우려는 마치 끝없이 증가하는 마차 때문에 모든 도로가 말들의 변으로 가득차고 말것이라는 19세기 후반에 등장한 걱정처럼 바보스럽게 생각되었을 것이다. 또한 평형 경제학에서는 거래는 절대 나쁜 일이 될 수 없으며 따라서 더 빠른 거래는 시장을 더 빨리 효율적인 상태로 바꾸는 일이다. 만약 거래가 정보를 시장에 전달하는 행위라면, 이 거래는 가격을 더 정확히 만들 것이고, 따피서 시간을 포함해 거래에 제한이 되는 어떤 요소든 없애는 것은 무조건 좋은 일이 될 것이다. 더 많고 더 빠른 거래는 시장의 바퀴에 기름을 치는 행위일 뿐이다. 이보다 더 나은 것이 있을까?

윌모트는 플래쉬 크래쉬가 일어나기 겨우 1년 전 초단타 매매가

"시장을 점점 더 불안정하게 만들지 모른다."라고 주장했다. 2년이 지난 지금, 우리는 무엇을 알고 있을까? 초단타 매매는 시장을 해치는 것일까? 또는 시장에 도움이 되는 것일까? 이것은 어려운 질문이다.

시장의 유동성 — 쉽게 숨쉬기

인간은 가능한 한 적은 마찰과 방해를 받으며 숨을 들이쉬고 내쉴 필요가 있다. 일반적으로 우리는 이것을 할 수 있으며 이 동작은 우리를 둘러싼 공기의 유동성, 곧 산소의 공급원으로서 방들과 기도와 폐 사이를 흘러 다니는 공기로 이루어진다. 대부분이 이산화규소(SiO_2)인 모래 1세제곱미터는 약 3,000배 되는 부피의 공기에 든 만큼의 산소를 가지고 있으나 액체가 아닌 고체이기 때문에 우리는 사용할 수 없다.

이런 점에서 거래는 호흡과 비슷하며 시장은 이것을 이루는 요소인 돈과 자산이 쉽게 흘러 다닐 때 가장 잘 작동한다. 만약 시장에서 거래가 매수자와 매도자 사이를 끊임없이 흐른다면 이들은 물리학에서 따온 용어를 사용해 시장이 "유동적(liquid)"이라고 말한다. 주식, 채권, 선물, 그리고 집을 사거나 팔려는 이들은 적절한 가격에 자신과 거래하려는 이들을 쉽게 찾을 수 있다. 반대로 비유동적이거나 "얇은(thin)" 시장에서는 거래 의도를 가진 매수자와 매도자가 상대적으로 드물어지며 또한 거래를 할 상대방 역시 찾기 힘들어진다. 이때 당신은 당신이 가진 자산의 가격을 상당히 낮추지 않고서는 팔 수 없게 되며 또 웃돈을 얹어 주지 않고서는 물건을 살 수 없게 된다.

비유동적 시장의 거래자는 공기 공급이 원활하지 않거나 잘 작동하지 않는 사람과 같다. 때로 이들은 자신들이 마실 공기를 찾을 수 없고 또는 자신들이 마신 숨을 내쉴 수 없게 된다. 두 경우 모두 그 결과는 예상 가능하며, 공황 상태에 빠지거나 또는 불안감을 가지게 된다.

비유는 좋은 것이다. 그러나 그 비유에 해당하는 양을 숫자로 측정할 수 있다면 더 유용할 것이다. 경제 이론가들은 유동성을 측정하는 방법을 연구해 왔다. 유동성의 관점에서 우리는 초단타 매매가 시장에 도움이 되었는지, 또는 상황을 더 악화시켰는지를 확인할 수 있다.

만약 당신이 주식을 사거나 팔고 싶다면 당신의 중개인은 현재의 가격에 사거나 팔 수 있는 알고리즘을 가진 시장 조성자(GETCO일 수도 있고 Tradebot일 수도 있다.)에게 주문을 보낼 것이다. 어떤 종류의 자산이든 상관없이 이 시장 조성자들은 자신들이 사거나 팔고자 하는 가격인 "매수 호가(bid)"나 "매도 호가(ask)"를 알린다. 이들은 자선 사업가가 아니며, 따라서 매수 호가와 매도 호가의 차이를 통해 그들은 이 거래를 성사시키는 데 얼마의 수수료를 받을지 결정한다. GETCO는 투기 사업을 하지 않으며, 이들은 당신으로부터 산 주식을 주가가 떨어졌을 때 재빠르게 누군가에게 팔게 된다. 즉 시장에 유동성이 있을수록 시장 조성자는 매도자와 매수자를 찾기 쉬워지며 그들의 "매수-매도 호가 스프레드(bid-ask spread)"를 줄일 수 있다.

따라서 높은 유동성은 일반적으로 낮은 매수-매도 호가 스프레드를 의미한다. 또한 이 스프레드는 준광속 매매가 시장에 어떤 영향을 끼칠 것인지를 판단하는 좋은 기준이기도 하다. 만약 매수-매도 호가 스프레드가 낮아진다면 시장은 보다 유동적으로 변하는 것이다. 이 기준에서는 모든 것이 좋아 보인다. 초단타 매매는 시장이 보다 쉽게 숨 쉴 수 있게 만든 것처럼 보인다. 이 매매가 영향력을 발휘하기 시작하고 10년 동안 미국과 영국에서 주식의 스프레드는 거의 10분의 1로 떨어졌다.[6] 2010년 주식 거래에 참여하는 2,000여 개의 회사 중 단 2퍼센트의 회사로 이루어지는 초단타 매매는 전체 거래량의 73퍼센트를 차지하게 되었다. 그들은 광섬유를 통해 빛의 속도로 주문과 역주문, 그리고 취소 신호를 보내는 어지러운 혼돈과 같은 거래를 주고받았지만, 유동성을 향상시킨 것만은 분명했다.

이것은 따로 조사를 할 필요가 없을 정도로 "당연한" 결과로 보인다. 더 많은 거래자가 시장에 들어오고, 더 많은 거래가 시장에서 빛의 속도로 이루어지는데 어떻게 시장이 유동적이지 않을 수 있겠는가? 그러나 이론적으로 그 반대 효과도 가능하다. 시장 조성자만 알고리즘을 사용하는 것이 아니다. 그들의 알고리즘은 특정 가격의 매도 및 매수 주문을 기다리는 수동적인 알고리즘인 반면 다른 많은 중개인들은 약탈자처럼 시장 조성자의 제안을 낚아채기 위한 능동적인 알고리즘을 사용했다. 예를 들어 더 나은 정보를 가진 약탈적 알고리즘은 시장 조성자가 IBM을 너무 싸게 파는 것을 보게 될 수 있다. 이 알고리즘은 IBM 주식을 매수한 후 다른 곳에 이익을 보고 매도할 수 있다. 만약 너무 많은 영리한 약탈자들이 시장 조성자에게 손해를 끼치면서 이익을 보게 된다면 시장 조성 비용은 증가하고 매수-매도 호가 스프레드 역시 증가한다. 따라서 이것은 시장을 덜 유동적으로 만들게 된다.

즉 더 많은 초단타 매매가 더 많은 유동성을 가져다준다는 단순한 공식은 성립되지 않는다. 시장에는 알고리즘이 넘쳐나고 시장 조성자와 약탈자는 속도와 정교함의 군비 경쟁을 벌이게 되며, 스프레드는 오르고 내리는 일을 반복하게 된다. 다행히 아직까지의 데이터는 일반적으로 초단타 매매가 거래를 전반적으로 저렴하게 만들었고, 따라서 그 효과가 긍정적임을 말해 준다. 그리고 정보가 시장에 더 쉽게 반영되기 때문에 가격은 더 정확해졌을 것이다. 시장에 대한 한 연구는 다음과 같이 결론을 내렸다. "알고리즘 트레이딩은 유동성을 향상시켰고 주가의 정보성이 강화되었다."[7]

이것은 기술과 이익 추구가 세상을 더 낫게 만든 행복한 이야기이며 마치 보이지 않는 손에 대한 화려한 홍보물처럼 보인다. 단지 이걸로 이야기가 끝나지 않는다는 점을 빼면 말이다. 이제 이 단어를 꺼내는 것에 익숙해졌을 것이다. 즉 안정성 말이다.

2010년 5월 6일 미국에서의 플래쉬 크래쉬 급락은 오후 2시 32분, 워델 앤드 리드가 E-mini 선물을 대량으로 팔면서 시작되었고 13분 27초 동안 지속되었다. 2시 45분 27초, 쏟아지는 주문은 E-mini의 가격을 1초 만에 1.3퍼센트 더 하락시켰다. 이것은 CMR 글로벡스가 관리하는 전자 매매 시스템의 서킷 브레이커를 작동시켰고 모든 거래기 5초간 중지되었다. 2시 45분 33초에 거래가 재개되었을 때 E-mini 가격이 5초간 불규칙적으로 움직였고 2시 45분 38초에는 다시 오르기 시작했다. 이때가 매카시의 중개인이 운명적인 거래를 시작하기 몇 초 전이었다. 21분 후인 3시 6분, 시장은 크래쉬가 있기 전의 상태로 다시 돌아왔다.[8]

서킷 브레이커가 작동하지 않았다면 무슨 일이 일어났을지 아무도 알지 못한다. 또 이 플래쉬 크래쉬의 진짜 "원인"이 무엇인지도 역시 아무도 알지 못한다. 이 사건에 대한 정부의 최종 보고서는 어떤 주문 실수도 없었으며, 어떤 "불법 알고리즘"의 악랄한 행위도, 시장을 조작하려는 음모도 없었다고 밝혔다. 또한 주식 시장 인프라 중 주문 결정 시스템이나 데이터 시스템 등의 다른 어떤 요소들의 고장도 아니라고 밝혔다. 시스템은 그저 일상적으로 움직였을 뿐이다.

그러나 크래쉬 당시 무언가 이상한 일이 일어났다는 것 또한 분명했다. 초단타 매매가 제공하던 놀라운 유동성이 순식간에 사라진 것이다. SEC-CFTC의 최종 보고서[9]는 플래쉬 크래쉬 당시의 자료에서 다음과 같은 원인을 찾았다. "몇몇 초단타 매매 회사들이 2시 41분에서 44분 사이에 거래를 줄이거나 멈추었다. …… 초단타 매매 회사들은 자신들의 일시적인 매수 포지션을 줄이기 위해 2,000개의 E-mini 계약을 공격적으로 매도했다." 다르게 말하면 시장 조성자는 거래를 성립시키는 것을 포기하고 그 시점까지 그들이 축적한 주식을 대량 매도한 것이다.

투자 회사 TD 아메리카의 고위 임원은 후일 이렇게 말했다. "선물과 주식 양쪽에서, 시장의 유동성이 완벽하게 증발했습니다."[10]

따라서 초단타 매매가 유동성을 제공한다는 사실은 그렇게 명백한 사실은 아닌 것이다. 적어도 플래쉬 크래쉬가 일어났을 때는 확실히 아니다. 이것은 엔진이 뜨거워져 냉각과 윤활이 모두 필요한, 곧 엔진 오일이 가장 필요할 때, 마침 엔진 오일이 다 증발해버린 것과 같다. 이 초단타 매매의 "실망스런 행동"은 단지 플래쉬 크래쉬 사건의 특이성 때문만은 아닌, 보다 일반적으로 보이는 현상이며, 따라서 초단타 매매가 금융이라는 바퀴에 뿌려진 윤활유라는, 이 감동적인 이야기에는 다소간의 오류가 있는 셈이다. 윤활유는 종종 사라지며, 바로 그것이 초단타 매매의 참 모습이다.

강의 범람이 가진 위험의 특징

1906년 영국의 젊은 공무원 해롤드 에드윈 허스트(Harold Edwin Hurst, 1880~1978년)는 당시 영국이 지배하던 이집트의 카이로로 부임했다. 허스트의 업무는 매년 예측하기 어렵기로 악명 높았던 나일 강의 범람 규모를 잘 예측하는 것이었다. 지난 800년간의 범람 기록이 있었지만 기술자들이 만든 댐은 수십 년 안에 누구도 예측하지 못했던 큰 규모의 홍수에 의해 무너지는 것처럼 보였다. 허스트는 그 이유를 발견했다. 강의 흐름은 장기 기억을 가지고 있으며, 나일 강의 경우 이것이 특히 심했던 것이다. 홍수는 임의의 해에 발생하기 보다는 연속으로 발생하는 경향이 있었다.

허스트는 이 자료들을 새롭게 분석할 수 있는 기발한 방법을 생각해 냈다. 먼저 그는 평균 수량의 변화를 그래프로 그렸고 그 결과 위아래로 일정치 않게 오르내리는 그래프가 그려졌다. 그리고 이 그래프 위에 폭을 변화시킬 수 있는 윈도우를 생각했다. 즉 윈도우의 폭에 따라 그 윈도우 안에 포함되는 데이터의 양은 변할 것이다. 이 윈도우 안에 포함된 수량들 중 최고 수량과 최저 수량의 차를 R이라고 하자. 윈도우의 폭 T를 바꿔 가며 R의 변화를 관찰할 경우, T가 커질

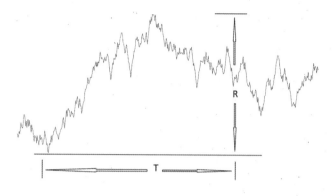

그림 9 영국의 수문학자 허스트가 만든 이 값은 통계적 기법을 이용해 시계열 데이터의 변동 특징을 찾을 수 있다. 이 기법은 주어진 시간 간격 T 안에서 최고치와 최소치의 차이 R이 있을 때, 이 R이 T에 대해 어느 정도로 증가하는지를 보는 것이다. 표준 랜덤워크는 R이 T의 제곱근에 비례하며, 이것을 이용해 시계열 데이터가 표준 랜덤워크보다 더 빠르게, 혹은 더 느리게 변화하는지를 알 수 있다.

수록 R도 커진다는 것을 알 수 있다.

허스트의 아이디어는 강우량, 온도, 습도, 또는 어떤 측정 가능한 임의의 불규칙적인 신호에 대해서도 그 신호가 방황하는 정도를 측정하는 데 사용될 수 있었다. 신호의 요동이 완전히 랜덤일 경우 R는 T의 제곱근, 곧 $T^{1/2}$에 비례해서 증가했다. 허스트는 나일 강의 경우 신호의 요동이 더 강하게 나타난다는 것을 발견했고, R는 T의 제곱근이 아닌 $T^{0.7}$에 비례했으며, 곧 더 빠르게 증가했다. (이 T의 지수, 곧 시간 간격 T와 차이 R의 관계를 나타내는 숫자를 H라고 하자. 즉 나일 강의 H값은 0.7이다.) 이것은 나일 강 평균 수량의 요동이 같은 방향으로 일어날 확률이 더 크다는 사실을 의미하며 그 값이 0에서 더 빨리 멀어짐을 의미한다. 그리고 짧은 시간 단위에서 본 시장의 움직임에서도 나일 강과 같은 특성이 나타난다는 사실이 밝혀졌다.

2010년 물리학자 레지널드 스미스(Reginald Smith)는 2005년을 전후한 시기에 짧은 시간 단위에서 보았을 때 주식의 움직임이 0.5보다 큰 H를 가진다는 것을 보였다.[11] 그의 자료는 2002년에서 2009년까지 H값이 0.5에서 0.6으로, 물론 다소간의 요동을 가지고, 증가했다는 것을 보여 준다. 이것은 짧은 시간 단위에서 시장의 움직임이 점점 급격해졌음을 의미한다.

이것은 놀라운 일이 아니다. 이는 단지 시장이 몇 시간, 며칠, 몇 주 단위로 보여 주던 간헐적인 변동성의 폭발이 몇 분이라는 짧은 시간 동안에도 일어나기 시작했다는 것을 보여 준다. 이런 늘어난 변동성과 시장의 작동 속도를 볼 때 초단타 시장 조성자들이 시장을 조절할 능력을 서서히 잃어 갔고, 따라서 더 조심스럽게 바뀌어 갔다고 추측하는 것은 매우 자연스러운 일이다.

매도-매수 스프레드는 시장 조성자가 자신의 이익을 위해 얼마를 요구해야 하는지를 반영한다는 것을 기억하라. 이것을 시장 조성자가 되는 데 따르는 자연적인 위험을 보상받기 위해 필요한 일종의 보험금으로 생각해도 된다. 보험료는 위험이 증가하면 오르게 되며 위험들은 짧은 시간 간격 동안 가격 변화가 심해질수록 올라간다. GETCO와 다른 시장 조성자들은 매카시와 같은 곤경을 겪고 싶지 않았다. 시장의 변동성이 커질수록 그들이 주식을 다른 이에게 팔기 전에 주가가 급락할 가능성이 커질 것이다. 가격이 급격하게 변하는 동안 초단타 시장 조성자들은 종종 예상하지 못한 손해를 입었고 그 결과 더 많은 수수료를 요구했다.

따라서 가격이 날뛰는 시장에서 시장 조성자가 매도-매수 스프레드를 늘리는 것, 그리고 때로는 과할 정도로 늘리는 것은 매우 자연스러운 일이다. 초단타 매매에는 위험이 따르며 불안한 시장에서 거래를 성립시키는 일은 "유독하다"라고 할 수 있을 것이다. 따라서 알고리즘 디자이너들이 그들의 프로그램을 조심성 있게 만들며 심지어 상황이 너무 위험하게 돌아갈 때 거래를 거절하면서 유동성을 줄이고 업무를 중단하게 만드는 것도 이해할 수 있다. 물론 알고리즘은 1 마이크로초 안에 시장을 떠날 수 있다.

여기서 중요한 점은 잔잔한 시기에는 초단타 매매가 매도-매수 스프레드를 줄일지 모르지만 폭풍이 몰아칠 때는 그 반대로 작동한다는 점이다. 영국 은행의 금융 안정 책임자인 앤드루 홀데인(Andrew Haldane, 1967년~)은 2011년 다음과 같이 연설했다.

초단타 매매는 시장의 긴장을 완화시키는 것이 아니라 더 증폭시키는 것으로 보입니다. 평화로운 시기에 매도-매수 스프레드를 현격하게 낮추는 초단타 매매 유동성은 어쩌면 환상일지 모릅니다. …… 플래쉬 크래쉬 동안 매도-매수 스프레드는 그저 커지는 정도가 아니라 아예 풍선처럼 부풀어 올랐습니다. 유동성은 사라졌습니다. 알고리즘들은 자동으로 움직이고 있었습니다. …… 가격들은 정보의 비효율을 나타내는 정도가 아니라, 아예 아무런 정보가 없는 값들 사이를 옮겨 다녔습니다.[12]

만약 홀데인의 해석이 옳다면 오늘날 시장의 핵심에는 잠재적으로 폭발의 위험성이 있는 양의 되먹임이 매우 짧은 시간 단위로 작동하고 있다는 뜻이다. 시장은 부드럽게 움직이기 위해 유동성을 필요로 하며 특히 스트레스를 받는 상황에서 유동성은 더욱 중요하다. 그러나 단 수 밀리초의 스트레스가 시장 조성자의 알고리즘을 시장에서 떠나게 만들 수 있다. 더 많은 변동성은 더 적은 유동성을 의미하며 이것은 다시 더 많은 변동성과 더 적은 유동성을 연이어 부르게 된다. 원칙적으로 이런 되먹임은 어느 순간에나 시작될 수 있다.

실제로 이런 일은 오늘날 하루에 약 10번 정도 일어나는 것으로 보인다.

스파이크와 프랙쳐

어떤 동적 체계에서건 큰 사건이 일어났을 때는 그 일이 왜 일어났는지를 설명하는 단서와 증거를 찾는 사후 조사가 중요하다. 이 사후 조사를 통해 여러 가지를 배울 수 있음에도, 대체로 이것들은 전체 이야기의 일부분일 뿐이다. 때로는 아무런 사건이 존재하지 않을 때의 자료들을 살펴봄으로써 우리는 위기가 발생하게 되는 근본적인 원리에 대한 더 깊은 이해를 얻을 수 있다. 만약 우리가 지진이 일어난 후의 지각만을 관찰했다면 우리는 건물이 무너지고 보도가 갈라질 때를 제외하고는 지각이 움직이지 않는다고 생각했을지 모른다. 지구 물리학자들은 매우 민감한 지진계를 들여다봄으로써 인간의 감각으로는 느낄 수 없을 정도로 약한 매우 작은 지진 또는 미세 균열이 언제나 끊임없이 일어나고 있음을 발견할 수 있었다.

물리학자 닐 프레이저 존슨(Neil Fraser Johnson, 1961년~)은 플래쉬 크래쉬와 그보다 작은 규모로 일어나는, 서로 영향을 주는 많은 연속된 사건들의 수수께끼를 풀고자 위의 지질학자들과 같은 방법으로 시장을 들여다보기로 했다. 그와 시장 데이터 회사 나넥스의 CEO인 에릭 헌세이더(Eric Hunsader)를 포함한 몇몇은 나넥스의 데이터베이스를 조사해 지난 5년간 발생한 특이한 사건들에서 일어난 주식의 움직임을 자세히 관찰했다.[13] 그리고 이 시도는 그럴 만한 가치가 있었다. 그들은 1.5초 또는 그 이하의 시간 동안 최소 10번 이상의 상승과 하강이 이어지며 0.8퍼센트 이상의 가격 변화가 있었던 1만 8000번의 사건을 찾았다. 0.8퍼센트는 크지 않은 값으로 들릴지 모르나, 연구자들이 "프랙쳐(frectures)"와 "스파이크(spikes)"로 부르는 이들 소형 폭락과 소형 급등이, 인간에게는 순간적으로 일어나는 것과 마찬가지인 0.1초 이하의 시간에 일어났다는 것을 알아야 한다. 만약 그런 변화가 10초간 한 방향으로 계속된다면 그 주식은 곧 휴지 조각이 되는 것이다.

이들의 데이터는 이런 일들이 하루에 거의 10번 정도씩 일어났음을 알려 준다. 전형적인 스파이크와 프랙쳐가 옆의 그림에 나타나 있으며 이것은 이 현상들이 얼마나 급격하게 일어나는지를 보여 준다. 즉 순간적으로 시장에는 불꽃이 튀는 것이다.

이러한 불꽃들도 물론 SEC가 플래쉬 크래쉬 사태를 "설명"했던 것과 같이, 어떤 거래가 이들 작은 사건을 만들었는지를 구체적인 순서와 함께 이야기를 구성해 "설명"할 수 있다.

그러나 시장의 모든 사건은 어차피 그것이 특이한 것이든 정상적인 것이든 어떤 거래에 따라 만들어지는 것이 당연하며, 더 중요한 문제는 왜 시장에 이런 사건들이 더 자주 출몰하게 되었느냐일 것이다.

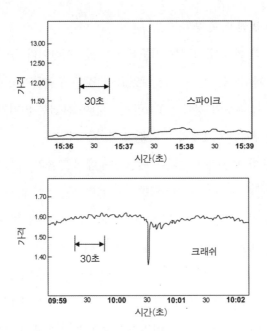

그림 10 이 그림은 시장에 나타난 매우 빠른 "블랙 스완" 사건의 2가지 예이다. 위쪽의 스파이크는 2010년 10월 1일 슈퍼 마이크로 컴퓨터(Super Micro Computer) 사의 주식이다. 이날 이 주식은 25밀리초 동안 31번 연속 상승해 26퍼센트가 올랐다. 아래쪽의 크래쉬는 2009년 11월 4일 Ambac 파이낸셜 그룹의 주식으로 역시 25밀리초 동안 12번 연속 하락해 14퍼센트가 떨어졌다. (그림 제공: 닐 존슨(Neil Johnson))

존슨과 그의 동료들은 그 원인을 찾기 위해 이것들을 시간을 기준으로 나누었다. 이 스파이크와 프랙쳐는 1초 이하의 매우 짧은 시간 동안의 시장 움직임을 나타낸다. 누군가는 이런 작은 규모의 크래쉬가 큰 크래쉬와 단지 크기만 다를 것이라고 생각할지 모르겠지만 이것은 사실이 아니다. 시간 간격을 달리하며 시장의 커다란 움직임을 관찰한 결과 1초 이상의 사건들은 지금까지 우리가 본 것처럼 시장에서 흔히 나타나는 두툼한 꼬리 분포를 보인 반면, 1초 이하의 이벤트들은 "훨씬 더 두툼한" 꼬리 분포, 곧 블랙 스완 같은 격변이 일어나는 경향이 훨씬 더 강했다.

두 종류의 현상이 나뉘는 기준은 1초라는 시간이다. 두 현상의 크래쉬와 스파이크는 매우 달라 보였고, 이것은 무엇인가 근본적인 것이 바뀌었기 때문일 것이다. 1초라는 시간에 특별한 의미가 있을까? 사실 인간에게는 이 1초라는 기준이 의미를 가진다.

예를 들어 자동차 운전자에 대한 연구에서 그들의 시각과 청각 자극이 "인식"되는 데는 약 200밀리초가 걸린다는 것이 밝혀졌다. 그러나 상황을 인식하고 "저 !!%&!&%가 나를 받을 뻔 했어!" 같은 반응을 보이는 데는 약 1초가 걸린다. 길을 건너는 강아지를 발견하고 브레이크를 밟을 때까지 걸리는 시간은 얼마일까? 여기에도 역시 약 1초가 걸린다. 전문가들은 자신들의 전문 영역에서 이와 비슷한 한계를 가지고 있다. 체스 그랜드 마스터들 역시 복잡한 체스 판에서 자신이 체크 메이트(외통수)에 걸렸다는 사실을 아는 데 약 3분의 2초가 걸린다.

다르게 말하면 누구도 어떤 사건에 대해, 특히 충분한 복잡성을 가진 결정을 내리는 데 1초보다 훨씬 빠르게 반응할 수는 없다는 뜻이다.[14] 우연일까? 아니라고 본다. 이런 사실들을 위기 상황에서 유동성이 증발하는 경향과 같이 생각해 보면 1초보다 짧은 시간에 시장에서 일어나는 일들은 곧 인간의 판단이 아닌 알고리즘에 따라 일어나는 일이며, 그러므로 1초라는 시간은 시장의 성격이 근본적으로 전환되는 시간일 수 있다. 즉 1초보다 짧은 시간에 발생하는 임의의 큰 요동은 초단타 알고리즘이 유동성을 줄이게 만들고, 따라서 가격을 한 방향으로 급격하게 이동시키는 스파이크나 프랙쳐를 만들 가능성이 있다.

이 마지막 생각은 아직은 이론에 불과하지만 존슨과 그의 동료들은 이 "기계 지배 상황(machine dominated phase)"으로의 전환이 매우 짧은 시간에 일어난다는 다른 증거를 보였다. 내가 6장에서 보인 것처럼 소수자 게임에 기반을 둔 간단한 시장 모델에 대한 수학적 연구는 시장의 기본적인 동역학에 영향을 주는 가장 근본적인 원인 중의 하나가 시장이 얼마나 "붐비는가(crowded)"라는, 즉 전략의 밀집도임을 보였고, 이 밀집도는 가능한 전략의 수와 이 전략들을 실시하는 투자자의 수에 따라 결정된다는 것 역시 보였다. 만약 시장의 참여자들이 충분히 다양한 종류의 거래 전략을 사용한다면 시장은 붐비지 않는다. 이것은 모든 생명체들이 자신만의 영역에서 상대적으로 충분한 음식을 가지고 여유 있게 살아가는 세계에 비할 수 있다. 참여자들은 다른 시간 단위에서 전략을 고려한다든지, 미래에 대해 다른 관점을 가진다든지 하는 자신만의 방식으로 이익을 낼 수 있다.

존슨이 지적한 것처럼 실제 시장은 매우 불규칙한 시장의 요동과 두툼한 꼬리를 가졌지만 아직은 위에서 설명한 것과 같은 붐비는 상태는 아닌 것으로 보인다.

그러나 만약 시장이 과밀집되기 시작하면, 즉 많은 투자자들이 적은 數의 기회를 쫓으며 매우 유사한 전략을 사용하면, 시장이 연속성은 쉽게 깨진다. 이 영역에서는 시장은 "글리치" 또는 "프랙쳐"라는, 1초보다 짧은 시장에서 보이는 급격한 가격 상승과 하락 상태가 일어나기 쉬워진다. 뒤의 그림은 시장이 붐비는 상태(왼쪽)에 있을 때의 가격 변화와 붐비지 않는 상태(오른쪽)의 부드러운 가격 움직임을 보여 준다.

시장 동역학이 1초보다 짧은 시간에서 이런 붐비는 상태가 된다고 생각할 수 있는 충분한 이유들이 있다. 초단타 알고리즘은 본질적으로 속도 경쟁이라는 측면을 가지고 있으며, 따라서 너무 많은 정보를 이용해 오랫동안 분석할 수 없고 이것은 전략이 상대적으로 간단해야 한다는 것을 의미한다. 만약 우리가 어떤 정교한 수학을 이용한 알고리즘으로 가격을 예측할 수 있게 되었고, 이것을 계산하는 데 단 50밀리초밖에 걸리지 않는다고 하자. 그러나 누군가는 우리와 비슷한, 그러나 더 쉬운 수학을 이용하고 덜 정확한 "약식" 알고리즘으로 5밀리초 만에 계산을 마칠 수 있을지 모른다. 즉 그들은 우리가 1번의 거래를 할 동안 10번의 거래를 하게 되는 것이다.

이것은 쉽게 적용할 수 있는 전략이 승리하는 것을 의미하며, 곧 빠른 것이 좋은 것이 된다. 그리고 6장에서 보았듯이 명백하게 좋은 전략은 곧 그 전략을 누구나 사용하게 되는 순간 아주 나쁜 전략이 된다. 이런 기회들을 쫓는 투자자들이 상당히 많다는 것을 고려하면, 과밀집이 일어나는 것은 당연하며 따라서 시장은 프랙처가 일어나는 시장으로 바뀌게 된다.

이것은 간단한 적응 시장 모델에서 어떻게 뻔하지 않은 통찰이 나올 수 있는지를 보여 주는 아름다운 예다. 효율적 평형 관점의 시장에서는 이와 비슷한 어떤 통찰도 얻어 낼 수 없다. 거래 속도가 비인간적인 짧은 시간대로 옮겨 갈수록 블랙 스완이 일어나는 비율은 급격히 증가할 것이라는 점이 충분히 예측된다. 이것은 거래가 인간의 의식적인 의사 결정과 무관해지면서 일어나는 자연적인 결과다. 어쩌면

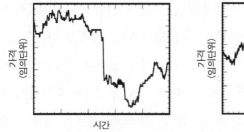
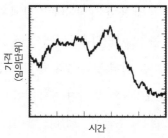

그림 11 소수자 게임에 기반을 둔 시장에서 붐비는 상황에서 붐비지 않는 상황으로 바뀔 때의 가격 움직임의 변화. 그림은 붐비는 상태(왼쪽)와 붐비지 않는 상태(오른쪽)에서의 전형적인 가격 움직임을 보여준다. 변수 η는 시장 참여자의 수와 가능한 전략의 수의 비율을 나타낸다. 즉 η가 1보다 작다면 참여자의 수가 더 많고 이는 전략 공간에서 이들이 밀집되었음을 의미한다. 그 결과 왼쪽 그림과 같은 가격의 급격한 변화가 종종 나타난다. η가 1보다 커질 경우 전략의 수는 참여자의 수보다 많고, 따라서 이들은 붐비지 않게 된다. 이때는 급격한 가격의 변화는 드물게 일어난다. (그림 제공: 닐 존슨(Neil Johnson))

이런 작은 불꽃들은 항상 사그라지며 절대로 큰 위기를 촉발하지는 않을 수 있다. 혹은 그 반대로, 큰 위기를 촉발하게 될 수도 있으며, 우리는 아직 이것을 알지 못한다. 이것을 결정하는 것은 알고리즘과 인간이 시장에서 반응하는 방식의 미묘한 차이이며, 우리는 여기에 대해 거의 아무것도 알고 있지 못한 상태이다.

플래쉬 크래쉬의 이면: 까다로운 금융

이런 관점에서 볼 때 플래쉬 크래쉬는 더 이상 이해하기 힘든 사건이 아니다. 이것이 우리에게 매우 큰 충격을 안겨 준 사건임에는 분명하고 이 사건의 모든 전말이 아직 다 밝혀지지 않은 것은 사실이지만 시장의 "미세 구조", 곧 거래가 일어나는 실제 과정이 오늘날 얼마나 빠르게 진화하고 있는지를 생각해 본다면, 충분히 예상할 수 있는 결과인 것 또한 사실이다. 시장에 대한 이미지로 대형 투자 은행에서 일하는 잘 차려입은 금융인들이 큰 규모의 거래를 위해 노력하는 그런 그림은 이제 잊는 것이 좋다. 오늘날 "시장"은 은행과 헤지펀드, 그리고 개인들의 복잡한 생태계이며 이들의 속도는 컴퓨터 회사들이 공급하는 거래 시스템 하드웨어와 알고리즘 소프트웨어로 점점 더 빨라지고 있다. 거래는 서로 경쟁하는 수많은 소규모 트레이딩 모임들이 컴퓨터로 하여금 데이터를 처리하고 전자 거래가 이루어지는 서버에 주문을 넣는 일이 되었다.

그리고 과거의 시장이 이미 양의 되먹임으로 가득했다면 초단타 매매는 이것을 더욱 폭발적으로 만들었다. 하루에 주가가 최고 3~4퍼센트가 바뀌는 일은 주식 시장의 역사 어느 때보다도 오늘날 빈번하게 일어난다. 2000년 이후 하루에 주가가 4퍼센트 이상 바뀐 일은 40년 전에 비해 6배 이상 흔한 일이 되었다.[15]

SEC와 CFTC의 플래쉬 크래쉬에 대한 공동 최종 보고서가 사건의 원인을 워델 앤드 리드 사에 의한 E-mini 선물의 대량 매도에 있다고 밝혔을 때, 여러 신문과 잡지는 "사건 해결, 완료"라는 뉘앙스로 이 내용을 보고했다. 자신의 회사 나넥스에서 시장의 데이터 사이를 헤엄치던 헌세이더는 뭔가 잘못되었다고 생각했다. 워델 앤드 리드 사의 E-mini 거래는 E-mini의 하루 거래량의 1퍼센트가 약간 넘는 정도에 불과했다. 그렇게 적은 양의 거래가 정말 그런 큰 사건을 일으킬 수 있을까? 워델 앤드 리드 사의 모든 거래 기록을 직접 살펴본 후 헌세이더는 최종 보고서의 이야기에 큰 구멍이 있다고 주장했다. 그는 위기를 만든 원인을 시장 외부의 충격으로 돌리는 것이 시장의 본질적인 안정성과 시장은 평형을 스스로 유지한다는 믿음을 지키는 데는 도움이 될지 모르나 데이터는 이런 믿음을 전혀 지지하지 않는다고 말했다.

그는 두 가지 근본적인 모순을 지적했다. 첫 번째 모순은 워델 앤드 리드가 매우 조심스러운 방식(정확히는 시장에 주는 충격을 최소화하는 방식)으로 매매를 시도했다는 사실이다. 그들은 사건이 있었던 그날에도 "제한된 수량"을, 고정된 가격에, 매수자가 나타나기만 기다리는 가장 수동적인 매매 방식으로 주식을 팔았다. 그는 이런 방식의 매도가 시장에 유동성을 공급할 뿐만 아니라 가격에 거의 영향을 끼치지 않는다고 말했다. 사실 이 방식은 매도에 따른 가격 하락을 최소화하고 따라서 매도자가 가장 손해를 덜 볼 수 있도록 고안된 매도 방식이다. 두 번째 모순은 거래 데이터가 급격하게 변하고 E-mini의 가격이 수직 낙하하는 본격적인 플래쉬 크래쉬가 시작된 것은 정확히 오후 2시 42분 44초였다는 것이다. 그러나 워델 앤드 리드 사는 이 순간 별다른 변화 없이 정상적인 매도를 진행하고 있었다. 단지 이 순간 다른 중개인들이 갑자기 공격적으로, 가격에 대한 고려 없이 매도를 시작했다. 이들은 수동적으로 제한된 수량만큼 매수자를 기다리는 매도 주문을 내지 않았고, 수천 건의 계약을 가격에 무관하게 모든 매수자에게, 스위 시장가 주문이라고 불리는 방식으로 팔았다

이 공격적인 매도를 시작한 이들은 그 시점에서 시장에서 발을 빼려는 초단타 매매자로 보인다. 그 결정적인 순간, 누군가의 알고리즘이 치고 들어왔고 초고속으로 매도를 시작했다. 헌세이더는 이 매도가 다른 초단타 매매자들에게 연쇄 반응을 일으켰을 것이라고 생각

한다. 시장 조성자의 알고리즘은 그들이 살 수 있는 한도를 넘길 때까지 매수했다가 자신의 매수 가격을 포기하고 이것을 살 수 있는 누구에게든지 팔았으며, 이들 중 대부분은 다른 초단타 매매 알고리즘이었고, 이들도 같은 일을 반복했다. 그 후 회사들은 시장을 모두 같이 탈출했으며, 크래쉬는 계속되었다. 오후 2시 45분 13초에서 27초까지 초단타 매매자는 2만 7000건의 계약을 체결했는데 이것은 전체 거래량의 거의 절반에 해당하는 양이다. 그 동안 이 사태의 원인으로 추정되는 워델 앤드 리드 사는 그날의 다른 어느 순간과 마찬가지로 단 몇 개의 계약을 팔고 있었을 뿐이다.

헌세이더는 데이터에서 플래쉬 크래쉬의 원인이 전적으로 다른 무엇이라는 것을 발견했다.

워델 앤드 리드 사의 거래는 그 사태의 원인도 아니었고 방아쇠도 아니었다. (그들의) 알고리즘은 시장에 영향을 주지 않는 조심스러운 것이었고, 당시에 매우 잘 작동하고 있었다. …… 그러나 그 계약을 매수한 이들은, 다시 자신들이 그 계약을 매도할 때, 그렇게 조심스럽지 못했다. 자신들의 매도가 시장에 영향을 주지 않도록 조심하기보다는 오히려 그 반대로 행동했다. 그들은 2,000개 이상의 계약을 가능한 한 빨리 팔아치움으로써 시장에 커다란 충격을 주었다. ……

첫 번째 큰 규모의 E-mimi 매도는 약 오후 2시 42분 44초 75에 일어났으며 폭발적인 주문과 거래를 가져왔다. …… 모든 것은 이로부터 (시카고에서 뉴욕까지 정보가 전달되는 시간인) 약 20밀리초 사이에 일어났다. 이 시장의 급변은 거의 즉시 잠잠해졌고, 시스템들은 이 정보를 처리하기 위해 잠시 시간을 보냈다. 그러나 첫 번째 사건의 충격에서 시스템이 회복되기에는 충분하지 못한 시간인 단 4초 후, 2번(오후 2시 42분 48초 250과 오후 2시 42분 50초 475)의 큰 매도가 더 발생했다. 이것이 플래쉬 크래쉬로 알려진, 기형적 매도의 시작이었다.[16]

나는 헌세이더가 완전히 옳고 SEC-CFTC가 완전히 틀렸다고 생각하지는 않는다. 다른 이들이 지적한 것처럼, 수동적인 제한 주문에서도 그 규모가 충분히 크다면 알고리즘이 그 존재를 파악하고 시장에 반응하게 됨으로써 가격에 압력을 가할 수 있다. 어떤 경우이든 워델 앤드 리드의 그날의 매도가 예외적으로 많은 양이 아니었다는 사실과, 크래쉬가 악화된 데는 시장의 다른 이들의 행동이 보다 직접적으로 영향을 끼쳤다는 사실은 분명하다. 그 사건은 그렇게 자주 일어나는 종류의 것은 아니라 하더라도, 지금 이 순간에도 언제든지 일어날 수 있는, 그러한 완벽하게 정상적인 사건으로 보인다. 초단타 매매자들은 당시 시장에 주어진 스트레스에 대응해, 모두 동시에 시장을 빠져나가려 했고 결과적으로 강력한 되먹임 효과를 만들었으며, 이런 조건에서 공황 상태는 매우 쉽게 만들어진다. 힌덴부르크 사건처럼 설사 이것을 시작한 것은 몇몇 특정한 불꽃이었다 할지라도, 궁극적인 원인은 바로 폭발이 일어나기 쉬운 그 조건인 것이다. 그리고 바로 그런 이유로, 우리는 플래쉬 크래쉬가 또 일어날지 모른다는 것을 알아야 한다.

그리고 당연히 더욱 심각한 사건도 일어날 수 있다. 컴퓨터 과학자 클리프와 린다 노스롭(Linda Northrop)이 쓴 영국 정부를 위한 보고서[17]에 따르면, 초단타 매매의 위험 분석 결과는 실로 우리가 그동안 운이 좋았다는 것을 알 수 있다.

> 진짜 악몽은 크래쉬로 지수가 600포인트 하락하고 1조 달러(약 1,035조 원)가 증발하는 일이 시장이 종료되기 직전에 일어남으로써 원래의 가격으로 회복하기 전에 시장이 종료되는 것이다. 지난 5월 6일, 장 종료 15분 전 뉴욕 시장이 사상 최악의 일일 주가 하락을 겪었다고 해 보자. …… 도쿄의 중개인들이 할 수 있는 단 하나의 이성적인 행동은 오직 매도 주문을 내는 것뿐이다. 도쿄 역시 사상 최악의 일일 주가 하락을 경험할 확률이 높다. 5월 7일 아침의 파리와 런던 주식 시장에도 전례 없는 매도 주문이 쏟아질 것이며 뉴욕과 도쿄를 거쳐 유럽 시장도 주가의 하락이 몰아칠 것이다. …… 우리가 이런 악몽을 경험하지 않을 수 있었던 이유는 단지 운이 좋았기 때문이다. 간단히 말해 2010년 5월 6일 전 세계의 경제 시스템은 총알을 가까스로 피한 것이다.

우리는 서킷 브레이커가 원래의 목적대로 잘 작동했다는 데 감사할 수 있다. 그 5초의 시간은 모든 알고리즘이 사태를 파악하기에 충분한 시간이다. 그러나 이런 일들이 다시 일어날 수 있다는 것을 분명히 알아야 한다. 플래쉬 크래쉬는 선물과 주식 단 두 종류의 시장에서 발발했다. 지금 초단타 매매자들은 그들의 사업을 모든 종류의 시장으로 확장했고 훨씬 더 복잡한 관계의 그물망을 만들었다.

지구 혼돈 회사

2011년 6월 8일, 한 악성 알고리즘은 천연가스 선물의 가격이 몇 분 동안 특이하게 오르내리도록 만들었다.[18] 이 기묘한 가격의 움직임은 곧 크래쉬를 불러왔으며 사람들은 어떤 종류의 시장 조작이 행해지고 있다고 생각했다. 범죄, 사기, 남용은 여러 주체들이 상호 작용하며 서로 적응하는 어떤 시스템에서도 발생하며, 이것은 그 주체들이 인간이 아니더라도 마찬가지다. 심지어 박테리아 군집에서도 생산에 참여하지 않으면서 공동으로 생산한 자원을 소비함으로써 불공정한 이득을 취하는 사기꾼은 존재한다.

그러나 우리가 겪는 재난의 대부분은 누군가의 악한 의도 때문에 일어난 일이 아니다. 우리가 좋은 의도로 시도하던 변화들은 우리도 모르는 사이에 재난이 일어나기 쉬운 조건들을 만들고 있었던 것이다. 금융 거래 소프트웨어를 만드는 주요 회사 중의 하나인 프로그레스 소프트웨어의 컴퓨터 과학자 존 베이츠(John Bates)의 말을 들으면 우리는 다음에 어떤 문제가 발생할 수 있는지에 대한 내부자의 의견을 알 수 있다. 우리는 플래쉬 크래쉬를 겪었고 시장은 미지의 위험한 소규모 프랙쳐 사건들을 끊임없이 겪으며 불안한 안정 상태를 유지하고 있다. 시장 내부에서 어떤 일이 구체적으로 일어나고 있는지를 들여다보지 않는 것은 운전 중에 들리는 삐걱거리는 소리가 기적적으로 저절로 사라지기를 바라며 헛된 희망을 가지고 계속 운전을 하는 것과 같다. 베이츠는 플래쉬 크래쉬보다 더 나쁘고 더 큰 영향을 끼칠 사건이 일어날 가능성은 매우 크다고 말한다.

그가 지적한 것처럼, 사상 유례가 없는 속도와 더 정교해진 기술을 제외하더라도, 초단타 금융은 주식과 선물을 넘어 피생 상품, 원자재, 외환, 에너지 및 다른 종류의 자산들까지 공격적으로 영역을 확장하고 있다. 그는 그 결과로 다음 번 커다란 플래쉬 크래쉬는 단순한 플래쉬 크래쉬가 아닌 "자산의 경계를 넘는" 사건이 될 것이며 이 "스플래쉬 크래쉬"를 "하나의 크래쉬가 다른 자산으로 도미노처럼 퍼져나가면서 시장의 참여자들과 규제자들에게 혼란을 일으키게 될 것이다."[19]라고 설명했다.

이 사태를 상상하는 것은 어렵지 않다. 엑손과 같은 정유 회사의 주식은 엑손의 사업장이 있는 국가의 환율 못지않게 미국의 금리와 미국 달러의 가치에 영향을 받는다. 또한 기름의 가격과 정치적 사건의 영향 역시 받는다. 자동 매매 프로그램은 이러한 정보들로부터 매매를 시도하는 인공 지능 알고리즘을 이미 사용하기 시작했다. 대형 은행이나 헤지펀드가 사용하는 이런 알고리즘이 비정상적인 행동을 하게 된다면, 이것은 2010년 5월 6일 초단타 시장 조성자들이 일으킨 것처럼 어떤 대형 사건의 방아쇠가 될 수 있으며, 그 결과 정유 회사의 주식과 파생 상품, 에너지 선물에 이르는 모든 상품에 대규모 자동 매도 주문이 쏟아지는 것과 같은 대형 사건을 만들어 낼 수도 있는 것이다. 그 결과는 절대 괜찮을 수 없다. "대혼란이 벌어질 것이다. 매매 시스템의 제한된 대역폭에 쏟아지는 주문들과 환전 시도는 시스템을 멈추게 만들 것이며 (이것은 모든 관계된 자산들로 확대될 것이다.) …… 우리는 이것을 막는 제도를 만드는 것을 진지하게 고려하고 있지 않고, 따라서 나는 이런 극도의 위험한 일이 일어날 가능성이 있다고 생각한다."

베이츠의 두려움은 네트워크 공학의 원칙과 일치한다. 우리가 지난 챕터에서 본 것처럼, 더 많은 연결은 평소에는 유용하지만 위기 상황에서는 더 사태를 악화시킬 수 있다. 다시금 우리는 효율성이냐 안정성이냐의 문제로 돌아오게 된다. 예를 들어 전력망은 다양한 작은 규모의 발전소를 효율적으로 사용하기 위해 "분산된 네트워크"라는 분산된 구조를 가진다. (그 반대의 경우라면, 미국의 지리적 중심부에 거대한 발전소 군집이 있어 모든 미국인들이 사용할 수 있는 전기를 그 한곳에서 생산해 전송하는 것이다.) 이 전력망 시스템에서 에너지는 현재 에너지를 필요로 하지 않는 곳에서, 에너지를 가장 필요한 곳으로 보내게 할 수 있다. 그러나 이것은 필연적으로 단전이나 위기 상황이 에너지가 흐르는 것처럼 쉽게 전파될 수 있게 만들며 그 결과는 더 오래 지속될 것이다. 2003년 오하이오의 웃자란 나무들이 전선 하나를 파손시켰을 때 그 여파는 500개 이상의 발전소의 전력을 앗아 갔으며 5,000만 명에게 영향을 끼쳤고 미국 북동부 전역에 거의 만 하루 동안의 정전을 일으켰다.

그리고 서로 다른 종류의 연결들이 다시 연결될 경우, 곧 네트워크의 네트워크가 만들어졌을 때 위기는 더 나빠지거나 적어도 더 잘 퍼지는 것으로 드러났다. 예를 들어 물리학자 스탠리와 그의 동료들은 지난해 한 연구에서 스마트 그리드, 통신 시스템, 금융 회사 등과 같이 서로 다른 종류의 요소들이 섞여 결합되거나 상호 연결되어 있는 "네트워크의 네트워크"와 단순한 요소들만을 가지고 있는 단순한 네트워크에서 각각 붕괴가 어떻게 전파되어 가는지를 관찰했다. 그들은 구성 요소들과 이들의 연결 관계가 더 다양할 때 위기가 더 빠르게 전파될 가능성이 크다는 것을 발견했다. 그런 상호 연결된 네트워크에 대해 그들은 다음과 같은 결론을 내렸다.

한 네트워크의 노드들 중 매우 작은 부분의 실패가 다른 몇몇 독립적인 네트워크들로 이루어진 시스템 전체의 붕괴를 가져올 수 있다. 2003년 9월 28일 이탈리아에서 일어난 정전은 연속된 고장("동시다발적 장비 불량")이 현실에서 극적으로 드러난 예이다. 한 발전소의 운전 정지는 곧 몇몇 인터넷 노드를 마비시켰으며 다시 다른 발전소의 운전 정지를 불러왔다.[20]

다소 추상적인 비유지만 위에서 시스템의 붕괴가 전파되는 과정을 바이러스가 퍼져 나가는 것으로 생각할 수도 있다. 즉 다른 개체들 간에 더 많은 접촉이 있을수록 더 나쁜 뉴스가 퍼져 나갈 기회가 더 많아지는 것이다. 그리고 베이츠가 묘사했던 위기가 더욱 그럴듯해 보이는 것은 세상이 갈수록 더 상호 의존적으로 변해 가기 때문이다. 시장의 위기는 지구 모든 지역의 기업과 산업에 빠르게 전달되며 에너지와 식량 공급, 그리고 통신에 영향을 끼쳐 다시 금융 시장의 추가적인 붕괴를 불러올 수 있다.

분명히 이런 종류의 양의 되먹임과 연쇄 증폭이 만드는 시나리오들을 검증하거나, 이것들을 피하기 위해 시장의 어떤 측면을 관찰해야 하며 시장은 어떻게 조정되어야 하는지에 대한 답을 구하는 데 있어 평형적 사고는 거의 아무런 도움도 되지 않는다는 것을 알아야 한다. 이 문제에 대한 통찰력을 얻기 위해서는 우리는 가능한 양의 되먹임들을 자세하게 이해해야 하며, 또한 이들이 서로 어떻게 상호 작용하는지도 이해해야 한다. 나는 10장에서 이것을 이해하기 위해서는 곧 전체 경제 시스템의 움직임을 포함하는 매우 큰 규모의 컴퓨터 시뮬레이션을 만들어야 한다는 사실을 보일 것이다.

아직까지 이러한 시뮬레이션은 존재하지 않으며, 초단타 매매의 산업은 기술을 만끽하며 평형 경제학의 표현들로부터 위안을 받으면서 무의미한 경쟁을 과거 어느 때보다도 더 심하게 추구하고 있다. 나는 초단타 매매가 나쁘다고 말하려거나 컴퓨터가 등장하기 전의 "좋았던 시절"에는 시장이 더 나았다고 말하려는 것이 절대 아니라는 점을 강조하고 싶다. 그 당시에는 전통적인 시장 조성자는 경쟁을 별로 겪지 않았고 고객들의 거래에 큰 비용을 물었다. 매도-매수 스프레드의 감소로 인한 이득은 실로 존재하며 기술은 매우 좋은 것이 될 수 있다. 그러나 기술을 현명하게 사용하기 위해서는 보이지 않는 손이 모든 것을 해결해 줄 것이라는 맹목적 믿음을 넘어서야만 한다.

기술적 곤경

1986년 당시 5살이던 사루 브라이얼리(Saroo Brierley, 1981년~)는 인도의 시골에서 기차 청소 인을 하는 형과 함께 있다가 형을 잃었다 지친 그는 잠이 들었고 깨어났을 때 형을 찾지 못하고 길을 잃은 상태에서 기차에 올랐고 14시간 후 그는 캘커타의 슬럼가에 도착했다. 브라이얼리는 지구에서 가장 비참한 슬럼가에서 방황하는 집 없는 거지가 되었다.

그는 고아원에 보내진 후 오스트레일리아의 한 부부가 그를 입양했고 태즈메이니아로 건너가 그곳에서 자랐다.

브라이얼리는 자신의 가족이 살던 동네의 이름도 기억할 수 없었다. 그러나 2011년 그는 구글 어스를 발견했고 이것을 이용해 인도의 지역들을 체계적으로 찾기 시작했다. 그는 그가 여행한 시간인 14시간에 인도 기차의 평균 속도를 곱하여 1,200킬로미터라는 거리를 구했다. 그는 캘커타를 중심으로 반경 1,200킬로미터인 원을 그렸고 곧 자신이 찾던 그 이름인 칸드와를 찾았다. "나는 그 지역을 확대한 후 바로 그 마을이 내가 살던 마을이라는 것을 알았습니다. 나는 내가 종종 놀던 폭포를 발견했고, 곧 마을을 찾았습니다."

1년이 채 안 되어 브라이얼리는, 헤어진 지 25년 만에, 어머니를 다시 만나게 되었다.[21]

오늘날 기술은 놀라울 정도로 발전하고 있다. 특히 이 기술의 발전 속도는 많은 이들에게 인류는 언제나 어떤 문제든지 해결할 수 있을 것으로 믿게 만들고 있다. 만약 구글이 없었다면 브라이얼리는 절대로 그의 어머니를 만날 수 없었을 것이다. 그러나 기술은 문제들을 해결하는 것만큼 문제들을 만들어 내며 어떤 인류학자들은 과연 인간은 자신이 세상에 끼치는 영향에 대한 현실적인 감각을 가지고 있는지에 대해 의문을 가지고 있다. 애리조나 대학교의 인류학자 샌더 반 데어 리우(Sander van der Leeuw)는 우리가 생각하는 우리가 세상에 끼치는 영향과 우리가 실제 세상에 끼치는 변화 사이에, 특히 그 변화가 기술에 기인한 것일 때, 근본적인 불일치가 존재한다고 주장한다.

우리가 인간의 환경에 대한 영향을 아무리 조심해서 설계한다 하더라도 그 결과는 절대로 그 의도했던 바와는 같지 않습니다. 이것은 모든 인간이 환경에 끼치는 영향이 그 환경을 인간이 생각할 수 있는 것보다 훨씬 더 많은 방식으로 바꾸게 되기 때문인데, 간단히 말하면 환경이 가진 차원의 수가 인간의 지성이 포착할 수 있는 정도보다 훨씬 더 높기 때문으로 보입니다. …… 우리는 환경을 짧은 시간 동안 바꾸는 것이 아니라 알 수 없는 방법으로 장기간 변하도록 바꿉니다. …… 결과적으로 환경에는 알려지지 않은 변화들이 장기간 축적되게 됩니다.[22]

그는 이런 알려지지 않은 장기간의 위험이 축적되어 마침내 "시한폭탄"이 된다고 말한다.

기술과 혁신이 시장의 기능을 포함한 경제와 금융 환경에 끼친 영향에서도 이와 같은 주장은 성립된다. 평형 경제학의 비유들은 어떤 자기만족을 가져다주었고 시장이 스스로를 책임진다는 믿음을 안겨 주었다. 그러나 이것은 순전히 신앙적 행위일 뿐이다.

안정성에 대한 질문을 제쳐 두고라도 시장에 대한 평형 경제학 이론은 전체 이론의 일부에 지나지 않는다. 원자로의 작동에 있어 평형이 존재하고 스스로 유지되는 원자로가 가장 효율적인 방법으로 에너지를 생산할 것임을 증명한 이론을 상상해 보자. 그리고 물리학자들이 실제의 원자로를 연료의 "완벽한" 조합과 같은 식의 다양한 방법으로 이 이상적인 원자로와 가깝게 만들 수 있다고 주장하지만 그 원자로가 안정적이고 안전할지, 또는 쉽게 폭발할지에 대해서는 전혀 알지 못한다고 상상해 보자. 그 경우 원자력 에너지를 사용하는 것은 바로 "일단 만들고 보자."라는 말의 예가 될 것이다.

이것이 오늘날 금융 경제학이 처한 상황이다. 그리고 희망은 충분하지 않은 것처럼 보인다. 퀀트 붕괴는 레버리지의 증가가 눈에 보이는 변동성을 떨어뜨려서 시장을 보다 효율적으로 만들어 준다 하더라도 또한 시장이 급격한 붕괴에 더욱 취약하게 만든다는 것을 극적으로 보여 주었다. 이와 비슷하게, 너무나 많은 파생 상품들이 서로 의존하는 밀집된 네트워크를 만들어, 결국 시장이 불안정성의 임계값을 넘기도록 밀어붙이게 될 수 있다. 위기 이전의 10년 동안 파생 상품의 거래는 폭발적으로 증가했다. 1998년에는 거의 존재하지 않던 신용 부도 스와프가 2008년에는 3조 달러(약 3,105조 원)의 시장 가치를 가지게 되었고 부동산 거품을 키우는 데 커다란 역할을 했다. 이런 금융 세상이 붕괴한 것은 전혀 놀랄 일이 아니다.

이제 우리는 초단타 매매라는 기술이 우리를 새로운 천국으로 안내하는 것을 보고 있다. 이번에는 효율이 속도와 시장의 유동성을 통한 편리한 거래 속에서 등장했다. 그러나 이것을 통한 유동성은 적어도 어떤 경우에는 환상에 불과하며 시장은 이전보다 더욱 덜 안정해졌다는 것이 드러났다. 이 길을 따라 내려갔을 때 우리가 무엇을 만나게 될지는 거의 알지 못하며, 이것은 부분적으로는 리우가 말한 것과 같은 근본적인 불일치 때문이고, 또한 이런 불안정과 이것을 이끄는 양의 되먹임의 원인을 이해하기 위해 진지하게 노력하지 않았기 때문이다.

기술은 위대하지만 그것은 오직 이 기술이 더 많은 문제를 야기하지 않을 때에만 성립하는 말이다. 금융은 단순한 게임이 아니다. 월모트는 이 사실을 분명히 지적했다. "주식을 산다는 것은 자신의 연구를 통해 앞으로 더 나아질 것이라 생각되는 회사를 찾는, 그런 장기적인 가치에 대한 것이었다. 그 회사가 자신이 좋아하는 디자인의 물건을 만들 수도 있고, 믿음직한 경영진을 가지고 있을 수도 있다. 그러나 오늘날 그런 실제 가치는 점점 무의미해지고 있다. 이제 기계들이 경쟁을 벌이고 있으며, 이들은 실제 사업과 실제 사람들을 가운데 두고 게임을 벌이는 중이다."[23]

이것에 대한 대안은, 당연히 게임을 하거나 그저 운에 기대는 것을 멈춘 후, 기술이 불유쾌한 사건들을 일으키는 여러 경로들을 이해하기 위해 열심히 노력하는 것이다. 만약 초단타 매매가 기본적인 불안정성의 문제를 가지고 있다면, 이것들을 조정하는 방법을 배우는 것은 게임의 안정성을 키우는 법칙을 찾아내며 유동성이 가장 필요할 때 이것들이 사라지지 않게 만드는 일종의 공학적인 문제일 것이다. 부쇼가 지적한 것처럼 경제학자들은 이런 식으로 생각하지 않는다. "그들은 시장이 안정적으로 될 필요가 없다고 생각한다. 왜냐하면 시장은 **안정적이기** 때문이다."

우상의 쇠퇴

지난 30여 년 동안 영미권의 대학교에서 가르쳐 온 전형적인 고급 거시 경제학과 화폐 경제학 수업은 어쩌면 지난 수십 년 동안 집단적인 경제 행위와 이것이 경제 정책에 주는 영향을 이해하기 위한 진지한 연구를 방해해 왔을지 모른다. 그것은 개인적으로도, 그리고 사회적으로도 시간과 다른 자원들의 크나큰 낭비였다. …… 1970년대 이래 대부분의 주류 거시 경제학에서 일어난 이론적 혁신은 …… 자기기만적이며 기껏해야 자기만족적인 유희밖에 되지 않는다는 것이 밝혀졌다.

　　　　－ 빌럼 헨드릭 뷔터(Willem Hendrik Buiter, 1949년~), 수석 이코노미스트,

시티 그룹

과학자는 자신이 틀렸다는 것을 증명하기 위해 최선을 다한다. 과학은 오직 이 방법으로만 발전할 수 있기 때문이다.

이론은 과학의 창조적 원동력이다. 이론은 새로운 가능성과 숙고, 그리고 그럴듯한 전망을 바탕으로 만들어진다. 그러나 이론은, 그것이 과학 분야의 이론이라면 실험에 의해 다듬어져야 한다. 현실에 의해 검증되지 않은 이론은 쉽게 희망적인 사고, 또는 현실적 의미를 전혀 가지지 않는 아름답기만 한 이론으로 바뀌기 쉽다. 불행히도 신고전주의 경제학을 이끄는 주요 거장들에게는 실제 현실에 대한 어떤 혐오가 종종 발견된다.

지난 수십 년간, 시카고 대학교의 게리 스탠리 베커(Gary Stanley Becker, 1930~2014년)는 합리적 최적화라는 생각을 범죄에서 약물과 알코올 중독에 이르는 모든 주제에 적용해 왔다. 대부분의 사람들은 뒷골목에서 몸을 떨고 있는 마약 중독자를 중독성 있는 물질과 뇌 화학, 감정 등의 작용이 만든 함정에 빠진 사람들로 생각한다. 그러나 베커는 이것을 다르게 생각했다. 그는 그 마약 중독자가 자신의 효용을 최대화 하는 이성적인 선택을 계속해서 하고 있다고 생각했다. 경제학자 고든 윈스턴(Gordon Winston, 1929~2013년)은 이들 "합리적 중독자"가 어떻게 행동하는지를 다음과 같이 비꼬았다. "(이 중독자는) …… 자리에 앉은 후, 우선 그의 일생 동안에 기대되는 미래의 소득과 생산 기술, 투자 함수 및 중독 함수, 그리고 소비 선호도를 생각한 후 자신의 기대 효용에 대한 할인 값을 최대화하는 기간을 찾아 그 기간 동안은 알코올 중독자로 살기로 결정한다. 이 선택으로 그는 자신의 인생에서 만족도를 최대한으로 끌어올릴 수 있다."[1]

이것은 곧 합리적 중독자는 충분한 고민 끝에, 그들에게 가능한 최선의 삶이기 때문에 약물에 의존하는 인생을 살기로 결정했다는 뜻이다. 놀랍게도 이 이론은 사람들에게 받아들여졌다. 베커의 첫 1988년 연구의 인용 지수는 서서히 증가해 매년 50회 가량 인용되고 있으며 이것들 중 거의 절반은 약물 남용, 정신 의학, 법학, 심리학 분야에서의 인용이다. 이 논문이 이렇게 인용되고 있다는 것은 곧 베커의 이론을 지지하는 실질적 증거가 존재하는 것처럼 비춰질 수 있다. 그러나 사실은 그렇지 않다.

지난해, 경제학자 올레 뢰게베르그(Ole Røgeberg)와 한스 멜베르크(Hans Melberg)는 "합리적 중독"이라는 단어를 제목, 초록, 키워드에 사용한 저자와 공동 저자들을 대상으로 그들의 이 이론에 대한 관점과 이를 지지하는 증거가 있는지 조사했다. 응답자의 대부분은 게리의 이론과 그 후속 연구들이 "경제학적 사고의 힘을 보여 준 성공적인 이야기"라고 생각하면서도 동시에 이 이론을 지지하는 실험적 증거는 약하다는 것을 알고 있다고 답했다. 그들은 심지어 이 이론을 검증하기 위해 사용할 수 있는 그런 증거들에도 동의하지 않았고 또 이 이론을 정책적으로 적용하는 일에도 반대했다.[2]

물론 어떤 과학 분야에서든지 사람들은 정말로 중요한 증거를 쉽게 받아들이지 않는 경우가 있다 지난 20년간 물리학자들은 150K(약 영하 120도)라는 일반적으로 기대되는 온도보다 훨씬 높은 온도에서 특정 물질의 저항이 0이 되는 현상인, 고온 초전도라는 수수께끼와 같은 현상을 설명하기 위해 노력해 왔다. 이 현상은 실험적인 증거와 함께 이들의 작동 원리에 대한 "결정적" 증명을 포함해 보고되어 왔다. 그러나 그 논문들은 매번 곧바로 그들의 증거가 실은 전혀 결정적이지 않으며 어쩌면 이들은 전혀 다른 원리로 작동할지 모른다고 주장하는 다른 이들에게 반박되었다. 이런 종류의 논쟁은 과학에서는 자연스러운 일이며 초전도를 연구하는 가장 확신에 찬 물리학자들조차도 자신들이 이 수수께끼를 완전히 풀었다고는 믿지 않으며, 기껏해야 이것을 이해하기 위한 작은 한 조각을 찾았다고 생각한다.

경제학자들은 다소 다른 태도를 가지고 있다. 뢰게베르그와 멜베르크가 지적했듯이 합리적 중독의 핵심은 사람들에게 어떤 종류의 선택의 여지가 있고 그 여지들 가운데 합리적으로 하나를 선택한 결과, 그들이 중독자가 되었다는 것이다. 그들은 곧 중독자의 두뇌에서 어떤 일이 일어나고 있는지에 관한 주장을 펼친 것이다. 이것은 매우 대담한 주장이며, 특히 이것을 증명할 아무런 실험 없이 주장하고 있다면 더욱 그렇다. 뢰게베르그와 멜베르크는 이 분야의 경제학자들을 이렇게 말하고 있다.

이들은 실제 선택의 문제, 곧 사람들의 선호도, 믿음, 선택 과정과 같은 문제를 실험적으로 검증하는 일에는 아무런 관심을 가지고 있지 않다. …… 이들의 인과적 통찰이라는 주장은 사람들의 선택이 합리적인 숙고의 결과이며 이것을 통해 사람들은 최적의 소비 계획을 세운다는 주장을 포함하고 있다. 그러나 누구도 그들이 말하는 선택의 문제를 실생활에서 접하거나 풀 수 없으며, 또한 그들이 말하는 최적의 소비 계획 역시 누구도 실제로는 가지고 있지 않다. 이들은 사람들이 왜 그들이 실제로 계획했던 것보다 시간이 갈수록 더 담배를 많이 피는지를, 이 미지의 계획이 점진적으로 실행되었기 때문이라고 설명한다. 잠깐 버트런드 러셀(Bertrand Russell, 1872~1970년)을, 원래 글의 맥락과 무관하게 인용하자면, 이것은 "너무나 말이 안 되기 때문에 상당한 교육을 받은 자만이 겨우 받아들일 가능성이 있는 그런 관점"[3]인 것이다.

러셀의 말은 경제학의 다른 분야에도 동등하게 적용된다. 시장은 언제나 "옳은 일을 한다."라는 EMH는 최근의 경제 위기로 명백하게 타격을 받았지만 그럼에도 파마는 작가 존 캐시디(John Cassidy, 1963년~)와의 인터뷰에서 자신들의 이론이 "그 사건에서 매우 잘 작동했다."라고 당당하게 주장했다. 지난 50년을 통틀어 가장 극적인 주택 가격의 상승이 광적인 융자와 투기적 도박 때문에 일어났고 결국 현실 가치의 붕괴와 전체 경제 시스템을 살리기 위한 정부의 대규모 구제 금융으로 끝을 맺었는데도 파마는 그 거품이 자신들과는 무관하다고 말하고 있다. 거품? 어떤 거품 말인가? 그는 외쳤다. "나는 심지어 거품이 무엇을 의미하는지도 알지 못한다. 이 단어들은 점점 대중적이 되었다. 나는 이 단어들이 어떤 뜻을 가지고 있다고 생각하지 않는다. …… 그것들은 예상 가능한 현실이어야 한다. 나는 이 중 어떤 것도 특별히 예상 가능했다고 생각하지 않는다."

파마의 주장은 거품이 무엇인지, 그리고 언제 이것이 터질 것인지 예측할 수 있는 정확한 정의와 모델을 가지고 있지 않다면 거품에 대해 이야기하는 것이 아무런 의미가 없다는 것으로 보인다. 또는 그런 단어는 미신에 불과하지 엄밀한 경제 과학에 어울리지 않는다는 것일 수도 있다. 이런 느슨한 주장은 종종 피상적으로 그럴듯해 보일 수 있겠지만, 그렇다면 과연 경제학이 과학이라고 말할 때, 그 말의 진정한 의미는 무엇일까? 우리가 어떤 현상을 묘사하는 데 어려움이 있다면 마치 그것이 존재하지 않는 듯이 두는 것보다 그 현상을 더욱 정확히 정의하려 노력해야 하지 않을까? 예를 들어 지질학 학회에서 파마가 지진이 존재하지 않거나, 또는 지진은 예측 불가능하다고 주장하는 것을 상상해 보자.

거품이 존재하지 않는 듯이 행동하는 것은 마치 시간의 존재를 부정하는 것과 같다. 파마의 관점은 시장의 효율이란 곧 모든 새로운 정보가 시장으로 "순간적으로" 유입된다는 가정에 바탕을 두고 있고, 이 관점은 투자 전략의 측면에서는, 시간이라는 요소를 사실상 무시하는 것이다. 그리고 정보가 유입되는 구체적인 과정 또한 무시되고 있다. 모든 사항들은 "장기적으로" 해결되며 동시에 시장은 그 효율적인 지점으로 매우 빠르게 도달한다고 가정된다. 평형을 가정하는 것은 곧 시간의 역할이나 시장 동역학이 중요하지 않다고 가정하는 것을 뜻한다. 실제로 대학원 경제학 교과서에는 자랑스럽게 "우리는 동역학(dynamics)을 다루지 않는다."라고 쓰여 있다. 오히려 각 개인이 그들의 모든 미래의 행동을 자신의 미래에 대한 최적화 문제의 해답으로서 지금 이 순간 이미 가지고 있다는 가정 아래, 시간과 동역학은 완전히 무시되고 있다. 뢰게베르그와 멜베르크는 합리적 중독 이론의 맥락에서 중독을 이렇게 기술했다.

중독은 미래 지향적이고, 시간에 따라 변하지 않으며, 충분한 정보로 세워진 소비 계획과 같은 것들이 점진적으로 이행된 결과이다. 예를 들어 이 모델에서 헤로인을 막 시작한 사용자는 헤로인 주사를 맞거나 흡입하는 것이 어떤 종류의 즐거움과 편안함을 즉각적으로 주는 반면 건강, 입맛, 노동 시장에서의 기회 등에 장기적인 영향을 끼친다는 것을 알고 있다. 헤로인 사용자는 미래의 각각 다른 시점 사이의 이익의 상충 관계를 포함해 이들 모든 요소들을 고려하는 자신의 소비 계획을 만든다. 그 결과 이들은 금단 현상이 주는 고통, 마약에 의한 몽롱한 상태를 즐기는 데 따른 부수적 영향, 잠재적인 소득에 주는 영향, 미래의 헤로인 가격의 변화 등을 모두 포함한 난해한 계획을 세우게 된다.

이것은 물론 진담이 아니다. 헤로인 중독자가 정말로 이런 식으로 그들의 미래를 완벽하게 계산하고 계획한 끝에 재정적, 물리적, 감정적 손해를 몇 시간의 심리적 안도와 바꾼다고 생각하는 사람이 있을까? 현실은 잘 짜인 계획들이 실현되는 과정이 아니라 시간과 함께 조절과 적응을 거치며, 이것을 통한 행동과 학습을 바탕으로 이루어진다. 이런 적응하고 학습하며 조절하는 주체들로 가득한 세상이 어떻게 움직일지를 진지하게 생각해 본다면, 우리는 참여자들의 상태가 끊임없이 변화하는 소수자 게임과 같은 모델이 훨씬 더 현실과 부합한다는 사실을 알게 될 것이다. 또는 터너와 그의 동료들이 보여준, 레버리지 경쟁이 어떻게 폭발적인 불안정을 자연적으로 만들게 되며 예측할 수 없는 산발적인 크래쉬를 낳게 되는지를 알기 위해 사용했던 모델도 마찬가지다. 현실은 시간과 함께 존재하기 때문에, 우리는 시간을 항상 고려해야 하며, 따라서 이런 모델이야말로 중요한 도구임을 알아야 한다. 이 모델들은 무엇이 가능하고 왜 그런지를 우리에게 알게 해 준다.

파마와 같이 이러한 개념들을 잘 알고 있는 이가 앞에서와 같은 표현을, 그리고 심지어 "거품이 도대체 무엇인지"와 같은 말을 한다는 것은 상상하기 어려운 일이다. 이것은 상상력의 극적인 결핍이며 동시에 이 결핍은 현대 경제학을 이루는 이론들의 핵심에, 특히 총체적인 경제를 다루는 이론인 "거시 경제학"의 밑바탕에 체계적으로 스며들어 있다.

거시 경제학과 미시적 혼란

"데이터 분석은 적당히 흥미롭고" 심사 소견은 이렇게 시작했다. "연구 내용은 산업의 성장에 어느 정도 새로운 관점을 제공한다." 여기까지는 긍정적인 내용이었다. "그러나 이론적 주장은 설득력이 없다. 데이터에서 관찰된 통계적 패턴을 적절하게 분석한 것처럼은 보이지만 이 모델에는 미시적 토대가 부족하다. 바로 이 점 때문에 이 논문은 출판되기에는 전적으로 부적절하다."

이것은 1990년대 중반 내가 편집자로 근무하던 과학 학술지인《네이처》에 제출된 논문에 대해 한 경제학자가 보낸 심사 의견서의 일부이다. (과학 학술지에 제출된 논문은 편집자가 심사자들에게 보내며, 심사자는 그 논문을 평가하게 된다. ─옮긴이) 다른 두 심사자는 기업의 성장률에 나타나는 흥미로운 통계적 규칙성과 간단한 설명을 언급하며 눈부신 극찬을 소견서에 남겼다. 그러나 그 경제학자는 이 "미시적 토대의 부족"을 소견서를 통틀어 3~4차례 더 언급했다. 그 논문은 내 생각에 설득력이 있었고, 논리적으로 일관적이었으며, 논지는 분명했고, 다른 두 심사자들도 여기에 동의했다. 당시 나는 당황할 수밖에 없었다. 왜 경제학자들은 문제를 이렇게 다른 눈으로 바라보는 것일까?

당시 내가 그를 이해할 수 없었던 것은 최근 경제사의 영향으로 "미시적 토대"가 경제학자들에게 매우 중요한 단어가 되었기 때문이다.

전체 경제를 모델링하고 인플레이션, 국민 총생산(GNP)과 같은 것들에 대한 유용한 예측을 만드는 방식은 1960년대에, 자신들을 케인시안이라 부르는 다수의 경제학자들에 의해 시작되었다. 이들은 영국의 경제학자 케인스의 생각을 따라, 경제를 종종 침체에 빠지고 불균형(예를 들어 시장의 신뢰 부족이나 현금 부족 등의 일시적인 수요 부족으로 나타나는 높은 실업률과 같은 것들)으로 고통 받는 하나의 시스템으로 보았다. 1970년대 연방 준비 제도 이사회는 미국의 경제를 나타내기 위해 초기 버전의 케인시안 모델을 만들어 사용하기 시작했는데, 이 모델은 주요 경제 변수들이 미국에서 역사적으로 어떤 관계를 가지고 움직였는지를 말해 주는 60여 개의 간단한 수식에 기반을 둔 것이었다. 본질적으로 그 모델은 기상학자들이 과거 날씨를 예측하기 위해 사용한 것과 같은 목표, 즉 미래의 변화를 예측하고 유용한 정책들의 어떤 기준을 주기 위한 것이었다.

그러나 이 계획은 1970년대 중반 그 모델이 스태그플레이션이라는 당시의 높은 인플레이션과 지속적인 실업을 전혀 예측하지 못했기 때문에 실패로 끝나고 말았다. 그 결과 경제학자들은 이 계획을 처음부터 다시 시작했는데, 그중의 한 사람인 루카스는 무엇이 잘못되었으며 어떻게 이것을 고칠 수 있는지를 분석할 수 있는, 다소 불가능해 보이는 분석을 제안했다.

1976년의 논문에서 그는 오늘날 루카스 크리틱이라 불리게 된 주장을 담았는데 이것은 곧 그 모델이 실패한 이유는 전적으로 개인의 기대가 경제에 끼치는 영향을 고려하지 않았으며, 또 그 기대가 어떻게 변할지를 고려하지 않았기 때문이라는 주장이었다. 루카스는 "사람들이 결정을 내릴 때, 특히 불확실성의 시대에는 그들은 정책 결정자가 어떻게 행동할지를 추측하려 애쓰게 된다. 그들의 미래에 대한 예측이 그들의 행동에 영향을 끼치며, 예측 모델이 기반하고 있는 역사적인 관계를 바꾸게 된다."고 주장했다. 과거의 데이터에 보이는, 앞서 존재했던 모든 규칙성은 과거에 존재하던 정책들의 맥락 속에서만 유효한 것이다. 정책의 변화는 곧 사람들의 행동 방식과 미래에 대한 예측에 영향을 주며 이것은 그 정책 변화의 바탕이 된 데이터 속의 규칙성에 커다란 영향을 주거나 혹은 완전히 파괴하게 된다.

루카스의 주장[4]은 슈뢰딩거의 고양이라는, 고양이와 그 고양이를 죽이거나 죽이지 않을 장치가 함께 들어 있는 가상의 상자를 다룬 유명한 문제와 어떤 면에서는 다소 비슷하다. 에르빈 슈뢰딩거(Erwin Schrödinger, 1887~1961년)는 양자 역학의 기본적인 수학에 따르면 그 고양이는 누군가가 상자를 열고 관측했을 때에만 분명히 살거나 죽은 상태가 될 수 있다고 주장했다. 양자 이론은 관측 이전의 순간까지는 그 고양이가 산 동시에 죽은 독특한 상태에 있음을 암시한다. 그 상자 안을 쳐다보는 행동이 고양이가 어떤 상태가 될지를 궁극적으로 결정하게 된다. 루카스의 지적은 양자 역학의 형이상학적 요소를 제외하면 상당히 비슷한데 시장에 존재하는 패턴에 주목하는 행동 자체가 그 패턴을 바꾸는 효과를 가진다는 뜻이다.

이 관점은 이론 경제학에 커다란 영향을 끼쳤고 이것이 내가 심사를 부탁했던 그 논문을 그 경제학자가 좋아하지 않았던 이유이다. 즉 그 논문은 어떤 패턴에 주목했지만 그 패턴을 만드는 인간의 행동과 그들의 기대가 어떻게 변하는지를 자세하게 설명하려 노력하지 않았던 것이다. 루카스는 이 문제를 해결하기 위한 방법으로 사람들과 그들의 행동, 특히 그들의 기대를 고려하는 경제 모델을 만들 것을 제안했다. 이 모델에서 고정된 것으로 생각할 수 있는 것은 예를 들어 인간의 기본적인 선호와 같은, 어떤 정책에 대해서도 바뀌지 않을 소위 심층 구조 뿐이다. 이 계획은 머지않아 루카스와 에드워드 프레스콧(Edward Prescott, 1940년~)과 토마스 사전트(Thomas Sargent, 1943년~)와 같은 관련 이론을 만들기 시작한 경제학자들에 의해 소위 합리적 기대 혁명을 경제학에서 일으켰다. 그 결과 어떤 거대 경제 시스템에 대한 이론이건, 그 이론이 존중받기 위해서는 인간과 회사와 같은 그 경제학의 개별 주체의 선택과 행동에 기반을 두어야만 하게 되었다. 그런 이론은 개별 주체들의 기대를 포함한 "미시적 토대"라는 요소를 가지게 되었고 그 결과 정책의 기준으로 사용하기에 믿을 만하게 여겨졌다.

분명히 루카스의 생각에는 뛰어난 점이 있다. 이것을 물리학에 비유하면, 풍선 안의 공기를 이해하기 위한 노력에 비유할 수 있다. 우리가 만약 풍선 내부의 압력과 부피에만 관심을 가지고 이 값들만을 측정했다면, 여름에 측정한 값과 겨울에 측정한 값, 곧 서로 다른 온도에서 서로 다른 값들이 측정되는 이유를 찾을 수 없었을 것이다. 좋은 이론이 되려면 우리는 미시적 토대를 고려해야 하며, 공기의 경우 이것은 분자 수준에서의 동역학, 곧 풍선 안을 날아다니고 서로 충돌하는 개개의 원자와 분자가 압력과 부피에 어떤 영향을 끼치는지를 파악하는 것과 유사하다. 이것을 통해 우리는 압력과 부피, 온도가 모두 포함된 관계식을 구할 수 있으며 이 식은 여름과 겨울에 모두 성립한다. (참고로 물리학에는 마침 그런 이론이 있다. 우리는 이것을 기체 분자 운동론이라고 부른다.) 무대 위의 가장 작은 요소의 움직임을 관찰함으로써 얻을 수 있는 미시적 토대가 있는 이론은, 어떻게 거대한 규모의 거시 세상이 미시 세상으로부터 만들어지는가에 대한 그럴듯한 설명을 줄 수 있다.

루카스 크리틱은 "미시적 토대의 결여"라는 주장이 경제학에서 아주 강력한 의미를 띄도록 만들었다.

그러나 이 이야기는 사실 완벽하지 않은데, 그 이유는 경제학자들이 내가 이 책에서 지금까지 제안한 것처럼 인간의 행동과 그들의 기대에 대한 합리적인 가정을 바탕으로 한 미시적 토대를 사용한 것이 아니기 때문이다. 루카스는 자신의 이론을 발전시켜, 후일 미시적 토대를 요구하는 정도를 넘어 그 미시적 토대가 어떠해야 하는지를 선언하기에 이르렀다. 그의 기준에 따르면, 올바른 이론은 베커의 이론에서 약물 중독자가 하듯이 장기간의 완벽한 이성적 계획에 기반을 두어 인간(과 회사) 자신들의 행동을 결정하는, 그런 모델을 가져야 하며 오늘날 대부분의 경제학 이론에서 대부분의 경제 주체들은 이렇게 행동하고 있다. 그 경제학자 심사 위원이 자신이 심사한 그 논문을 싫어한 이유는 바로 그 논문에 이런 내용이 빠져 있었기 때문이다. 그 논문[5]의 저자들은 사실 인간의 행동에 대해 그럴듯한 가정, 특히 관리자들의 지시가 조직의 계층 사이를 어떻게 움직이는지에 대한 가정을 하고 있었으나 그들은 단지 어떤 개인이 무엇인가를 최대화하는 과정을 고려하지 않았고, 이것이 그들이 저지른 치명적 실수였다.

물론 이 내용을 진지하게 생각하는 사람은 누구든지, 경제학 이론에서 말하는 미시적 토대는 그 이론을 현실적으로 만드는 것과는 아무런 관계가 없다는 것을 알게 될 것이다. 경제학자 사이먼 렌루이스(Simon Wren-Lewis)의 블로그에 달린 한 댓글은 이 문제를 매우 명백하게 지적하고 있다.

미시적 토대는 만약 이것이 사실이라는 명백한 증거가 있다면 매우 중요한 것일 것이다. 예를 들어 한 개인이 효용이라 불리는 측정 가능한 어떤 양을 최대화하는 결정을 내리는 이성적 존재라는 것을 보여 주는 일련의 실험이 존재한다면 거시적 모델이 미시적 토대와 일관성을 가지는 것이 중요해질 것이며, 이것을 확인하는 가장 직접적인 방법은 그 모델에 효용을 최대화 하는 이성적 주체를 집어넣는 것이다. …… 그러나 분명한 사실은 그런 증거가 존재하지 않는다는 것이다. 미시 경제학은 실험적 증거에 기반하고 있지 않으며 따라서 미시 경제학에서 사용되는 접근 방식이 특별히 진실을 주장한다고는 말할 수 없다.[6]

또는 미시적 토대는 어떤 것의 기반도 절대 되지 않는다고 할 수 있다. 이것들은 어쩌면 실제 인간의 행동과는 완전히 다른 무엇을 주장하는 것이다. 가장 이상한 점은 이들이 이런 실제와 다른 주장을 토대로 삼은 이유가, 바로 거시 경제학의 이론들이 과학적이고 최신의 흐름을 쫓는 것처럼 보이도록 만들기 위해서였다는 것이다. 이것은 프리드먼의 괴상한 F-트위스트와 같은 문제를 가지고 있다.

경제학자들도 심지어 이것이 문제라는 사실을 쉽게 인정하며, 미시적 토대에 기반을 둔 이론을 만드는 이들은 종종 그 모델이 현실과 잘 맞아떨어지는지를 신경 쓰지 않는다. 경제학자 안드레아 페스카토리(Andrea Pescatori)와 사이드 자만(Saeed Zaman)은 거시 경제학의 상황에 대한 한 에세이에 이 내용을 넣었다.

구조적 모델은 종종 주요 거시 경제 변수인 GNP, 가격, 고용률 등을 예측하는 능력을 희생해 가며 경제학 이론의 기본적인 원칙들을 사용해 만들어진다. 다르게 말하면 구조적 모델을 만드는 경제학자들은 실제 데이터를 모델과 비교함으로써가 아니라, 복잡한 경제학 이론을 연구함으로써 경제가 형성되는 과정에 대해 더 많이 배운다고 믿고 있다.[7]

이 분야를 이끄는 대표적인 학자조차도 이론을 판단하는 기준으로써 실험적 증거의 의미를 격하시키고 있다. 이것은 곧 합리적 기대가 더 중요하다는 주장과 일치한다. 사전트는 2005년의 인터뷰에서 루카스와 프레스콧이 그들의 모델이 실제 데이터와 일치하지 않았을 때 어떤 반응을 보였는지를 말했다. "나는 루카스와 프레스콧이 모두 내게 그 데이터들은 너무 많은 훌륭한 모델들을 거부하고 있다고 말했던 기억이 납니다."[8] 오늘날에도 이런 태도는 이어지고 있으며 역으로 이 태도는 실제 데이터와 잘 맞는 이론이라 하더라도 그 이론이 자신들의 미시적 토대라는 이론적 전통을 지키고 있지 않으면 그 이론을 거부하는 것으로도 나타나고 있다.

나는《네이처》의 다른 편집자들과 이야기한 후 그 비판적 경제학자의 의견을 무시하고 그 논문을 출판했다. 나는 지금도 그 일을 잘했다고 생각하고 있으며 그 논문은 지금까지 거의 300회 인용되었다.

자폐증에 빠진 경제학?

10년 전, 프랑스의 경제학과 대학원생들은 자신들의 지도 교수에 대항해 잠시 소규모의 학문적 저항 운동을 일으켰다. 대부분의 경제학 이론에 포함된 너무나 심한 비현실적인 가정에 질린 그들은 수업을 거부했고 그들의 교수들이 현실과 동떨어진 경제학 이론을 가르친다는 성명서를 발표했다. 그 교수들은 자연스럽게 이런 주장을 방어했고 학생들은 결국 자신들의 입장을 철회했다. 그러나 이 소란으로부터 마침내 하나의 학술지가 탄생했다. 처음 만들어질 당시 이 학술지의 이름은《탈 자폐증 경제학(*Journal of Post-Autistic Economics*)》이었고, 이후《현실 경제 리뷰(*Real World Economics Review*)》로 바뀌었다. 이 학술지는 쓸모없는 수학적 묘기가 아닌, 실제로 영감을 주는 경제학 연구를 출판하는 것을 목적으로 삼았다.

오늘날 여러 중앙은행들에서 경제 변화를 예측하기 위해 사용하는 합리적 기대 모델의 면면을 들여다보면 그 학생들이 이 모델에 반대했던 이유를 쉽게 이해할 수 있다. 오늘날 유럽 중앙은행에서 유럽 경제를 이해하고 예측하기 위해 사용하는 모델은 오늘날 많은 경제학자들에게 "가장 최신(state of the art)"의 것으로 생각되는 종류의 것이다. 프랭크 스메츠(Frank Smets)와 래프 우터스(Raf Wouters)가 고안한 이 모델은 동적 확률적 일반 균형 모형(DSGE)이라 불리며, 이 모델에 사용된 수식들은 합리적 기대에 기반을 둔 미시적 토대를 전적으로 채용하고 있다. DSGE 모형은 일하고, 돈을 벌며, 소비하는 한 "가구"의 행동을 포함하는 하나의 수식을 가지고 있다. 그리고 물건을 팔고, 사람을 고용하며, 투자하는 회사에 관한 다른 수식을 가지고 있다. 이 수식들은 그들의 행동이 그들의 미래 효용을 최적화하는 복잡한 수식으로 결정되도록 정의하고 있다.

미국의 연방 준비 제도 이사회가 현재 사용하고 있는 FRB/US(보통 퍼버스로 읽는다.)로 알려진 모델도 이와 유사하게 합리적 기대라는 개념이 모델링에 강조되어 있다. 이 모델에 대한 연방 정부의 직접적인 설명[9]에 따르면, 이 모델은 "동적 최적화 이론의 폭넓은 적용을 통해 가구와 회사의 충격에 대한 반응을 구체화"했으며 가구, 회사, 금융 시장을 위해 "행동의 최적화에 바탕을 둔 경제 이론들"을 사용한 수식들에 바탕을 두고 있다. 스메츠-우터스 모델과 같이 이 퍼버스 모델 역시 사람들과 회사들이 완벽하게 합리적이고 일관적인 기대를 갖고 있음을 가정하고 있다. 이런 모델에서는 현실에서 일어나는, 거품이 터지기 일보 직전에 여전히 국민의 대부분이 부동산이 오를 것이라는 기대 속에서 부동산에 열을 올리는, 그런 일들은 일어나지 않는다. 이런 모델에서는 그런 잘못된 일이 일어나는 것이 허용되지 않는다.

불행히도 경제학자들의 감각에 맞는 미시적 토대는 어떤 의미 있는 정도의 성공적인 예측도 이루지 못했다. 그해의 미국 국내 총생산(GDP) 성장률 예측은 지난 수십 년간 있었던 어떤 불경기도 예측하지 못했다. 이들은 경기가 나빠지고 있을 때는 성장률을 높게 예측했고, 경기가 회복 중일 때는 성장률을 낮게 예측했다. 곧 이 모델은 지금의 경기가 계속될 것이라 예측했을 뿐 어떤 변화도 예측하지 못한 것이다. 이와 유사하게 영국 재무부의, 1996년까지 25년간의 평균 GDP 예측 오차는 1.45퍼센트인데, GDP가 매년 평균적으로 2.1퍼센트 정도 변했다는 것을 안다면 이들의 오차가 얼마나 터무니없이 큰지 알 수 있을 것이다. 이런 현상은 유럽 대륙에서도 대부분 발견된다. 일반적으로 그 오차는 실제 데이터에 견주어 볼 때 충분히 크고, 정확했던 예측의 대부분은 경제적 상황이 상대적으로 안정적일 때였으며, 이 사실은 이들 경제 모델이 실은 어떤 종류의 변화도 제대로 예측하지 못하고 있음을 의미한다.[10]

경제학자 폴 오머로드(Paul Ormerod, 1969년~)는 예측 성공률을 조사해 다음과 같은 결론을 내렸다. "과학적 기준으로 볼 때, 단기간의 경제 예측의 정확도는 매우 낮았고 더 나아지지도 않고 있다."

역사적인 크래쉬와 불경기 같은 커다란 사건들을 생각해 보면 이것이 전혀 바뀌지 않았음을 알 수 있다. 2008년의 대침체(great recession)의 경우 어떤 모델도 이와 비슷한 일조차도 예측하지 못했다. 그들은 커다란 태풍이 바로 뒤에서 다가오고 있는 순간에도 맑은 날이 계속 될 것이라 예측하고 있었던 것이다.[11]

그러나 이 사실 중 어떤 것도 실은 그렇게 놀라운 일이 아니며, 그 이유는 이 모델들은 실제로 더 많이 설명하려고 노력하는 것이 아니라, 그저 일어난 일을 해명하기 때문이다.

DSGE를 만든 이들이 내놓은 가장 인상적인 주장은 그 모델이 GDP의 오르내림이 보여 주는 어떤 통계적 특징을 재현한다는 것으로, 구체적으로는 GDP가 가진 장기 기억을 말하며, 이것은 지금 GDP가 겪고 있는 변화가 앞으로 올 변화를 예측할 수 있게 한다는 것이다. 물론 이것은 우습게 볼 수 없는 것으로, 구체적인 통계적 특징이야말로 매우 불규칙적인 현상의 모델링을 검증할 수 있는 최선의 방법이기 때문이다. 그러나 이들의 주장을 그대로 믿어서는 안 되며, 어쩌면 전적으로 무시하는 것이 나을지도 모른다. 왜냐하면 제대로 된 모델이라면, 간단하고 그럴듯한 가정을 모델에 넣었을 때 그 결과로 뭔가 복잡하고 현실적인 것이 나와야 하기 때문이며, 이것으로 현실의 사건들이 일어나는 숨은 이유를 찾을 수 있기 때문이다. 즉 오븐에 적절한 재료들이 들어가서 그 결과로 케이크가 만들어지는 것이다.

그러나 DSGE는 이런 방식으로 작동하지 않는다. 이것들은 GDP와 다른 경제 활동의 복잡한 통계를 설명하기 위해, 모든 주체들이 자신들의 유용성을 최대화한다는 가정과 함께 그 경제가 기술, 개인의 취향 변화, 정책과 같은 일련의 외부 충격들을 입력받는다고 가정한다. 그리고 결과를 현실과 일치시키기 위해서는 같은 정도의 장기 기억을 가진, 같은 정도의 복잡도를 가진 외부 충격이 입력으로 들어온다고 가정해야 한다. 이것은 오븐에 케이크를 넣은 후, 그 케이크를 다시 꺼내는 것이다. 짜잔!

2009년에 런던 정치 경제 대학교(LSE)에서 열린 경제학자들의 회의에서 영국 여왕이 왜 경제학자들은 경제 위기가 오는 것을 예측하지 못했는지, 그리고 적어도 그런 일들이 일어날 수 있다는 경고를 하지 않았는지 물어본 것은 유명한 이야기이다. 이것은 명백하게 정당하고 합리적인 질문이며 당장 떠오르는 답은 경제학자들이 선호하는 모델들은 미시적 토대에 너무 집착하고 있어 인간 행동의 다른 중요한 측면들을 무시하고 있기 때문이라는 것이다. 금융 혁신이나 통제 불능의 신용? 주택 가격의 막대한 거품? 이런 것들은 DSGE의 합리적 기대의 세상에는 존재하지 않는다. 지난 금융 위기를 "설명"하기 위해(물론 그 위기가 일어난 뒤에) DSGE 고안자들은 자신들도 납득하기 힘든 황당한 가정을 더 추가해야 했다. DSGE 경제학자인 나라야나 코체를라코타(Narayana Kocherlakota, 1963년~)는 2010년 이렇게 말했다.

거시 경제의 대부분의 모델들은 기술 혁신 부분에서의 분기별 흐름에 의존하고 있다. (주로 선진국의 기술 혁신 지수를 가정하지만 반드시 그런 것은 아니다.) 어떤 모델들은 노동자들의 일하고자 하는 의욕을 나타내는 변수를 계속해서 변화시킨다. 다른 모델들은 자산 가격의 변동성을 표현하기 위해 자본 저량의 저하율에 분기별로 큰 변화를 가한다. 나는 이런 기술이나 선호에 연속적인 변화를 가하는 것은 문제가 있다고 생각한다. 왜 2009년 4분기에 모든 이들이 더 일을 하기 싫어져야 하는가?[12]

현실적인 결과를 만들기 위해 이들 경제학자들은 그들의 합리적인 행위자들의 행동에 점점 더 믿기 어려운 가정들을 추가해야 했다. 이런 식으로 사고를 유도하는 시스템이 의미가 있을까? 어떻게 비현실적인 상황에, 비현실적인 행위자들을 넣어 놓고, 그들의 행동으로부터 현실적인 값들이 도출될 것을 기대할 수 있을까? 이제 합리적 기대 혁명을 잊고, 모든 것을 처음부터 다시 시작하는 것이 더 나아 보인다. 미시적 토대의 개념은 마치 물고문(waterboarding)이라는 단어처럼 그 단어가 무엇을 말하는지 알기 전까지는 괜찮게 들리는 단어이다. 진정한, 그리고 현실적인 미시적 토대야말로 정말로 좋은 생각일 것이다.

인간은 현실에서 그렇게 대단한, 아니 썩 괜찮은 정도의 최적화 능력도 가지고 있지 못하다. 그러나 우리는 사회적 존재이다. 우리의 기대는 경제에 매우 큰 영향을 끼치지만 우리는 이 기대를 정하는 데 있어 종종 정책 제안자들이 하는 것과 같은 주의 깊은 숙고가 아닌 다른 사람들이 어떤 기대를 가지고 있는지를 참고한다. 오늘날 합리적 기대 가설은 셀 수 없이 많은 문제를 가지고 있으며, 그중 가장 큰 문제는 이 모델 안의 모든 주체가 다른 이의 영향을 받지 않고 스스로 결정을 내리고 행동한다는 점이다. 이 모델에서는 다른 모두가 주택을 구매하거나 플리핑(저렴한 가격에 주택을 구매하여 개보수 후 판매하는 행위)한다고 해서 나머지 한 사람도 그런 행위에 참여할 가능성이 더 높아지지는 않는다. 즉 사회적 영향이라는 요소가 아예 존재하지 않는 것이다. 이런 점에서 이들 모델이 지난 경제 위기의 가능성조차 예측하지 못했다는 것은 전혀 놀라운 일이 아니다.

야성적 충동

2000년대 초반, MIT의 알렉스 폴 펜트랜드(Alex Paul Pentland, 1952년~) 교수는 해외, 특히 인도에 MIT 협력(spin-off) 연구실을 만드는 위원회에 참여했다. 그러나 이 계획은 제대로 진행되지 못했다. "우리는 세계에서 가장 영리하고 열정적인 사람들로 구성되어 있었습니다." 그는 말한다. "그러나 우리의 일은 끔찍했지요. 그저 믿을 수 없을 정도로 끔찍했습니다. 사람들은 언뜻 보기에도 우스꽝스러운 결정을 내렸습니다. 2일 뒤, 이들은 생각했죠. '내가 어떻게 그런 결정에 동의할 수 있었지?' 그때는 마치 사람들의 두뇌가 꺼져 있었던 것 같았습니다."

펜트랜드는 컴퓨터 과학자였으며 다른 과학자들과 마찬가지로 합리적 사고와 의사 결정 습관을 가지고 있었다. 그러나 이 경험은 그를 혼란스럽게 했다. 이때 일어난 일을 곰곰이 생각한 끝에 그는 그들을 이끌던, 모두 극히 카리스마적이고 자신에 대한 확신에 차 있던 위원들이 다른 이들을 비이성적으로, 적어도 비언어적인 힘으로 이끌었다고 결론을 내렸고, 그는 그런 효과를 보다 분명하게 알기 위해 실험을 시작했다.

예를 들어 대형 콜센터에서 행한 한 실험에서 그는 바닥에 판매원들의 음성 패턴을 분석하는 장치를 설치했다. 이 장치는 판매원이 사용하는 특정한 단어나 그들의 대화에 나타나는 논리를 측정하는 것이 아니라 단지 물리적인 음성 신호, 곧 어조와 높낮이만을 측정했다. 그 결과 펜트랜드는 모든 통화의 성공과 실패를 처음 단 몇 초의 음성

만으로 정확히 예측할 수 있게 되었다. 성공적인 판매원들은 덜 말하고 더 많이 듣는 것으로 드러났다. 그들이 말을 할 때에는, 목소리는 소리와 높낮이의 측면에서 뚜렷하게 오르내렸고 고객의 필요에 대해 흥미를 보이고 더 잘 대응하였다. 소리의 변화가 없는 판매원은 너무 단호하거나 권위적인 것으로 여겨졌고 반대로 매력적으로 이야기하며 잘 응대하지만 몰아붙이지는 않는 숙련된 판매원은 전화를 걸어 온 사람들이 스스로 물건을 사게끔 만들 수 있었다. 그 회사는 이 결론을 자신들의 텔레마케팅에 바로 적용했고 이들의 매출은 20퍼센트 이상 증가했다.

인류학적인 관점에서 사람들 사이에 많은 비언어적 영향이 존재한다는 것은 놀라운 일이 아니다. 진화적으로 우리와 가장 가까운 사촌인 유인원, 침팬지, 그리고 다른 영장류들은 인간과 같은 언어를 가지고 있지 않지만 정교한 사회 구조를 가지고 있다. 그들은 사냥을 위해 그룹을 짜며 방어와 육아를 공동으로 해 낸다. 이 모든 일들은 비언어적인 방법인 힘의 과시, 의미를 가진 소음, 얼굴 표정 등으로 이루어진다. 이런 종류의 의사소통에 대한 본능은 인간의 조상이 강하고 협력적인 집단을 만들도록 했고 인간은 더 가까운 시기에 진화된 능력인 언어와 이성과 함께 이들 본능을 여전히 가지고 있다.

지난 세기의 가장 유명한 사회 심리학 연구 중 몇몇은 집단이 개인에게 어떤 영향을 주는지를 다루고 있다. 예를 들어 1951년 심리학자 솔로몬 엘리엇 아시(Solomon Eliot Asch, 1907~1996년)는 피험자에게 3개의 선분 중 옆에 있는 하나의 선분과 같은 길이의 선분을 묻는 매우 쉬운 문제를 물었다. 놀랍게도 그들은 다른 사람들이 틀린 답을 말하는 것을 듣고는, 눈에 보이는 명백한 답을 고르지 않고, 다른 사람들이 고른 틀린 답을 골랐다. 집단 속에 존재하는 사람들은 의식적으로 선택지를 비교하거나 의도적으로 (또는 소심하게) 다른 이의 의견에 동의하는 것이 아니다. 오히려 이 동의는 자동적으로 그리고 무의식적으로 일어난다.

경제학에서 케인스는 이와 유사한 힘이 금융 불안정의 원인이라고 생각했다. 곧 다수의 영향력은 낙관주의 또는 비관주의의 형태를 띠며, 사람들의 소비와 저축에도 영향을 주는 것이다. 그는 이것을 "야성적 충동"이라고 불렀다. 케인스의 연구는 경험과 통찰력에 바탕하고 있지만 오늘날 이런 야성적 충동은 더욱 분명하게 연구되고 있다.

"기대"라는 개념은 과거에 대해 명확한 관점을 가지고 있음을 상기시킨다. 기대를 가진다는 것은 과거의 경험에 기반을 두어 어떤 것을 기대해야 할지를 안다는 것을 의미한다. 그러나 우리의 기억은 그렇게 명확하지 않고 모호하며, 사회적 영향으로부터 자유롭지도 않다. 몇 년 전, 이스라엘의 심리학자 미카 에델슨(Micah Edelson)과 그의 동료들은 자원자들로 하여금 목격자에 관한 다큐멘터리를 보게 했고, 며칠 후 그들에게 다큐멘터리의 내용을 기억하도록 하면서, 한 그룹에게는 아무런 단서를 주지 않았고, 다른 그룹에게는 다른 이들이 기억한 내용을 알려 주었다. 이들은 종종 다른 이의 잘못된 기억을 본 후 비록 자기의 기억이 더 강하고 정확할 때도 다른 이의 기억이 맞는다고 답했으며 이는 순간적인, 그리고 장기적인 오류를 모두 발생시켰다. 더욱 깊은 연구를 위해, 연구진은 기능적 뇌 영상을 통해 이러한 기억의 변화가 발생하는 부위를 관찰했다. 참여자들은 그들이 실제로 기억하지 않는 것을 그저 다른 이들과 맞추기 위해 보고한 것이 아니었다. 그들의 뇌는 사회적 압력에 의해 실제로 변화했으며 그 결과 그들은 다른 기억을 가지게 된 것이었다.

이 실험은 그레고리 번스(Gregory Berns)와 그의 동료들이 행한, 아시의 유명한 사회적 동조 실험을 확인한 실험들과 비슷하다. 번스와 그의 동료들은 실험에서 자신의 의견을 버리고 다른 이의 의견을 따르는 '동조 참여자'가 단순히 의견을 바꾸는 것이 아님을 실험을 통해 밝혔다. 사회적 압력은 그들로 하여금 실제로 세상을 다르게 보게 했고 여기에는 이를 가능하게 한 뇌의 특정한 기제가 있었다.

실험실의 통제된 조건에서 진실인 것은 일반적인 상황에서도 진실일 수 있다. 우리의 현재에 대한 관점뿐만 아니라 우리의 과거에 대한 기억과 관점 역시 사회적 압력의 영향을 받는다. "주택 가격은 절대로 떨어지지 않아." 2005년 나의 영국인 친구 1명은 부동산 투기를 위해 구매한 세 번째 집을 저당 잡히며 이렇게 말했다. 그는 영리하고 침착하며 지적인 친구였으나 그의 의견은 자신의 독립적인 연구에 기반을 둔 것이 아니었다. 당시 신문에는 주택을 싸게 구입한 후 비싸게 파는 것으로 부자가 된 사람들의 이야기로 넘쳐 나고 있었다. 경제사학자인 킨들버거는 이렇게 말했다. "세상에서 친구가 부자가 되는 것만큼 한 사람을 짜증나게 하고 그의 판단에 영향을 끼치는 것은 없다." 내 친구는 다른 많은 이들처럼, 당시 세상을 지배하던 생각에 빠져 있었고 그의 두뇌 역시 물리적으로 이 생각을 따르도록 변화되었을 것이다.

이런 효과 중 어떤 것도, 아니 비슷한 효과도 DSGE 그리고 다른 오늘날의 거시 경제 모형에는 포함되어 있지 않다. 주류 경제학자들은 합리적 기대라는 구속복을 벗어나기 위해 매우 조심스런 몇몇 가정을 시도했으나 어떤 것도 충분하지 못했다. 물론 현실적인 심리학의 세계는 여기에 들어오는 이가 어쩔 수 없이 혼란을 겪고 길을 잃을 정도로 복잡하고 이해하기 힘들며 무한한 다양성을 가지고 있기 때문에 이것을 경제학에 시도하는 것은 매우 위험한 것으로 보일 수는 있다. 그러나 모든 세부적인 복잡함들을 한 번에 도입하려 하지 않고 그 단계를 신중하게 하나씩 밟아가는 것은 가능할 것이다. 예를 들어 소수자 게임은 사람들이 자신의 과거를 통해 미래를 예측하며 이것을 배우고 적응한다는 생각을 구체적으로 도입한 것만으로 커다란 진전을 이루었다. 사람들 사이에 실제로 존재하는 차이라든지 사람들의 행동이 전파되는 사회적 효과 등의 명백한 요소 역시 고려해 볼 필요가 있다. 탈평형 경제학의 소수의 모델들은 이미 이런 요소들이 경제 동역학에 포함되었을 때 어떤 일이 일어나는지를 다루고 있으며, 그 결과는 이 요소들 중 어떤 것도 이것을 도입함으로써 안전하고 안정된 평형과는 멀어진다는 사실을 알려 주고 있다. 어쩌면 이것이 주류 경제학이 이들 요소들에 대해 거부감을 가지는 이유일 수 있을 것이다. 생각에는 다양한 목적이 있으며, 진실을 찾기 위해 노력하는 것은 그중 하나이다. "이성적인 동물이라는 것은 얼마나 편리한가 하면" 벤저민 프랭클린(Benjamin Franklin, 1706~1790년)의 말이다. "하기 싫은 일은 무엇이든 아주 손쉽게 그 이유를 만들거나 찾을 수 있다."

물리학자와 실패한 철학자

물리학자에는 여러 종류가 있다. 그중에는 물론 수학적 아름다움을 목표로 하는 끈 이론가나 영국의 위대한 물리학자 폴 에이드리언 모리스 디랙(Paul Adrien Maurice Dirac, 1902~1984년)과 같이 물리학 연구를 "아름다운 수학을 찾는 과정"으로 생각한 사람도 있다. 그러나 다른 물리학자들은 전혀 다른 관점을 가지며, 이들은 데이터를 보고 그 안에서 패턴을 찾는 방식으로 연구한다.

이런 관점에서 지난해 독일의 물리학자 토비아스 프레이스(Tobias Preis, 1981년~)와 그의 동료들은 시장에서 가격의 움직임을 10밀리초(선물 시장에서의 초단타 매매)에서 약 100억 밀리초 또는 수십 년(40년 주기 동안의 S&P 500 지수)에 이르는 시간 동안 관찰했다. 시장의 참여자는 황소와 곰 시장에 대해, 그리고 현재의 추세가 오르고 있는지 내리고 있는지에 대해 많이 이야기한다. 여러 연구가 보여 준 것처럼 모멘텀은 실제로 존재한다. 프레이스는 이 모멘텀의 방향이 바뀌는 데 공통적인 패턴이 있는 것처럼 보인다는 것을 발견했다.

그들은 상승 추세가 하락으로 바뀌거나 그 반대의 경우를 말하는 "변곡점(switching event)"에 주목했다. 이것들은 수학적으로 명백하게 구별(또는 정의)된다. 이 연구자들은 동일한 수학적인 패턴을 모든 시간 스케일에서, 그리고 심지어 선물 시장과 주식 시장 사이에서도 찾았으며, 곧 거래량의 변화가 변곡점이 다가오고 있음을 예측한다는 변곡점의 특징을 찾았다. 기본적인 패턴은 간단한 수식으로 표현되었지만 그 아이디어는 아래의 그림에서 더욱 잘 나타나 있다. 하

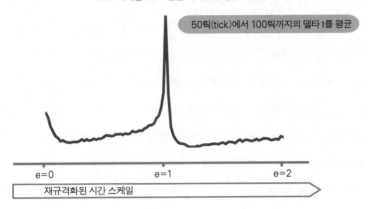

FDAX(독일 DAX 선물)의 시계열 평균 거래량

50틱(tick)에서 100틱까지의 델타 t를 평균

e=0   e=1   e=2

재규격화된 시간 스케일

그림 12 여러 시간 스케일에서의 거래량의 변화를 평균했을 때 나타난 공통적인 패턴. 위의 그림은 가격의 상향 추세가 하향으로 바뀌거나 반대의 경우에 거래량이 어떻게 정점을 찍는지를 보여 준다. 이 패턴은 수 개월 동안의 가격 변화에서도 또는 수 초 동안의 가격 변화에서도 나타난다. (Reprinted with permission from Tobias Preis, Johannes Schneider, and H. Eugene Stanley, "Switching Processes in Financial Markets," *PNAS* 108, 7674-7678 (2012).)

나의 상품에 대해 거래량은 변곡점에 가까워질수록 증가했다. 앞에서 말했듯이 이것은 하나의 시간 스케일에서가 아니라 모든 시간 스케일을 평균한 결과이다.

그림 12에서 거래량이 급증한 가운데 부분이 바로 추세가 바뀌는 부분이다. 이것은 변곡점이 가까워질수록 사람들이 더 많은 양을 거래한다는 것을 의미한다. 곧 이들의 행동은 다가오는 변화의 주기 경보 신호가 되는 셈이다.[13]

이 패턴들이 말해 주는 것은 한 종류의 집합적 행동이 다른 행동으로 바뀌는 것은 한 무리의 새가 갑자기 방향을 바꾸는 것과 다르지 않은 어떤 보편적인 작동 방식이 있다는 사실이다. 사실 생물학자들은 그러한 갑작스런 방향의 변화가 모든 새들이 동일한 합리적인 최적화된 계산을 하고 그 결과 동시에 그들의 마음을 바꾸는 것(새들의 항해에 대한 합리적 기대 관점)이 아니라 각 새들은 자신의 주변의 새들의 움직임에 반응하고 방향의 변화는 무리 전체에 퍼져 나가는 것이라는 사실을 알고 있다. 심지어 몇 년 전 찌르레기에 대한 실험은, 이들의 집단 비행 형태가 어떤 새의 행동에도 최대한 민감하도록 만들어져 있으며, 곧 어디에서 오는 정보이건 그 정보를 최대한으로 이용할 수 있게 되어 있다는 것을 보였다. 프레이스와 그의 동료들이 발견한 패턴 역시 시장에서도 이와 비슷한 일이 일어난다는 것을 알려준다. 즉 소수가 어떤 변화를 신경 쓰기 시작하고 이 변화에 따라 행동하면 다른 이들은 이들의 행동을 감지하고 이것을 따르게 된다. 이러한 행동들은 점점 더 커지면서 추세를 뒤집게 되고 결국 가격이 움직이는 방향은 바뀌게 된다.

이러한 통찰은 가장 경험 많은 중개자와 금융인의 직감을 특정한 수학적 형태로 반영된다. 전설적인 금융인인 소로스는 투자의 레오나르도 다 빈치(Leonardo da Vinci, 1452~1519년)라 불리며 그의 재능은 너무나 뛰어나기 때문에 그를 세계적인 전문가들 사이에서도 돋보이도록 만들어 준다. 지난 40년간 소로스는 몇 번의 예외를 제외하면 모든 위기를 예측했다. 그는 심지어 지구상의 전설적인 투자 은행들이 열세를 면치 못하고 있는 현재의 경제 위기 중에도 성공을 거두고 있다.

어떻게 그럴 수 있을까? 소로스는 자신의 통찰력의 근원을 몇 권의 책으로 설명하기 위해 노력해 왔는데, 그는 그 책들에서 매우 직관적인 언어로, 믿음과 행동 사이의 미묘한 상호 작용을 포착해, 인간적인 시장 이론이 인간의 행동과 시장의 작동에 어떻게 영향을 줄 수 있는지에 대한 자신의 "재귀 이론(reflecivity)"을 설명했다. 그 자신이 고백했듯이, '소로스 이론'은 그의 투자가 얻은 성공에 비해 전혀 성공하지 못했다. 이 사실 때문에 그는 자신을 "나쁜 의사소통자"이자 "실패한 철학자"로 여기고 있다.[14]

소로스의 아이디어는 경제학계에서 정당하게, 때로는 부당하게 비판받아 왔다. 그가 자신의 시장 이론을 대부분 정성적으로만, 그리고 아주 추상적인 철학적 용어로만 설명했으며 그의 관점이 예측 과학으로서의 명백한 구체성을 띠지 못하고 있다는 비판은 정당하다. 그의 논증 방식은 이제 아주 오래 전의 일이 되어 버린, 경제학이 수학적인 모습을 가지기 전의 모습과 비슷하다. 그러나 소로스의 아이디어가 단순히 경제학의 정통성과 딱 맞아떨어지지 않기 때문에, 그리고 근대 경제학과 많은 경제학자들이 열심히 만들어 온 얼핏 인상적으로 보이는 구조물을 위협하기 때문에 무시하는 것은 부당하다. 그러나 소로스는 그가 이미 수십억 달러를 벌었다는 점과 함께 그의 시장에 대한 관점이 우리가 지금까지 본 간단한 시장 모델과 매우 잘 맞아떨어진다는 점에서, 그가 최후의 승자가 될지 모른다. 소로스가 "모든 기품은 재귀적인 방법으로 싱호 긱용히는 추세의 소헤로 구성된다."라고 했을 때 그는 충분히 분명하게 말하지 않은 것일 수 있다. 그러나 그가 써 온 모든 내용에서 볼 때 그는 현실의 사건과 인간의 생각, 그리고 그 사건에 대한 반응, 이 세 가지가 양의 되먹임을 일으킨다는 점을 말하려 한 것으로 보인다.

그의 첫 번째 원칙은 인간이 가진 합리성과 지식보다 인간의 오류 가능성과 지식의 부족에 더 주목하는 것이다. 시장은 진실과 거짓을 판단하고 미래를 이해하기 위해 최선을 다하는 사람들로 구성되어 있지만, 그들이 사용하는 방법은 현실과는 거리가 있는 근사적인 방법일 수 밖에 없다. 참여자들은 그들이 이해한 만큼, 그 즉시 자신들의 행동을 보다 효율적으로 만들려고 하며 이것은 소로스가 마음의 "조작 기능(manipulative function)"이라 부른 것이다. 내 생각에 이것은 다소 너무 철학적이지만 그 근본적인 생각은 맞는 듯이 보인다. 이런 관점에서 소로스는 다른 변절한 경제학자들의 좋은 동료이다.

경제 날씨 이론

40년 전, 20대 중반이었던 찰스 그레이(Charles Gray)는 자신의 박사 과정 지도 교수였던 미국의 경제학자 하이먼 민스키(Hyman Minsky, 1919~1996년)와 같이 일하는 것이 항상 즐겁지는 않았다. 1970년대 세인트루이스에 위치한 워싱턴 대학교에서 그는, 다른 젊은 경제학자들과 마찬가지로, 합리적 기대 혁명의 흥분과 최적의 평형 결과를 추구하기 위해 금융 규제 철폐를 열광적으로 요구하는 흐름에 완전히 빠져 있었다. 오늘날 미네소타 세인트폴의 세인트 토머스 대학교의 교수가 된 그는 당시 평형 이론의 수학적 즐거움을 탐탁찮게 생각하는 경제학자 아래에서 연구하는 데 어려움을 겪고 있었다. "그는 금융 시스템과 경제가 얼마나 허약한지에 대해 끊임없이 말했습니다." 그레이는 훗날 이렇게 기억했다. "아무도 믿지 않는 이야기를 계속 반복하던 사람이었죠. 나는 그의 지도 아래에서 일해야 했습니다. 내가 그의 말을 믿었었는지 나는 잘 모르겠군요."[15]

케인스와 다른 역사적으로 중요한 경제학자들의 생각에 영향을 받은 민스키는 경제 시스템은 날씨와 같기 때문에 평형적 사고만으로는 절대 이해될 수 없다고 주장했다. 그는 인간 심리학의 근본적인 요인이 발명이나 때로 발생하는 새로운 투자와 함께 경제학의 푸른 하늘에 폭풍을 일으키는, 시장에서의 양의 되먹임이 발생하는 자연스러운 토대가 된다고 주장했다.

역사적인 사건들과 잘 맞아떨어지는 그의 이 이야기는 매우 설득력이 있다. 번영과 안정의 시대에 사람들은 자연히 낙관적이 된다. 투자자는 이윤을 기대하며 돈을 빌려 집을 사고 공장을 열고 새로운 회사를 시작하는 것과 같은 위험을 감수한다. 좋은 시대가 더 오래 지속될수록 이 사람들이 지는 위험은 더 커진다. 그러나 보통 대출과 레버리지를 이용해 그들의 잠재적인 이윤을 높이려 하는 투자자들은 빚을 갚아야 하며 모든 것을 유지하기 위해 점점 더 위험한 투자를 감행해야 한다. 마침내 그들의 자산이 허용하는 현금으로는 그 자산을 얻기 위해 진 산더미 같은 빚을 다 갚을 수 없는 시점이 다가온다. 이 시점에서의 어떤 작은 방아쇠는 사태를 반전시키게 된다. 1류 회사의 실패, 대형 회계 부정 사건의 보고나 이것과 비슷한 사건은 꾸준히 팽창해 온 시장의 자신감에 피해를 입히게 되며 곧 사태는 걷잡을 수 없게 된다. 투기적 자산에 손실이 생길 경우 대부자들은 그들의 대출금을 회수하고, 이 일이 일어났을 때 모든 것은 자산 가치의 붕괴와 함께 제자리로 빠르게 돌아간다. 경제는 지난 퀀트 붕괴와 유사한, 그러나 더 큰 규모일 수 있는 하향 소용돌이에 빠지게 된다.

2008년의 위기는 위의 패턴과 정확히 일치한다. 2002년부터 시작된 저금리는 사람들로 하여금 집을 사도록 만들었고 처음에는 전통적인 주택 저당 융자인 이자와 원금을 모두 갚아 나가는 예전의 방식으로 사람들이 집을 샀다. 그러나 신용을 얻기 쉬워지면서 사람들은 더 비싼 집을 사기 시작했고 이것은 투기적인 요소를 포함하기 시작했다. 첫 번째 대출자는 "이자만 내는" 융자를 받았고 그 후 "폰지" 대출자는 이자마저도 모두 내지 않는 융자를 받았는데, 이것은 곧 실제로는 빚이 더 증가하는 것과 같은 것이었다. 이 시점에서 거품은 낙관론으로 스스로 지탱되는 흐름이 되었다. 대부자들은 주택 가격이 계속 오르리라 믿고 폰지 대출자에게만 자금을 빌려 주지만 당연히 그럴 수 없기 때문에 다시 거대한 하락의 악순환이 몰아쳤다.

이것은 금융 기관이 거품을 키우는 데 핵심적인 역할을 한다는, 민스키 이론의 두 번째 요소이다. 폰지 대출자는 폰지 대부자를 필요로 하며 빠르게 증가한 그림자 금융이 원금을 책임지게 되자 대출은 더욱 투기적이고 위험하며 높은 레버리지를 가지게 되었다. 이는 주택 가격의 거품을 부추겼고 신용 대출 역시 주택 가격을 높였다. 거품은 터질 수밖에 없으며 현재는 이와는 반대의 현상, 곧 사업의 레버리지는 낮아지고 대출 기준은 상향되었으며 헤지 대출자들이 3차 대출자의 주류가 되고 있다.

민스키는 1984년에 나온 자신의 저서 『불안정한 경제 안정화시키기(*Stablizing an Unstable Economy*)』[16]에서 1720년 남해 회사 거품 사건에서부터 1928~1929년의 주식 시장 거품에까지 위와 같은 현상이 역사 속에서 반복되었다고 묘사했다. 그러나 그는 합리적 기대 혁명에 대해 케인스의 표현을 빌려 합리적 기대가 경제학계를 "종교 재판이 스페인을 완전히 정복한 것처럼(종교 재판은 인간의 비이성적 행동의 상징이다. ─옮긴이)" 정복했다고 표현하며 반대했다. 합리적 기대를 지지하는 주류들에게 시장 경제의 핵심이 곧 불안정의 영원한 근원이라는 주장만큼 강력한 저주는 없었다. 그러나 시대가 바뀌었다. 민스키는 필립스가 전 세계의 바람의 패턴을 지도화하고 그의 모델을 이용해 대기의 움직임을 컴퓨터로 시뮬레이션해 사람의 마음이 할 수 있는 것보다 더 자세하게 다양한 요소들의 상호 작용을 연구했던 것처럼 하지 않았다. 그러나 몇몇 용감한 경제학자들이 그런 시도를 시작했다.

예를 들어 지난해 경제학자 르바론은 필립스가 한 것처럼 모든 요소들을 단순화해, 그러나 충분히 의미 있는 초기 모델을 만들었다. 이것은 정기적으로 경제학과 경제학자들을 곤란하게 만들었던 자연적인 과정을 그런 모델들로 만들 수 있다는 사실을 희망적으로 보여 주었다. 대략적으로 표현하자면 르바론의 모델은 우리가 지금까지 본 다른 적응적인 모델들처럼 매매자들이 시장의 가격을 예측하려 한다. 상호 작용의 측면에서 이들 주체들은 실제 시장과 더 비슷한 금융 시장을 만든다. 특히 가격의 움직임은 EMH과 다른 관찰 결과들이 말해 주는 것처럼 예측 불가능하다. 또한 실제 시장에서 관찰되는 두툼한 꼬리와 장기 기억이라는 통계적 성질을 유사하게 가지고 있다. 이런 관점에서 르바론의 가상 시장은 다른 이들의 것과 비슷하다. 그러나 그는 한 단계를 더 나아갔다.

민스키의 통찰 중 한 가지는 어떤 사람들은 태어날 때부터 다른 이들보다 더 투기적이라는 사실이다. 그의 모델에서 르바론은 이 점을 반영하려 했고 자신의 모델에 어떤 사람들이나 회사는 보다 조심스럽게 "펀더멘털"을 조사하고 장기적으로 투자하며, 다른 이들은 보다 투기적이고 자신들이 이익을 보리라 믿는 추세에 공격적으로 올라타도록 만들었고 이것이 어떤 결과를 낳는지를 볼 수 있도록 만들었다. 그의 세상은 동일한 자동 장치들로 구성되지 않았다. 이 차이는 엄청난 효과를 낳는 것으로 밝혀졌다.

이 가상 세계의 시뮬레이션에서 그는 일반적으로 장기적인 관점에서 펀더멘털리스트 투자자들이 전체 부의 단 10퍼센트만을 다룰 때, 가장 투기적인 이들이 전체 부의 40퍼센트를 다룬다는 사실을 발견했다. 이것은 왜 그 시장에서 적응적이고 투기적인 이들이 전체 시장의 움직임과 이 시장을 움직이는 힘이 되는 모멘텀에 주도적인 효과를 만드는지를 잘 설명해 준다. 그 시장에서 자산들은 거품에 해당하는 가격 상승과 민스키가 설명했던 것과 같은 급격한 크래쉬를 반복해서 겪는다. 그리고 그 모델은 민스키의 묘사에서는 명확하지 않았던 몇 가지를 보여 준다.

첫 번째는 투기자들을 투기적이게 만드는 그들의 단기 추세에의 추종이, 자신들이 만드는 크래쉬의 위험을 잊게 만든다는 것이다. 심지어 시장이 정점에 도달했을 때도 그들은 그 위험이 여전히 낮다고 생각하며 그 시점까지의 자신들의 전략이 보여 준 좋은 성능이 그 증거라고 여긴다. 두 번째, 시장에 남아있는 펀더멘털리스트들은 크래쉬가 다가오고 있다는 것을 잘 인지하고 있으면서도 프리드먼과 다른 신고전주의 경제학자들이 주장했던 것처럼 시장을 안정화시키기 위한 어떤 일도 할 수 없다는 것이다. 가격의 급격한 상승 중에 이익을 보지 못한 이들 펀더멘털리스트들은 결과적으로 시장을 안정화시키기에 충분한 부를 그 시점에서 가지지 못한다.

한편 민스키는 레버리지를 증가시켜 가는 회사가 이런 가격의 파동을 만드는 핵심 요소라고 생각했었으나 르바론은 이것이 다소 복잡하다고 여겨 이 점을 포함시키지 않았다. 그럼에도 이 모델에서 이러한 가격의 상승과 하강의 파동은 나타났고, 결국 민스키가 말한 것과 같은 회사가 없을 때도 그러한 파동이 일어날 수 있다는 것을 르바론의 모델은 알려 주었다. 즉 레버리지가 존재하지 않을 때도 간단한 심리적 요인들과 위험에 대한 취향만으로도 그런 투기적 불안정이 만들어질 수 있는 것이다. 물론 레버리지는 거의 확실하게 그 모델을 더욱 불안정하게 만들 것이며, 특히 디레버리지의 악순환이 증폭됨에 따라 이것은 더욱 심해질 것이다.

이런 종류의 어떠한 컴퓨터 모델과 마찬가지로, 이 모델 역시 단 몇 가지 간단한 상호 작용을 위한 행동 규칙만으로도 어떤 결과가 나올지 생각하고 조사할 수 있는 도구이다. 물론 르바론의 작업은 첫 번째 시도일 뿐이며 어떤 결과가 가능한지에 대한 점검이자, 수수께끼처럼 보이는 사건들이 우리가 한 가지 기대와 평형시키는 개념만 무시하면 수수께끼처럼 보이지 않을 수 있다는 것을 보여 주는 실례이다. 역사학자들이 주목해 온 것처럼, 수많은 금융 거품들에서 왜 거품 직후에는 "금융 경색"이 따라오며, 크래쉬 이전에는 종종 장기간 동안 시장이 불안정하게 요동했을까? 이 미묘한 특징들은 상당히 간단한 탈평형 모델에서 자연스럽게 관찰되며, 또한 서로 다른 사고방식을 가진 투자자의 존재 여부가 이런 특징을 결정한다.[17] 이것은 확실히 민스키의 기본적인 통찰이 주목했던 것과 비슷하다.

사람들은 완벽하게 합리적이지 않다. 우리는 모두 다르다. 시장들은 평형에 있지 않다. 이 사실들이 세상이 복잡한 이유이며 이런 점들을 진지하게 다루어야 이것을 이해하는 데 있어 더 나아갈 수 있다.

탄식: 이렇게 될 수도 있었다

합리적 기대. 아마 경제학에서 어떤 개념도 하나의 이데올로기에 기초해 이처럼 분명하게 모든 다른 가능성을 거부하고, 경제적 현상을 평형의 개념 상자 안에 밀어 넣으려는 충동적인 욕망을 드러내지는 않았을 것이다. 이 욕망은 어떤 과학적 관점에서도 전적으로 기괴하게 느껴지지만 사회학적인, 또는 인간의 행동이라는 관점에서는 그나마 덜 기괴하게 느껴진다. 경제학이 자신들이 과학적 관점을 가지고 있다고 말하는 것은 스스로를 지적으로 막다른 골목에 가두어 버리는 것과 같을 것이다. 아시의 실험에서 사회적 동조에 대한 압력이 사람들로 하여금 실제로 짧은 선을 더 긴 것처럼 보게 할 수 있었듯, 경제학자들 역시 실험적으로 전혀 근거가 없는 합리적 기대 모델이, 실제 현실을 어느 정도 반영한다고 믿게 되었을 수 있다.

실제로 경제학자들은 상당한 정도의 사회적 압력과 대학원 과정에서의 개념의 세뇌를 받는다. 한 경제학자는 내게 새로운 방법들에 대한 동업자들의 명백한 혐오를 언급하며 "이 방법들 중 상당수는 모든 경제학자들이 처음 경제학을 배울 때 반복해서 배웠던 프리드먼의 경제학 방법론에 대한 오래된 논문으로까지 거슬러 올라갑니다. 나는 사람들이 이것을 떨쳐 버리기 위해서는 힘든 시간을 보내야 할 것이라고 생각합니다."

그 결과는 경제학의 지적인 위기로 나타나고 있다. 경제학자 데이비드 콜랜더(David Colander, 1947년~)와 그의 동료들은 위기가 터지고 나서야 오늘날 경제학적 사고방식에 대해 이렇게 비평했다.

이번 세계적 경제 위기는 어떻게 금융 시스템이 규제되어야 하는지에 대한 근본적인 재고가 필요함을 보였다. 또한 경제학자들의 체계적 실패를 분명하게 보여 주었다. 지난 30년간 경제학자들은 서로 다른 선택 법칙, 예측 전략의 수정, 사회적 맥락의 변화와 같이 자산과 다른 시장을 변화시킬 수 있는 주요 요소들을 무시한 모델들을 수없이 만들어 왔고 여기에 의존해 왔다. 심지어 평범한 관찰자에게도, 이런 모델들이 현실 경제의 실질적인 변화를 충분히 포함하는 데 실패했다는 것이 명백해 보인다. 더욱이 오늘날 학계의 넘쳐 나는 연구 주제에 따라 경제 위기의 본질적인 원인에 대한 연구는 밀려나고 있다. 또한 시스템 위기의 조기 신호나, 위기가 증폭되는 문제를 해결할 잠재적인 방법에 대한 연구도 거의 없는 실정이다. 사실 누구든지 학계의 거시 경제학이나 금융에 대한 무헌을 들춰 본다면 "시스템적 위기"라는 단어는 경제학 모델에는 존재하지 않는 다른 세계의 사건처럼 쓰인다는 것을 알게 될 것이다. 대부분의 모델은 태생적으로 이런 반복되는 위기를 다루기에 적합한 도구를 지원하지 않는다. 그것이 가장 필요한 시점에 전 세계는 어떤 이론도 없이 어둠 속에서 길을 헤매고 있다. 우

리에게 이것은 경제학자들의 체계적 실패이다.[18]

이것은 마치 폴 크루그먼(Paul Krugman, 1953년~)이 말하듯이 경제학자들이 "진실을 위해, 인상적으로 보이는 수학으로 꾸민 아름다운" 실수를 한 것처럼 보인다.

그러나 솔직히 말해 경제학에 사용되는 수학이 모두 그렇게 아름다운 것은 아니다. 루카스의 합리적 기대에 대한 기념비적인 논문에는 다음과 같은 수식이 나온다.[19]

$$U'\left(\sum_j Y_j\right)p_i(Y) = \beta \int U\left(\sum_j Y_j'\right)(Y' + p_i(Y'))\, dF(Y', Y)$$

대단하지 않은가? 마치 로마의 해질녘과 같다. 이 진부한 수식은, 독일의 수학자 레온하르트 오일러(Leonhard Euler, 1707~1783년)의 이름을 딴 오일러 공식이다. 이 공식은 경제에 포함된 한 개인이 어떻게 가장 최적의 방법으로, 자신의 부를 현재를 위한 소비와 미래를 위한 투자로 나누는지 의미한다. 이 결정은 현재 시장의 상태와 개인의 일어날 법한 미래에 대한 합리적인 (물론) 추측에 의존한다. 수학의 관점에서 이 수식은 실로 매혹적이다. 이 수식에는 많은 기호가 있고 심오하며 완벽해 보인다. 오일러 공식은 수학적 우아함을 실제로 가지고 있으며 물리학과 공학 수학에서 종종 쓰인다.

그러나 경제학에서는 이 공식이 그런 날카로운 가치를 전혀 가지고 있지 않다. 이것은 현실의 경제적 행동과는 전혀 무관한 지적인 놀이일 뿐이며 에벌린 워(Evelyn Waugh, 1903~1966년)가 현대 철학의 상당 부분을 묘사하기 위해 사용했던 표현을 빌면 "거실에서 즐기는 논리적 궤변"일 뿐인 것이다. 이와 비슷한 이유로 경제학자 로버트 웨인 클라워(Robert Wayne Clower, 1926~2011년)가 다음과 같이 고백했다. "경제학의 대부분은 이제 현실과 비슷한 어떤 것과도 매우 멀리 떨어져 있으며, 이것은 경제학자들이 자신들의 주제를 진지하게 생각하는 것을 종종 어렵게 만들었다."

분명히 이것은 현실을 모델링한 것이 전혀 아닐 뿐만 아니라 거의 정신병적인 환상이자 경제학에서 모든 중요한 되먹임과 비선형성을 제거하게 만든 확실히 부정직한 수학의 활용이다. 그 의도는 전적으로 본질적으로 복잡하고 호화로운 문제를 가장 간단하고, 심지어 시시한 것으로 바꾸고자 하는 것이다. 시티 그룹의 수석 이코노미스트인 뷔터는 합리적 기대에 기반을 둔 거시 모델의 가장 큰 "성취"는 경제학 이론에서 현실의 복잡함을 체계적으로 말소한 것이라고 말했다.

유동성이 낮은 시장에서 자산 가격들 사이에 발생하는 비선형적 되먹임에, 그리고 시가 평가 회계, 필요 마진, 추가 담보 요구 등을 겪는 자산에 노출된, 금융 기관들의 자금 비유동성에 놀라 본 적이 있는 이들은 이 거시 경제 모델에서 제거된 것들 때문에 우리가 무엇을 잃었는지 잘 이해할 것이다. 이 사실 때문에 우리는 문턱 효과, 임계 질량, 티핑 포인트, 비선형 가속도 등을 전혀 다룰 수 없게 되었다. …… 그 모델들에서 모든 비선형성과 불확실함이 주는 여러 가지 흥미로운 특징들을 제거한 것은 정책을 수치적으로 분석할 때 모델과 현실이 유리되게 만들었으며, 이것은 곧 커다란 퇴보였다.[20]

달리 말하면 DSGE 모델은 고요한 평형 상태만을 다룸으로써 어떤 폭풍이나 강한 바람이 없는 맑은 날만을 설명하려 시도했으며, 또 정의에 따라 그 맑은 날만을 다루었다. 진실로 그것들은 폭풍을 이해하지 못한 기상 예보관의 작업인 것이다. 영국 중앙은행 금융 정책 위원회의 오랜 위원이었던 경제학자 찰스 앨버트 에릭 굿하트(Charles Albert Eric Goodhart, 1936년~)는 DSGE 접근에 대해 현실 경제학자로서의 자신의 관점을 다음과 같이 요약했다. "이 모델은 내가 관심을 가지고 있는 모든 것을 배제하고 있다."

우리가 관심을 가져야 하는 것은 물론 인간이 사고하는 패턴만이 아니다. 몇 년 전, 두 신경 과학자는 런던의 주요 투자 은행의 중개인들을 대상으로 실험을 진행했다. 연속된 8일간의 영업일 오전 11시와 오후 4시에 이들은 17명의 중개인의 타액을 검사해 테스토스테론, 아드레날린, 코르티솔 등의 스테로이드 호르몬의 양을 측정했다. 이들은 중개인이 자신의 영리함이나 두뇌의 기민함으로만 좋은 실적을 쌓는 것은 아님을 발견했다. 배짱, 또는 "고환" 역시 중요한 역할을 했다. 중개인들은 오전에 높은 테스토스테론을 기록한 날 가장 좋은 실적을 거두었고, 테스토스테론은 고환에서 주로 생성된다.

이 결과는 테스토스테론이 혈중 헤모글로빈 농도를 높이며 이로써 더 많은 산소를 공급하게 만든다는 점에서 볼 때 그렇게 놀라운 일은 아니다. 어떤 동물이건 테스토스테론은 집요한 탐색, 대담성, 위험에 대한 선호를 강화시키며, 이것은 중개인이 시장에 존재하는 현실의 기회를 활용하는 데 명백하게 도움을 준다. 경기를 앞둔 운동선수들은 더 많은 테스토스테론을 분비한다.

이 실험은 심리적으로 육체적으로 스트레스를 받는 사람들에게 그 양이 증가하기 때문에 종종 "스트레스 호르몬"으로 알려진 호르몬인 코르티솔의 양이 바로 전 거래의 변동성에 직접적으로 비례해 증가한다는 것을 보여 주었다. 손해와 이익의 기록이 더 심하게 예측 불가능할수록 더 많은 코르티솔이 관찰되었다.

자, 이 사실이 왜 중요할까? 그것은 테스토스테론과 코르티솔의 양이 장기간 높은 상태를 유지하게 될 경우, 이것들이 좋지 않은 부작용을 만드는 것으로 알려져 있기 때문이다. 테스토스테론은 과도한 자신감과 지나친 위험을 감수하려는 경향을 부여한다. 코르티솔이 상승한 상태로 긴 시간 노출될 경우 불안, 불편한 기억에 대한 선택적 회상, 도처에 숨은 위험에 대한 민감성 등의 증상이 있으며 사람들은 위험을 과도하게 피하게 된다. 지난해 코츠는 그의 책『개와 늑대의 시간(*The Hour Between Dog and Wolf*)』에서 이 간단한 사실들이 우리가 시장을 어떻게 생각하는지에 대해 큰 영향을 끼친다는 것을 상세히 설명했다.[21] 우리의 신체는 어쩌면 상승기의 테스토스테론과 폭락 이후 하강기의 코르티솔로 경제적인 과열과 붕괴를 경험하도록 만들어져 있는지 모른다.

따라서 지금이야말로 경제학과 금융에 대한 이론은, 합리성에 대한 재앙과 같은 집착에서 벗어나 생리학적이고 생물학적인 이론으로 바뀌어야 할 때이다.

비록 합리성과 평형에 기반을 둔 경제가 경제학자들의 핵심에 뿌리 깊이 박혀 있고 또 이것을 보존하려는 소수가 필사적인 노력을 펼치고 있지만, 다행히 이런 사고방식은 명백하게 지식사의 쓰레기통으로 들어갈 운명을 가지고 있으며, 그 시기는 멀지 않았다. 이제 우리는 기존의 경제학을 경제학과 금융의 폭풍을 다룰 수 있는 진정한 과학으로 대체해야 한다. 우리가 앞 장에서 본 것처럼 매우 간단한 모델이라 하더라도 현실의 필수 요소들을 포함하는 한, 탈평형 동역학에 대한 상당한 통찰을 얻는 것이 가능하다. 르바론이 만든 민스키의 본질적 시장 불안정성에 대한 초기 모델은, 비록 이것이 시험적인 초기 단계더라도, 그러한 예가 될 것이다.

10

FORECAST

예측

"탈평형"은 실제 과학에서는 너무나 흔하기 때문에 그 이름으로 불리지도 않는다. 사람들은 이것을 동역학이라 부른다. 어떤 동역학 모델의 과정도 평형 상태에서 시작하지 않는데, 평형 상태에서 시작할 경우 아무 일도 일어나지 않기 때문이다. 지금은 경제학을 동역학적으로 다루는 모델에 대한 요구에 경제학자들이 깨어나 답할 때이다."

— 스티브 킨(Steve Keen, 1953년~), 경제학자

"교육은 거방진 무지에서 비참한 불활실루 이르는 길을 말한다."

— 마크 트웨인(Mark Twain, 1835~1910년)

헤지펀드 사이의 과열된 경쟁은 몇 분 만에 수십억 달러를 파괴하는 폭발적인 되먹임으로 발전할 수 있다. 빛의 속도로 이루어지는 컴

퓨터 "알고스(algos, 알고리즘의 줄임말)" 거래는 시장을 다루기 힘들게 만들고, 1초도 안 되는 시간 단위 안에 "불꽃"이 일어나도록 만든다. 되먹임이 주도하는 과도한 낙관주의와 비관주의는 시장과 전체 경제를 좌지우지하는 한편, 이런 낙관주의와 비관주의가 발생하는 배경 중에는 보다 깊은 생리학적 이유도 있다. 스스로 교정하는 안정된 평형이라는 개념은 절대 경제학과 금융의 핵심 원리가 되어서는 안 되며, 심지어 프리드먼조차도 이 개념을 받아들일 수 없어 여러 세대의 경제학자들에게 이런 자신의 생각을 밝힌 바 있다.

오늘날의 경제학 논문집은 지속적인 실업이나 빈곤부터 기업 간의 결탁이나 통화의 안정성(또는 불안정성)까지 모든 것을 설명하기 위해 평형 모델이 적용된 연구들로 가득 차 있다. 물론 이 현상들의 상당수는 서로 대립되는 힘 사이의 균형을 포함하고 있으며 평형적 사고가 세상이 어떻게 돌아가는지를 대략적으로 알려 줄 수 있다는 점에서는 이런 평형 모델의 범람이 잘못이라고 할 수는 없다. 단지 평형 모델에의 집중이 다른 것들을 배제하는 결과를 낳는다는 사실이 안타까울 뿐이다. 75년 전, 소수의 통찰력 있는 경제학자들은 평형 너머에 있는 것들을 연구하려 했으나 그들의 작업은 완전히 잊혔거나 체계적으로 무시되었다.

대공황의 여파는 경제학자들로 하여금 더 이상 보이지 않는 손이 경제를 항상 최적의 결과로 데려간다는 장밋빛 이야기를 자연스럽게 받아들이기 힘들게 만들었다. 영국의 경제학자 케인스는 수요의 일시적 부족이 되먹임에 따라 장기간의 스태그네이션 또는 자발적으로 유지되는 불황을 만들 수 있다고 주장했다. 케인스 이전에도 미국의 경제학자 어빙 피셔는 보다 분명하게, 시장과 경제가 걷잡을 수 없이 되는 데 수백 가지 길이 있으며, "오직 상상 속에서만" 균형 잡힌 평형을 발견할 수 있고, 이것은 마치 파도가 치지 않는 바다를 발견하는 것과 같다고 주장했다.[1] 특히 그는 낙관론의 팽배와 쉬운 신용 대출, 그리고 부채의 증가가 자연스럽게 "부채 디플레이션" 및 장기간의 금융 긴축과 경제 불황으로까지 이어진다고 보았다. (익숙하게 들리지 않는가?) 1940년대 칼도어와 존 리처드 힉스(John Richard Hicks, 1904~1989년)같은 다른 경제학자들은 경제적 활동이 어떤 평형 상태로 자리 잡기보다는 스스로 쉽게 위아래로 요동칠 수 있음을 보이는 수학적 모델을 만들었다.[2] 이들의 이른 작업은 당시 가장 최신의 과학적 흐름에 완전히 맞춰져 있었으며 경제학의 다양한 날씨를 만들어 내는 그 근본적인 불안정성을 포함했을 뿐만 아니라 다른 여러 가지 특성들 또한 포함하고 있었다. 1952년 계산 이론의 발명자인 영국의 수학자 앨런 매시선 튜링(Alan Mathison Turing, 1912~1954년)은 양의 되먹임과 불안정성이 인생 그 자체의 근본에 자리 잡고 있으며, 특히 분할된 세포가 신체의 다양한 기능에 특화되는, 태아의 발달 과정이라는 기적이 바로 양의 되먹임에 따른 것이라고 지적하였다. 우리는 오늘날 그가 옳았다는 사실을 알고 있다. 생물은 모든 특별한 신경 세포, 혈액 세포, 근육 세포, 그리고 우리가 살아가는 데 필요한 기관을 만들고 조절하는 데 양의 되먹임에 의존하고 있다.[3]

그러나 다른 과학 분야들이 이런 통찰을 통해 성공했음에도, 경제학은 1970년대에 이상한 방향으로 스스로를 이끌었다. 합리적 기대 가설을 따름으로써 경제학은 평형이라는 껍질 속에 머물게 되었고, 시장 동역학을 다루는 것은 대체로 진지한 연구 주제가 아니라고 여겨지게 되었다. 오늘날 피셔와 케인스의 자연적인 불안정성에 대한 통찰은 무시되었거나 사실상 의미를 잃은 상태에서 평형 모델 속에 조용히 포함되었다. 몇 안 되는 단호한 소수파를 제외한 대부분의 경제학자들은 혼돈 이론, 또는 예를 들어 자연 경관과 우주 속 은하의 분포에서 보이는, 모든 탈평형 과정에서 발생하는 프랙탈 구조의 과학과 같은 지난 수십 년의 가장 심오한 과학적 발견을 사실상 무시해 왔다. 오늘날 탈평형 모델에 대한 꾸준한 관심은, 계속해서 발견되는 경제와 금융 제도의 요동이 실은 외부 "충격"이 없는 상황에서도 매우 일반적인 것이라는 사실을 우리에게 보여 준다. 보이지 않는 손이 자동적으로 효율적인 세상을 만들어 준다는 주장은 지나간 시대의 헛된 꿈에 지나지 않는다는 것을 우리는 지금까지 보았다.

그러나 이 마지막 장에서 나는 다른 문제를 생각해 보고 싶다. 우리는 폭풍을 이해하고 있을 뿐만 아니라 폭풍을 예측하고 이것을 알림으로써 커다란 이익을 얻고 있다. 미국 중부 지방의 평원을 매년 주기적으로 휩쓰는 토네이도들은 더 이상 100년 전만큼 많은 사망자를 만들지 않고 있으며, 이것은 기상 예보가 토네이도들이 발생할 수 있는 조건을 정확하게 경고할 수 있기 때문이다. 이런 사실은 경제와 금융에서도 이와 같은 일을 할 수 있지 않을까라는 뚜렷한 질문을 떠올리게 만든다. 과연 우리는 경제학에서도 미래에 대한 유용한 예측을 할 수 있을까?

지금 이 글을 쓰고 있는 2012년 6월, 경제 신문을 장식하고 있는 뉴스는 이것이다. 그리스, 스페인, 포르투갈, 그리고 이탈리아는 디폴

트를 선언해야 할지 모르는 흔들림을 겪고 있고 독일, 프랑스, 영국, 그리고 미국의 거대 은행들을 위협하고 있다. 지저분한 금융적 상호 의존성은 전체 유럽 연합 통화 동맹을 위협하고 있다. 어제 내 이메일함에는 소로스의 기고문 「유로화를 구하기 위해 3일이 남았다」가 도착했다. 유로화는 구해질까? 그 내용은 유럽의 지도자들이 유로화가 망하도록 내버려 두지 않을 것이라는 낙관적인 관점에서부터 (내 생각에는 보다 현실에 가까운 듯한) 유로화의 운은 거의 다했다는 우울한 관점까지를 모두 다루고 있었다.[4] 이 책의 독자들은 이 역사적인 사건이 어떻게 진행되었는지 알고 있겠지만, 이 원고를 쓰는 현재 시점에서 이것을 예측하는 것은 거의 불가능하다.

유럽의 경제에 앞으로 어떤 일이 벌어질지 알 수 있는 컴퓨터 모델은 존재하지 않으며 이것을 만들겠다는 생각조차도 실은 다소 터무니없다. 그런 모델이 있다 하더라도 그 존재 자체는 사람들의 행동을 바꾸게 되며 이것은 그 모델의 예측을 부정확하게 만든다. 이것은 분명한 사실이며 바로 이것이 사회 과학의 문제이다. 사회 과학 이론은 사람들이 그 이론을 배운 뒤에 이전과는 다른 행동을 하게 만듦으로써 현실을 바꾸게 되며, 결국 그 이론의 예측을 틀린 것으로 만들게 된다.[5]

많은 사람들이 여기에서 생각을 멈추었다 즉 우리는 날씨를 예측하는 것처럼 경제학과 금융에 대해 예측할 수 없을 것이라고 생각한 것이다. 그러나 나는 그 결론이 다소 너무 성급한 것이라 본다. "예측"은 미묘하고 다양한 의미를 가진 단어다.

역사는 반복되지 않는다

제1차 세계 대전 당시, 많은 기상학자들은 정확한 과학적인 일기 예보를 포기하고 있었다. 이 분야는 오늘날 경제학이 그런 것처럼 어려움을 겪고 있었고 현실적인 실패는 광범위한 비판을 받고 있었다. 노르웨이의 기상학 선구자 빌헬름 비에르크네스(Vilhelm Bjerknes, 1862~1951년)에 대한 전기를 쓴 로버트 프리드먼(Robert Friedman)이 1900년대 초기의 일기 예보 상태를 묘사한 다음의 구절은 상당히 익숙하게 들린다.

> 날씨를 예측하는 간단한 법칙을 발견하겠다는 꿈은 지난 세기말을 끝으로 사라졌다. …… 많은 이론들이 발전했었다. 열역학과 유체 역학이 이상적인 대기의 문제에 적용되었으나 여전히 날씨를 예측하는 것은 점점 형식적인 일이 되어 갔고 기상의 변화를 이끄는 과정을 물리적으로 이해하는 것과는 멀어졌다. …… 1900년 다수의 기상학자들은 날씨를 예측하기 위해 물리적이거나 동역학적인 통찰보다 통계적인 패턴을 찾았다. 그런 시도들은 모두 무위로 돌아갔다. 기관들은 보수적으로 새로운 접근을 시도했으나 절망감만이 더해질 뿐이었다.[6]

당시의 기상학자들이 사실상 기적을 바랐다는 것이 그렇게 놀라운 사실은 아닐 것이다.

예를 들어 영국 기상청은 모든 날짜의 전국 관측소의 기압, 풍속, 습도, 그리고 다른 변수들을 모두 기록한 거대한 기상 지도의 색인을 만들었고, 이 자료를 쌓아 갔다. 이것은 곧 기상의 역사였으며, 기상학자들은 미래를 예측하기 위해 이 색인을 "찾아보았다." 아이디어는 간단했다. 현재의 날씨가 어떠하든, 과학자들은 오늘과 비슷한 패턴을 가진 과거의 날씨를 찾았다. 예를 들어 1903년 5월 1일의 조건이 오늘과 비슷했다면 5월 2일과 3일의 날씨를 찾는다. 만약 5월 2일이 맑고 바람이 잔잔한 날이었고 5월 3일은 소나기와 강한 바람이 불었다면 이들은 내일의 날씨와 모레의 날씨를 그렇게 예보했다. 기상학자들은 날씨의 역사가 반복되기를 바랐다.

그러나 결과는 좋지 않았다. 그리고 앞서, 바람이 정말 속도를 가지고 있는지 궁금해 했던 인물인 리처드슨은 자신이 그 방식의 결과가 좋지 않은 이유를 안다고 생각했다. 1916년 리처드슨은 일기 예보를 향상시킬 임무를 띠고 스코틀랜드 에스크달레뮈르(Eskdalemuir)에 있는 영국 기상 관측소의 감독관으로 부임한다. 그가 처음 발견한 것은 기상학자들이 예측이 가능한 다른 과학 분야의 예를 따르고 있지 않다는 사실이었다. 그는 천문학자들이 행성과 항성의 아주 먼 미래의 움직임까지 놀랄 만한 정확도로 예측할 수 있음에도, 그들이 우주의 움직임이 반복된다고 가정하지는 않는다는 사실에 주목했다. 오히려 그 반대였다. 그는 "특정한 항성, 행성과 위성의 배열은 다시는 반복되지 않는다고 말하는 것이 보다 안전할 것이다. 그렇다면 현재의 기상 정보가 과거의 기상 기록을 반복할 것이라 기대할 필요가 있을까?"[7]라고 말했다.

물론 천문학자의 성공은 뉴턴이 먼저 묘사하고 후에 오일러, 라그랑주와 다른 이들이 발전시킨 천체의 움직임에 관한 법칙에 기대고 있다. 천문학자들은 예를 들어, 목성과 화성의 현재의 위치로부터 중력의 영향 아래에서 행성들의 움직임을 묘사하는 수학을 이용해 각행성들의 앞으로의 위치를 계산하며, 1달 뒤, 1년 뒤, 그리고 100년 뒤의 위치를, 비록 그 위치들이 한 번도 보지 못한 배열이라 하더라도 계산할 수 있다.

리처드슨은 무엇을 예측하려 하건간에 그것의 변화를 지배하는 법칙을 진정 이해해야 한다고 생각했다. 그러나 당시의 기상학자들은 이를 피하려 하고 있었다. 날씨를 예측하는 것은 "대기가 복잡한 만큼 복잡할 수밖에 없으며", 어떤 기적이나 지름길도 있을 수 없다. 리처드슨은 자신의 주장을 증명하기 위해 계속 노력했으나, 그에게 그것은 적어도 한동안은 매우 지루하고 위험하고, 또 실망스러운 일이었다. 그는 곧 제1차 세계 대전 때 구급차를 운전하기 위해 에스크달레뮈르를 떠나야 했고 북부 프랑스에서 프랑스군과 함께 종전을 맞이했다. 그는 총탄이 쏟아지는 가운데 부상자들을 구출하는 위험천만한 일을 맡았고, 그런 상황에서도 틈틈이 시간이 날 때마다 바닥에 앉아, 그가 후일 묘사하기를 "차갑고 젖은 민가의 건초더미 위에서" 오직 손으로 매우 중요한 계산을 해냈다. 그의 목표는 실제 물리학 법칙을 적용해 8시간 뒤의 유럽의 한 지역의 날씨 변화를 계산하는 것이었다. 1917년 4월, 샹파뉴 지역 전투의 혼란 와중에 그는 자신의 계산과 자신이 참고하던 책의 사본을 잃어버리고 말았다. 몇 달 뒤 석탄더미 아래에서 그는 이것을 찾았고, 다시 계산을 시작했다.

마침내 계산을 끝낸 그는 자신의 결과를 당시 알려져 있었던, 1910년 독일의 어느 지역의 기압 변화와 비교해 보았다. 그러나 두 결과는 완전히 달랐고, 그의 노력은 실패로 끝을 맺었다. 그러나 역사는 리처드슨의 모든 작업에 명예를 다시 찾아 주었다. 그가 틀린 이유는 단지 작은 계산 실수였던 것이다.[8] 그의 기본적인 생각은 옳았고 오늘날 전 세계의 기상 예측 센터에서는 그의 아이디어를 발전시킨 방법을, 발달된 컴퓨터의 도움으로 놀랄 만한 성공 확률을 보이며 사용하고 있다.

예를 들어 영국의 레딩(Reading)에 있는 유럽 중기 기상 예보 센터(European Centre for Medium-Range Weather Forecasts)는 가상의 대기를 시뮬레이션하는 2대의 슈퍼컴퓨터를 운용하고 있다. 이 모델은 지표면에서 40마일 상공에 이르는 2,000만 개의 장소의 바람, 온도, 습도를 예측한다. 미국의 국립 환경 예보 센터(National Centers for Environmental Prediction)도 이것과 비슷한 일을 하고 있다. 매일 저녁 뉴스에 보이는 주간 일기 예보뿐만 아니라 농부, 항공사, 운송업, 군, 그리고 날씨가 자신들의 일에 매우 큰 영향을 끼치는 이들을 위한 더 자세한 예측 서비스의 뒤에는 바로 이들, 유럽과 미국의 시뮬레이션 및 다른 전 세계의 국가들에서 이루어지는 이와 유사한 시뮬레이션이 자리 잡고 있다. 석유 회사가 유조선의 몇 주 간의 이동 경로를 계획할 때, 이 배들은 강한 바람과 폭풍을 피함으로써 수만 달러를 절약할 수 있는데, 이것은 우리가 미래를 예측할 수 있기 때문에 가능하다.

이 과학적 성공에는 두 가지 교훈이 있다. 첫째, 기술은 인간 지성의 힘을 막대하게 증폭시켰다. 철학자 대니얼 데닛(Daniel Dennett, 1942년~)은 디지털 컴퓨터를 "과학적 도구의 측면에서 정확한 시간 측정 장치의 발명 이후 가장 중요한 인식론적 진전"이라고 묘사했고 그의 말은 거의 맞을 것이다. 1940년대 발명된 컴퓨터는 이후 수백만 개의 부품을 가진 제트기부터 교통의 흐름과 심지어 복잡한 인간 두뇌 신경의 발화에 이르는 모든 것을 우리가 시뮬레이션할 수 있게 해주었다. 우리는 역사학자 조지 다이슨(George Dyson, 1953년~)이 "새로운 우주"라고 부른, 우리 우주와 동시에 진행되는 우주를 만들었으며 우리의 우주를 이해하는 데 사용할 수 있도록 그 새로운 우주를 점점 더 복잡하게 만들기 시작했다. 둘째로 기상 예측의 성공은 리처드슨의 가장 중요한 주장인, 미래를 예측하기 위해서는 현재를 움직이는 인과적 요인에 대한 진짜 이해가 필요하다는 것을 확인했다는 점이다. 현실의 문제가 기적적인 수학적 마술이나 놀라운 이론에 의해 해결되는 일은 거의 없음에도, 우리는 늘 그런 방법들을 찾고 있는 것이다.

다양한 효과와 힘들이 상호 작용할 때, 이것을 예측하기 위해서는 우리는 그 상호 작용과 결과를, 때로 멀리 둘러 갈 필요가 있다 하더라도, 끝까지 추적해야 한다. 이것을 통한 예측 결과가 완벽히 정확하거나 확실하지는 않을 것이다. 그러나 그것이 바로 우리가 따라야 할 길이다. 이 세상에서 우리가 확실하게 알 수 있는 것은 거의 없다.

우주의 모든 미래

사람들에게 예견(prediction)이나 예측(forecast)을 말해 보라고 하면 많은 이들은 미래에 대한 정확한 주장을 상상한다. 2015년 크리스마스에 도쿄에는 지진이 발생할 것이다. 클리블랜드 브라운스(Cleveland Browns)는 앞으로 슈퍼볼을 3번 연속 우승할 것이다.[9] 이런 의미에서의 정확한 예측이 실제로 어떤 경우에는 가능하다. 우리는 개기 일식이 일어나는 2804년 5월 1일의 태양과 지구, 달의 위치를 매우 정확히 알고 있다.[10] 오스트레일리아의 일부와 남반구에서 달은 몇 분간 태양을 완전히 가릴 것이다. 일식을 가장 잘 볼 수 있는 곳은 오스트레일리아 브리즈번에서 북동쪽으로 600마일 떨어진 산호초 지역이며 어둠은 정확히 5분 21초간 지속될 것이다.

이런 정확한 예측은 뉴턴의 법칙이 기술하는 행성 운동이 완벽히 결정되어 있기 때문이며, 이것은 프랑스의 물리학자 피에르 시몽 마르키스 드 라플라스(Pierre Simon Marquis de Laplace, 1749~1827년)로 하여금 충분한 지성은 이 우주의 모든 미래를 알 수 있다고 주장하는 영감을 주었다. 그는 "그 충분한 지성에게는 어떤 것도 불확실하지 않으며 미래 역시 과거처럼 선명하게 보일 것이다."[11]라고 상상했다. 그러나 우리는 경제학이나 금융에서, 또한 과학의 대부분의 분야에서 그렇게 정확한 예측이 가능할 것이라고 기대해서는 안 된다.

핀볼이 핀볼 머신에서 발사되었을 때 이 볼의 움직임은 그것이 움직이는 경로상의 모든 영향에 극도로 민감하다. 핀볼을 아주 약간 강하게 발사하는 것만으로도 볼의 움직임은 완전히 바뀐다. 결정론적 혼돈으로 알려진 이 현상 덕분에 우리는 핀볼 게임을 재미있게 즐길 수 있으며, 라플라스가 꿈꾸었던 완벽한 예측이 대부분의 자연 현상에서 불가능한 이유도 이것이다. 연속된 사건들 사이에 발생하는 아주 작은 사고는 역사의 경로를 바꾸게 되며 따라서 완벽한 예측이란 매우 짧은 시간을 제외하면 불가능해지는 것이다. 이런 근본적인 수학적 이유 때문에 가장 정확한 지역 일기 예보라 하더라도 며칠 뒤의 결과는 곧 무의미하게 된다. (이런 이유로 10일 예보는 항상 주의해야 한다.)

금융과 경제학에도 같은 문제가 존재한다. 심리학자(또는 로봇 공학자)가 바로 내일 인간이 기계와 같이 간단하고 예측 가능한 법칙으로 움직인다는 것을 밝혀낸다 하더라도 금융 시장과 다른 세상의 모든 것들은 여전히 예측 불가능할 것이다. 사람들 사이의 상호 작용은 그 개인들로 이루어진 초기 모델의 작은 오차를 빠르게 증폭시킬 것이며 이는 그 모델이 주는 예측 결과를 곧 쓸모없게 만든다. 각 개인의 행동과 심리에 헤아릴 수 없는 복잡성이 있어야만 예측 불가능한 시스템이 만들어지는 것은 아니다. 단순한 수학만으로도 시스템은 예측 불가능해진다. 물론 인간의 행동과 심리는 복잡하며 그래서 사회가 더욱 복잡해지고, 이것이 문제를 더욱 어렵게 만드는 것은 사실이다. 만약 은행 제도의 운명이 각각의 은행원들의 행동에 의존하고 있다면, 물론 실제로 종종 그렇기도 하지만, 라플라스가 원했던 것과 같은 완벽한 예측은 명백히 불가능하다.

더구나 내가 앞서 설명한 자기 참조의 문제, 곧 인간 사회를 이해하려는 노력의 핵심에 존재하는 진짜 패러독스가 있다. 금융가 소로스는 이 패러독스를 "재귀성(reflexivity)"이라고 불렀다. 사회적 세계를 이해하려는 우리의 노력은 그 노력이 어떤 결과를 낳게 되는 순간 다시 우리의 행동에 영향을 주는, 피할 수 없는 되먹임을 만들게 된다. 이것은 자연 과학자들에게는 해당되지 않는 특성이며, 이것 때문에 사회 과학은 근본적으로 달라진다. 과학 철학자 칼 포퍼(Karl Popper,

1902~1994년)가 학술적인 용어로 설명했던 것처럼 재귀성 역시 세상이 예측 불가능한 다른 이유이기도 하다. 월드 와이드 웹이 세상을 어떻게 바꾸는지를 보라. 우리는 우리가 무엇을 발명하게 될지를, 그리고 우리의 지식이 어떻게 성장하게 될지를 미리 알 수 없다. 왜냐하면 우리가 그것을 지금 알고 있다면, 이것은 곧 우리가 그 발명과 지식을 이미 알고 있다는 뜻이기 때문이다. 따라서 미래에 발견할 내용을 지금 예측한다는 것은 전적으로 말이 되지 않는 것이다. 즉 어떤 절대적인 이유로, 인간의 미래는 예측 불가능할 수밖에 없다.

나는 예측이라는 것이 불가능하다는 이런 주장들을 반대하는 것은 분명히 아니다. 그러나 이 각각의 논리들은 극히 정확한 예측(과학에서도 사실 드물게만 존재하는)이 불가능하다는 사실을 주장한다는 점에 주의하자. 예를 들어 전염병학자들은 자신들이 언제 어디서 조류 독감이 정확히 발생할지를 예측할 수 있다고는 생각하지 않는다. 이것은 조류 독감의 발생에는 유전자의 돌연변이뿐만 아니라 바이러스의 빠른 진화를 유발하게 될 사람과 조류의 접촉과 같은 많은 사람들의 행동도 관련이 있기 때문이다. 그러나 이런 정보를 전혀 알 수 없음에도 전염병학자들은 가능한 바이러스의 전염 경로들을 예측할 수 있으며, 이런 대략적인 예측만으로 이들은 수백만 명의 생명을 살릴 수 있다.

미래를 완벽하게 아는 것이 불가능할지라도 미래를 부분적으로 이해하는 것은 충분히 가능하다. 예견과 예측은 배의 건조에, 인공위성의 발사에, 그리고 기후 과학에서, 정확한 예측이 불가능한 이 세계들에서 충분히 중요한 역할을 하고 있다.

경제학과 금융에서 어떤 것이 가능하고 그럴듯한지만 예측할 수 있나고 하더라도 우리는 레버리지가 시장을 과열된 경쟁으로 몰아가고, 그 결과 시장이 어떤 눈에 보이지 않는 불안정성의 임계점 너머로 옮겨 간다는 사실을 보았다. 또한 기관들 간에 위험을 서로 분담하는 것이 보기에는 이성적이지만 어떤 경우에는 파산의 위험을 더욱 늘린다는 사실도 알았다. 사회 경제적 예측의 목표는 시장이 갑작스럽게 혼란에 빠지게 되는 여러 끔찍한 경로들을 예상하는 것이며 또 되먹임을 일으킬 수 있는 주요 요소들을 파악하는 것이다. 이를 통해 우리는 자칫 매우 위험할 수 있는 우리의 무지를 덜 위험하게 만들 수 있다.

평형적 사고는 금융 시장의 자기 규제 능력을 과신하고 조장해 왔으며, 또한 잠재적인 위험과 위기에 대한 현실적인 감각을 가지지 못하게 만들어 왔다. 자신의 무지를 아는 것은 언제나 무엇인가를 애매하게 확실히 아는 것보다 낫다. 탈레브의 비유를 빌리면, 고도계가 없는 조종사는 적어도 창밖을 주의 깊게 바라본다는 점에서 잘못된 고도계에 의지하는 조종사보다 낫다. 물론 오늘날 시장의 복잡성은 이것과는 다른 비유를 필요로 한다. 곧 우리의 조종사는 창밖을 통해 앞이 보이지 않는 안개를 보았고, 적어도 하늘을 계속해서 날기 위해서는 무언가의 간절한 도움이 있어야 한다는 것을 았았다. 이 안개를 부분적으로라도 밝힐 수 있는 도구가 바로 양의 되먹임을 구체적으로 포함한 모델이며 이것으로 우리를 추락시킬 위험을 어렴풋이라도 파악할 수 있다.

태생적인 연약함, 그리고 이것을 어떻게 피할 것인가

터너와 그의 동료들의 헤지펀드 산업에서 레버리지가 낳은 결과에 대한 의문은, 1961년 필립스가 가졌던 날씨의 근원에 대한 고전적인 의문과 같은 성격을 가진다. 필립스는 자전하는 행성 위에서 열로 데워진 공기의 흐름이 우리가 현실에서 보는 무질서한 날씨를 만드는 데 충분한지에 대해 의문을 가졌다. 터너, 파머, 지아나코플로스는 펀드들의 경쟁과 조합된 레버리지가 퀀트 붕괴 사건에서 발생한 것과 같은 갑작스런 디레버리징 사건을 항상 일으키는지 의문을 가졌다. 두 의문에 대한 대답은 모두 '그렇다'였다. 일단 이 현상들 속에서 양의 되먹임이 존재한다는 것을 보게 되면, 그 현상들은 더 이상 놀랍지 않다.

날씨는 원래 그렇게 존재하는 것이며, 대부분의 경우 우리는 날씨를 바꾸려고 노력하지 않는다.[12] 이것과는 달리 현대의 금융 제도는 "우리가 스스로 만든 악마"[13]이며 우리는 금융 제도를 본질적으로 연약하게 만든 불안정성을 피하기 위해 노력할 수 있다. 이런 점에서 레버리지에 따른 경쟁에 기반을 둔 모델은 우리가 시장의 모델에서 실로 무엇을 할 수 있는지 매우 뚜렷하게 보여 주었다. 이 모델은 특히 겉보기보다 훨씬 더 보편적인 모델이다.

2008년 10월 지아나코플로스는 벤 버냉키(Ben Bernanke, 1953년~)를 포함한 연방 준비 제도 이사회 구성원들 앞에서 발표할 기회를 가졌다. 그는 자신이 "레버리지 사이클(leverage cycle)"이라 부르는, 경제가 높고 낮은 레버리지 사이를 순환하며, 그리고 폭발적인 디레버리징 사건으로 종결되는 자연스러운 경향을 설명했다. 그는 사실상 헤지펀드를 가지고 만든 모델은, 실제 일어난 일에 비해서는 장난감에 불과하다고 주장했다. 예를 들어 최근의 금융 위기로 이어진 호황기에 신용 대출은 매우 쉽게 이루어졌고 주요 금융 기관들은 레버리지의 비율을 30대 1까지 높일 수 있었다. 금융 제도는 적절한 불꽃을 기다리는 시한폭탄이 되어 있었다. 리먼 브라더스의 파산이 일으킨 추가 디레버리징은 퀀트 붕괴 사건과 매우 유사했으며, 단지 더 많은 기관들을 더 큰 규모로 포함하고 있었다는 차이만이 존재했다. 이 디레버리징은 4년이 지난 지금, 2012년 여름까지도 계속되고 있다.

지아나코플로스가 지적한 것처럼, 대출과 마진 콜이 존재하는 어떤 시장에서도 이러한 되먹임은 존재한다. 신용 카드를 사용하는 것은 담보물 없이 돈을 빌리는 것이며 은행은 이때 당신의 신용을 믿고 돈을 빌려 주는 것이다. 담보물이 있는 대출은 이것과 다르며, 차입자가 이 대출을 갚지 못하면 그는 담보로 잡힌 자신의 자산을 잃는다. 은행 역시 자신이 가진 주식이나 다른 자산을 담보로 제공하고 돈을 빌려 왔다. 엄밀히 말하면 이 대출들은 종종 하루가 만기인 대출이지만 이 계약은 일반적으로 이 대출들과 담보물이 어떤 비율 이하로 유지되는 한 다음날로 "연장된다." 여기에 마진 콜이라는 개념이 등장한다. 주식의 가치가 떨어지면 차입자는 그 비율을 유지하기 위해 대출을 일정 부분 갚아야만 한다. 문제는 마진 콜을 당한 차입자는 빚을 갚기 위해 어디선가 현금을 구해 와야 하며, 이때 그에게 가장 쉬운 방법은 자신이 가진 담보를 파는 것이다. 이것은 곧 위험한 고리를 만들게 된다. 자산을 파는 행위는 이 자산의 가격을 떨어뜨리며, 이것이 추가적인 마진 콜을 발생시키고, 따라서 더 많은 자산을 팔게 만든다. 곧 스스로 악순환을 만드는 것이다.

따라서 담보 대출은 바로 그 자신의 특성에 따라, 경제를 여러 차원에서 위협하는 근본적인 불안정성을 만든다. 지아나코플로스는 자신의 발표에서 레버리지의 조절은 금리 조절을 포함한 다른 어떤 것의 조절만큼이나 경제적 안정성에 있어 중요하다고 주장했다. 그러나 레버리지를 제한하는 가능한 여러 방법들이 낳을 수 있는 결과들에 대해서는 거의 아무것도 알려져 있지 않다. 레버리지를 없애 버리는 것은 집이 종종 불탄다고 해서 전기를 없애는 것과 같을 것이다. 레버리지는 기업의 봉급 지급에서 한 개인의 수십 년간의 저축에 해당하는 주택 저당 융자에 이르기까지 금융의 거의 모든 분야에서 윤활유 역할을 한다. 레버리지가 없다면 우리의 경제는 거의 작동하지 않을 것이다. 우리는 단지 과한 레버리지만을 피하고 싶을 뿐이다. 그러나 얼마나 많은 것이 너무 많은 것인가? 그리고 우리는 이것을 어떻게 조절해야 할 것인가?

이런 질문들에 대답하는 데 있어 예측 실험들은 도움이 될 수 있다. 헤지펀드가 서로 경쟁하는 앞서의 모델을 택해, 이것을 금융 기관들이 경쟁하는 보다 일반적인 모델로 간주하고, 예를 들어 5, 8 또는 10과 같은 값 이하로 레버리지를 제한해 보자. 3년 건 티너, 피미, 그리고 지아나코플로스는 이런 실험을 진행했으며 정책에 보다 도움이 되도록 두 가지 특별한 경우를 비교했다. 첫 번째 경우 이들은 간단하게 레버리지가 가질 수 있는 최대치만을 제한했다. 그리고 두 번째 경우, 이들은 소위 바젤 I과 II로 불리는 은행을 위한 국제 규칙을 추가적인 규제로 포함했다. 이 모델에서는 펀드들에게 돈을 빌려주는 은행들이 자신의 돈 중 일부를 빌려줄 수 없는 돈으로 유지해야 한다. 그 결과는 다소 복잡하며 또한 비직관적이었다.

초기에는 자유 시장 근본주의자들이 즐거워할 결과가 나왔다. 곧 이윤을 찾는 투자 펀드들의 레버리지에 어떠한 제한도 없을 때 시장은 더 "효율적이었다."(경제학자의 관점에서 이것은 더 낮은 변동성으로 나타난다.) 레버리지의 제한 값을 올렸을 때 헤지펀드들은 더 공격적으로 기회를 찾아다녔으며 그 결과 가격 오류를 더 효율적으로 없앴다. 변동성을 측정하는 값인 가격 변동성의 제곱 평균은 레버리지가 올라갈수록 낮아졌다. 물론 이 결과는 다른 규제가 없는 첫 번째 모델에서였다. 한편 은행에 대한 규제가 있는 두 번째 모델에서는 같은 정도로 변동성이 낮아지기 위해 레버리지는 더 높아져야 했다. 따라서 은행에 대한 규제는 시장의 좋은 기능을 방해하는 듯 보였다.

그러나 물론 이야기는 여기에서 끝나지 않는다. 우리가 이미 알고 있듯이, 레버리지가 높아질수록 시장의 급격한 붕괴가 일어날 가능성도 높아졌다. 추가 실험에서, 터너와 그의 동료들은 레버리지 제한만이 존재하는 첫 번째 모델에서는 이 값을 올릴 때 시장의 붕괴가 일어나는 빈도 역시 급격히 올라가는 것을 관찰했다. 모델의 단위로 5라는 상대적으로 낮은 레버리지 제한으로도 시장은 레버리지를 통한 이득을 충분히 보았고, 여기에서 제한 값을 더 올리는 것은 효율성의 추가 이익 없이 시장의 붕괴가 일어날 빈도만을 높였다. 이것은 레버리지가 시장을 두툼한 꼬리 영역으로 몰았고 양의 되먹임이 담보를 동반한 채무와 마진 콜 때문에 그러한 시장의 움직임을 만들어 냈기 때문이다. 반대로 은행에 대한 규제가 있는 두 번째 모델에서는 이 규제가 변동성의 작은 손해 대신 시장의 붕괴가 일어나는 횟수를 낮추는, 약간 더 나은 결과를 보였다.

이러한 실험은 레버리지에 대한 어떤 제한이, 비록 과할 때는 나쁜 결과를 가져오지만 그렇지 않을 때에는 이득을 가져올 수도 있음을 알려 준다. 또한 이 실험이 알려 준 것은 레버리지 제한 실험에서 다른 규제들의 상호 작용이 존재하며, 곧 다른 규제들을 고려하지 않는 실험은 무의미하다는 것이다. 다시 한번 누구도(은행, 정부, 학계의 경제학자 등) 2008년 금융 위기 전까지 이와 같은 모델을 고려하지 않았다는 사실을 강조하고 싶다. 우리는 단지 모델이 아닌 실제 시장에 바로 규제를 가하고 이 규제가 어떤 효과를 가지는지 보고 있었다. 사실상 우리는 현실에서 실험을 하고 있었던 것이다.

다행히 이런 가상적인 예측 실험은 점점 더 많이 시도되고 있다. 지난해 영국 은행의 연구진은 이 모델을 더욱 확장해 금융 시스템의 구조가 이 레버리지에 의한 불안정성에 어떤 영향을 주는지 연구했다. 그들은 금융 네트워크의 특정한 은행들이 대부분의 금융 위기의 시발점이 된다는 사실을 발견했다. 그리고 네트워크에서 다른 다수의 기관들과 연결된 또 다른 은행들은 주로 금융 경색을 빠르게 전파하는 역할을 맡았다. 실제 현실에서 그런 은행에 해당하는 은행은 어느 일까? 이 연구에서 놀랍지 않은 그러나 다소 불안한 사실은, 거대하고 복잡한 은행들, 곧 골드만삭스, J.P.모건, 시티 뱅크 등의 "망하기에는 너무 큰" 기관들이 그런 역할을 한다는 것이었다. 그들은 "오늘날의 금융 시스템은 거의 시스템적으로 문제가 일어나도록 디자인된

듯 보인다."라는 결론을 내렸다.

이것은 길고 끝없는 연구의 시작에 불과할 것이다. 물론 첫 번째 교훈은 바로 시장을 자연스럽게 내버려 둘 경우, 레버리지는 증가하고 상호 연결이 너무 많아지는 등, 불안정성이 가속화되는 경향이 있다는 것이다. 안정된 평형 상태가 기적적으로 유지되기를 바라서는 안 된다. 이 생각은 전혀 새로운 생각이 아니다. 이것은 1930년대에 피셔가 경제에 대해 보여 준 생각의 핵심이었지만 잊혔고, 그 결과 최근 우리는 커다란 어려움을 겪었다. 터너와 그의 동료들의 모델은 피셔가 그 오래전 비유적으로 그렸던 그림을 보다 구체적이고 과학적인 형태로 보여 준 것이다.

폭풍 경보

양의 되먹임은 금융 거품에서 대출 위기, 뱅크 런, 그리고 기업의 연쇄적 부패에 이르기까지 경제학과 금융에서 가장 중요하고 파괴적인 사건들을 일으킨다. 왜 소수를 제외한 대부분의 경제학자들이 지난 50년간 이것을 무시해 왔는지는 사회학자와 역사학자들이 설명해 줄 것이다. 그 답이 무엇이든, 경제학자들도 양의 되먹임과 불안정성을 더 이상 무시할 수 없는 시기가 다가오고 있다. 다른 과학 분야의 개념과 기술로 우리는 시장의 되먹임과 불안정성을 지금까지와는 차원이 다른 정도로 자세하게 연구할 수 있다. 경제학자는 더 이상 폭풍을 이해하지 못하는 기상 예보관 같지 않을 것이다.

이것은 그렇게 먼 미래가 아니며, 오늘날 가장 앞선 물리 실험실들,

예를 들어 유럽 입자 물리 연구소(CERN)나 미국의 로스앨러모스 국립 연구소(Los Alamos National Laboratory)와 기술적으로 동일한 미국과 유럽의 금융 예측 센터를 쉽게 상상할 수 있다. 수천 명의 연구자들은 세계에서 가장 큰 금융 주체들 사이의 대출과 소유권 지분이 연결되어 있으며 은행, 정부, 헤지펀드, 보험 회사, 신용 평가 회사 등이 서로 법적 권리를 주장하는 식으로 상호 작용하는 네트워크를 개발한다. 그리고 이것을 이용해 거대한 규모의 시뮬레이션을 시행할 것이다. 컴퓨터들은 시스템적 레버리지, 상호 연결 밀도, 한 기관 또는 한 무리의 위험 집중도 등을 나타내는 수백 가지의 지표를 계산하고 시나리오들을 검증할 것이다. 전문가들은 금융 시스템 모델들을 조사해 오늘날 기술자들이 전력망에서나 다른 복잡한 기술적 시스템에서 하듯이 약점을 찾거나 회복력을 조사할 것이다.

이처럼 금융 시스템을 조사하는 우리의 능력을 매우 확장시키고 미래에 대한 통찰력을 주며 "만약 이렇게 한다면"이라는 질문들에 답할 수 있는 기술을 가진 연구소가 가까운 미래에 생길 것은 거의 확실하다. 현재 우리에게 부족한 것은, 경제학 종사자들의 의지를 제쳐두고, 바로 데이터다. 원자로의 안정성과 안전을 보장하기 위해 기술자들은 원자로의 운영에 관계된 모든 상세한 내용에 접근할 필요가 있었고 각 부품과 이들 간의 연결을 검사할 수 있는 능력이 필요했다. 금융 시장의 안정성을 떠받치는 어떤 기관이든 이와 같은 능력이 필요할 것이다. 아직 이와 같은 준비는 되어 있지 않으며, 현재 금융 시장의 과거 데이터들은 기관별로 보관되어 있고 이것들을 통합하려는 시도는 아직 존재하지 않는다. 이 사실은 이 데이터들의 상호 연결이나 이것들이 만든 되먹임, 그리고 전체 동역학과 전체 금융 시스템의 안전성에 대해 연구하는 것을 확실히 불가능하게 만들고 있다.

그러나 지금 변화는 시작되고 있으며, 특히 지난 금융 위기는 금융 네트워크에서 발생한 방대한 데이터를 모으자는 움직임을 만들었다. 예를 들어 미국에서는 금융 개혁법(Dodd-Frank act)에 따라 정책 결정자들을 위해 더 나은 금융 데이터를 준비하는 금융 조사국이 만들어졌다. 사설 헤지펀드들은 곧 자신들의 자산이 어떤 종류의 자산에 투자되어 있는지, 어느 정도의 레버리지를 사용하는지, 그리고 유동성 부족에 대해 어느 정도의 취약성을 가지고 있는지 보고할 의무를 가질 것이다. 만약 규제자들이 시스템적 문제를 만드는 양의 되먹임의 핵심적 역할을 인식한다면, 그리고 이 자료들을 그런 되먹임을 조사하는 데 적극적으로 사용한다면, 이것은 커다란 차이를 만들어 낼 것이다.

실제 데이터 혁명은 더 많은 일을 할 수 있다. 오늘날 우리가 소유하고 사용하고 있는 거의 모든 기기들에는 컴퓨터 센서들이 포함될 것이며 이 센서 시스템은 앞으로 10년간 지금까지 인간의 역사가 모은 자료들보다 더 많은 데이터를 수집할 것이다. 아직 아무도 이들 데이터를 어떻게 예측 모델에 사용할 수 있을지 선명하게는 예상하지 못하지만 어느 정도는 상상할 수 있다. 만약 과도한 낙관주의나 비관주의가 여러 시장 위기의 이유라면 이런 집단적인 현실 이탈은 이와 관련된 사람들의 생리적인 변화로도 나타날 것이다. 경제학자들은 이런 일이 있을 수 있다는 주장에 대해 오랫동안 논쟁해 왔고 이것을 극단적인 경우로만 생각했지만, 우리가 9장에서 소개한 실험에서 보듯이 코츠와 그의 동료들은 사람들의 침에서 이런 행동을 유발하는 뚜렷한 호르몬 신호를 발견할 수 있음을 보였다. 참여자들이 자신의 생리적 정보를 전송하는 어떤 패치를 붙이고, 이 정보가 어떤 데이터베이스에 자동으로 전송되는 그런 센서 네트워크가 만들어진다면, 우리는 금융 집단을 좌우하는 호르몬의 변화에 대한 보다 분명한 이해를 가질 수 있을 것이다.

물론 이들 예측 중 어떤 것도 라플라스의 미래에 대한 완벽한 지식에 비할 수는 없다. 비록 그것이 철학적 유물에 지나지 않는다 하더라도 말이다. 사실 기상 예보자들은 그들이 가진 대기에 대한 자료가 항상 불완전하며 근사적인 공식을 바탕으로 계산하기 때문에, 이런 이상적인 미래를 ·예측하려 하지 않는다. 이런 불확실성의 문제를 해결하기 위해 대기 과학자들은 이러한 무지를 반영하도록 무작위로 데이터를 바꿔 가며 수천 번의 시뮬레이션을 수행하고 가능한 수천 가지의 미래에 대한 예측을 만든다. 그 결과는 가능한 미래 예측들의 집합인 "앙상블"이다. 금융과 경제학에서도 사람들과 회사들의 행동이 조금씩 달라질 수 있으며, 따라서 모델 내의 경제 주체들이 독립된 지능을 가지고 모델을 설계한 사람도 생각지 못한 전략을 쓸 수 있게 만듦으로써 현실과 유사한 앙상블 예측을 할 수 있을 것이다. 그 결과는 하나의 예측이 아니라 수많은 가능성으로 나타난다.

이런 미래를 생각할 때 민감한 주제가 있다. 금융 및 경제 시스템의 수많은 데이터들을 관찰하고 이로부터 가능한 미래를 추측하는 거대한 컴퓨터 시스템이 만들어진다면, 이 시스템이 내놓는 지식은 매우 큰 가치가 있을 것이다. 이 지식들은 물이나 깨끗한 공기처럼 공공재로 다루어져야 한다. 많은 이들의 공동의 노력으로 생산될 우리의 가능한 다양한 미래에 대한 지식 역시 마찬가지다. 어떻게 해야 이 지식이 개인이나 소수에게 악용되는 것을 막을 수 있을까? 컴퓨터 과학자인 클리프가 제안한 것처럼, 이런 광대한 자료를 다루는 기관은 어떤 사적인 단체도 그들과 맞먹을 수 없도록, 마치 핵융합 연구나 우주 탐사를 담당하는 기관과 마찬가지로 정부 기관으로 만들어지는 것이 합리적일 것이다.[14]

이런 문제들은 우리가 사회 경제적 세상에서 작동하는 되먹임을 이해하려고 진지하게 노력할 때 자연스럽게 발생한다. 경제가 스스로 완벽하게 평형을 유지한다는 그 신화를 넘어서기 위해서는 이런 문제들을 해결해야 한다. 우리는 사건들을 예상할 수 있다는 생각을 가져야 하고 또한 끊임없는 경계가 필요하다는 사실을 받아들여야 한다. 가장 피해야 할 생각은 평형이라는 과거의 환상을 새로운 환상으로, 곧 양의 되먹임을 이해함으로써 완벽한 시장 이론을 만들 수 있다는 그런 우리 자신을 속이는 환상으로 대체하는 것이다. 우리는 예측의 한계를 없앨 수 없으며, 무엇이 일어날 수 있고 일어날 수 없는지에 대한 우리의 무지, 편향, 편견을 꾸준히 강조함으로써 이것을 줄일 수 있을 뿐이다.

메이도프 효과

1990년쯤 시작해서 20년 동안 메이도프는 역사상 가장 성공적인 투자 펀드를 운영했다. 나스닥의 전 의장이었던 메이도프의 펀드인 페어필드 센트리(Fairfield Sentry)는 연 평균 약 15퍼센트를 유지하는 경악할 만한 이윤을 꾸준히 기록했다. 메이도프는 몇몇 사람들이 보기에 그의 실적이 사실이라기에는 너무나 뛰어났던 그런 성공을 거두었다. 2001년 금융 언론인 마이클 오크랜트(Michael Ocrant)는 "헤지펀드 세상에서 메이도프의 성적을 아는 이들은 그의 회사가 그렇게 일정하게 변하지 않는 이득을 매년, 그리고 다달이 낸다는 사실에 당황할 것이다. …… 대부분의 관찰자에게 놀라운 것은 그들의 연간 이윤이 아니라 …… 바로 그 이윤의 변동 폭을 그토록 작게 유지하는 능력이다."[15]

물론 그의 펀드는 역사상 어떤 사기 사건보다 큰 폰지 사기였고, 메이도프가 인정했듯이 "하나의 큰 거짓말"이었으며, 결국 사실이기에는 너무 좋았다는 것이 드러나고 말았다. 그러나 투자자들은 믿고 싶어 했다. 우리 인간의 지성은 매우 놀라운 능력을 가지고 있지만 한편으로는 속기 쉬우며, 또한 매우 효과적인 합리화 능력 역시 가지고 있다. 사실 많은 심리학자들과 뇌 과학자들은, 합리화는 마음의 주요 기능이며, 비록 그 과정에서 논리와 사실을 왜곡하게 될지라도, 마음의 역할은 결국 "우리의 삶을 일관적인 이야기로 유지하는 것"[16]이라고 생각하고 있다. "이번에는 다를 거야."라는 생각은 언제나 이성적으로 그럴듯해 보이며 우리는 이번에는 정말로 다를 것이라고 믿고 싶어 한다. 진화 심리학자들의 말처럼 지난 1만 년 동안 인간의 두 뇌는 크게 바뀌지 않았으며 앞으로도 거의 그럴 것이다. 우리의 뇌는 오류를 가지도록 만들어져 있으며 앞으로도 그럴 것이고, 이것은 곧 미래에도 수많은 위기들이 닥치리라는 것을 의미한다.

오해를 피하기 위해, 나는 어떤 더 나은 경제 과학도 미래의 금융 위기를 완전히 근절하지는 못할 것이라고 분명히 말하고 싶다. 과학적 방법과 현상에 대한 이해만으로는 충분하지 않다. 사실 위기는 그 위기가 일어날 즈음에 안전장치를 해제하고 마는 인간의 경향에서 종종 생겨났다. 예를 들어 1986년 체르노빌의 사건은 어리석은 부주의 때문에 발생한 것이 아니다. 체르노빌에는 다수의 독립적인 안전 장치들이 있었고 정상적으로 작동하고 있었다. 그들은 재난을 예방할 수 있었다. 그러나 발전소 직원은 반응 장치를 저전력으로 가동시키는 검사를 위해 자동 차단 장치를 고의로 해제했고 이때 그 재난이 터진 것이다. 우리가 금융 동역학을 완벽하게 이해하더라도, 단지 우리가 스스로 안전하다는 생각으로, 가장 마음을 놓지 말아야 할 때 마음을 놓게 된다면, 우리는 다시 위기 속으로 걸어 들어갈 수 있다.

그러나 여기에는 더 중대한 다른 문제가 있다. 곧 모든 이들이 안정적으로 기능하는 금융 시스템을 원하지는 않는다는 사실이다. 역사적으로 위기는 단지 어리석은 생각에서만 시작한 것이 아니며, 부패와 정치적 실패 역시 위기를 만든다. 1980년대 후반과 1990년대 초반, 미국의 모든 저축과 대출을 관리하는 금융 기관의 약 30퍼센트가 파산한 일이 있었는데, 이것은 어떤 외부의 재난 때문이 아니라 단지 세금 혜택을 위한 탐욕 때문에 그 은행들의 관리자들이 자신들의 펀드를 악용한 결과였다. 이 위기에 대해 경제학자 조지 아서 에커로프(George Arthur Akerlof, 1940년~)와 폴 마이클 로머(Paul Michael Romer, 1955년~)는 아직까지도 매우 심오하게 생각되는 논문 하나를 남겼다. 「약탈: 이익을 위해 파산을 감행하는 경제적 지하 세계

(Looting: The Economic Underworld of Bankruptcy for Profit)」라는 제목의 논문에서 애커로프와 로머는 은행 기관의 관리자들이 개인의 이익을 위해 자신들의 회사를 파산에 이르게 할 수 있음을, 곧 그들이 합법적으로 은행을 약탈할 수 있음을 주장했다. 논문의 마지막 두 문단은 다음과 같다.

미국의 S&L(저축 융자 조합) 실패는 우리에게 한 가지 질문을 남겨 주었는데, 이것은 곧 왜 정부가 이 제도를 그런 남용에 노출되게 만들었는가이다. 물론 그 질문에 대한 부분적인 답은 정부의 행동은 곧 정치적 과정의 결과라는 것이다. 단속반이 회계 부정을 감출 때, 연방 하원 의원이 자신의 지지자들과 정치자금 기부자에게 유리하도록 단속반에게 압력을 가할 때, 가장 큰 투자 중개 회사가 자신들의 중개 예금을 긴축 금융 기관에 투자할 권리를 보호하기 위해 로비를 벌일 때, 저축 및 융자 산업의 로비스트들이 한 산업이 심각한 위기에 처할 때까지 기다린 후, 정부가 그 문제를 해결하기 위해 세금을 쓰도록 하는 전략을 꾸밀 때, 그리고 여러 다른 행위가 이루어지는 과정에서 사람들은 정치적 과정 중 자신들에게 주어지는 이익에 합리적으로 반응했을 뿐이다.

그러나 S&L 위기는 또한 오해 때문에 발생했다고도 할 수 있다. 대중도, 경제학자들도 1980년대에 만들어진 규제들이 약탈을 허용할 수밖에 없다는 것을 예상하지 못했다. 또한 이 약탈이 그렇게 심각해질 것이라고도 알아챌 수 없었다. 그런 이유로 어떤 일이 일어날지를 초기부터 파악했던 이 분야의 전문가들은 기껏해야 미온적인 지지만 얻을 수 있었다. 이제 우리는 더 많은 것을 알고 있다. 우리가 경험으로부터 배울 수 있다면, 역사는 반복될 필요가 없을 것이다.

이때는 1993년이었고 현 위기는 그때와 매우 유사한 동역학에 따라 발생했기에 이 내용은 오늘날에도 여전히 유효하다. 우리는 이것 때문에 실제로 막대한 비용을 낭비하고 있다. 영국 은행의 홀데인은 미국과 영국 정부가 5개의 대형 은행을 유지하기 위해 지출하는 비용이 매년 약 20~30억 달러(약 2~3조 원)에 달한다고 예측했다. 이것은 때때로 반복되는 금융 위기의 장기적 비용에 대한 신중한 분석에서 나온 값이다.[17] 약탈은 지금도 거대한 규모로 진행되고 있다.

나는 우리의 시스템이 가진 약점인 이런 종류의 불안정성(위에 설명한 부패와 같은 것들을 포함한)을 예측하기 위해 더 나은 과학을 필요로 한다고 지금까지 주장했다. 우리는 투명성을 추구하는 시장 규제자와 시장이 불명확할 때 가장 잘 작동하는 전략을 가진 개인 투자자 사이의 끊임없는 투쟁에 직면해 있다. 이런 관점에서 평형이라는 망상은 불안정을 표준이 아닌 예외로 봄으로써, 그리고 자기 규제라는 순진한 주장을 과도하게 지지함으로써 개인 투자자들의 우호적인 동맹으로 작동해 온 면이 있다. 다행히 이번 위기는 심지어 경제학계 주류의 많은 이들을 포함한 다수의 사람들에게 이런 진실을 설득시킨 듯하다.

2010년 11월, 유럽 중앙은행의 총재인 장클로드 트리셰(Jean-Claude Trichet, 1942년~)는 전 세계의 중앙은행 경영진들을 모은 유럽 중앙은행의 2010년 중앙은행 컨퍼런스에서 연설했다. 그 연설에서 트리셰는 "이번 위기에서 경제적 분석에 관해 배워야 할 중요한 교훈들"

을 파악할 것을 주장했다. 첫째, 그는 현재의 금융 이론의 명확한 단점 몇 가지를 인정했다.

이번 위기에서 현존하는 경제 및 금융 모델의 심각한 한계는 즉시 명백해졌다. …… 거시 모형은 이 위기를 예측하는 데 실패했고 지금 경제에 어떤 일이 벌어지고 있는지를 설득력 있는 방법으로 설명할 수 없는 것으로 보인다. 이 위기 중의 정책 결정자로서 나는 …… 기존의 도구들의 한계를 느꼈다.

분석 도구를 통한 분명한 길잡이가 존재하지 않기 때문에 정책 결정자들은 자신들의 경험에 특별히 의존해야 했다. …… 그 판단을 검증하기 위해 우리는 경제학 문헌 중 한 분야인 역사적 분석 분야의 도움을 받았다. 특정한 위기에 대한 역사적인 연구는 발생할 수 있는 잠재적인 문제를 강조했다. …… 가장 중요한 것은 역사적 기록을 통해 어떤 실수를 피해야 하는지를 알게 된 것이다.

트리셰는 그리고 금융 이론이 더 나아지기 위해서는 어떤 방향으로 나아가야 하는지에 대한 자신의 생각들을 설명했다. 간단히 말하면 그는 경제적 주체들이 이성적이고 최적화된 판단을 한다는 생각을 벗어던질 것, 인간의 학습 효과를 포함할 것, 중앙은행에서 사용하는 모델 속에 금융 시장을 포함할 것, 물리학과 다른 복잡계에 대한 과학 분야의 최신 연구를 경제학 이론에 접목할 것이라는 네 가지를 들었다. 그는 다음과 같이 말했다.

이런 맥락에서 나는 물리학, 공학, 심리학, 생물학과 같은 다른 분야의 아이디어를 받아들이는 것을 매우 환영한다. 이들 분야의 전문가와 경제학자, 중앙은행의 전문가들을 같이 두는 것은 잠재적으로 매우 창조적이고 가치 있는 일일 것이다. 과학자들은 복잡한 동역학 시스템을 엄밀한 방법으로 분석하는 정교한 도구들을 개발해 왔다. 이 모델들이 전염병, 기상 변화, 군중 심리학, 자기장 등의 여러 중요하고 복잡한 현상을 이해하는 데 도움이 된다는 사실은 증명되었다. 이 도구들은 때때로 시장 전문가가 포트폴리오를 구성하기 위한 결정을 하는 데 쓰였으며 어느 정도 성공을 거두었다. 나는 중앙은행 역시 이 도구들을 이용해 금융 시장과 통화 정책 전달을 분석하는 도구를 개발함으로써 이득을 얻을 수 있을 것이라 희망한다.

이것은 유럽 중앙은행의 총재가 전 세계의 중앙은행 은행가들에게 보낸 것으로는 매우 이례적인 내용이다. 니체가 말한 것처럼, 자신의 소신대로만 행동하는 것은 사람들이 가장 흔히 저지르는 실수이며, 자신의 소신에 의문을 가지는 것이 더욱 용기 있는 일인 것이다.

이런 관점에서 뉴욕 연방 준비 은행장인 윌리엄 더들리(William Dudley, 1952년~)의 용기 역시 인정해야 한다. 예를 들어 파생 상품과 다른 혁신적인 금융 상품이 "커다란 위험을 감수하는 일이지만 이 늘어난 위험 부담이 곧 경제를 불안정하게 만드는 것은 아니다."와 같은 그의 자유 시장의 경이에 대한 황당한 선언을 나는 책의 서두에서 인용한 바 있다. 그러나 이번 위기는 더들리에게도 자신이 틀렸으며, 효율적인 시장이라는 생각에 자신이 심각하게 속고 있었다는 사실을 인정하게 만들었다. 2010년 4월 뉴욕에서 열린 이코노믹 클럽[18]에서 그는 다음과 같이 말했다.

지금 나는 분명히 자산 거품이 존재하고 이 거품들이 꽤 자주 발생한다는, 다소 이단적인 주장을 하려고 합니다. 내가 말하는 자산의 거품이란 가격이 근본적인 가치에서 벗어나 증가하거나 (또는 감소하는) 것을 말합니다. …… 최근의 사태들은 제대로 규제되지 않는 금융 시스템이 이런 거품에 취약하며, 자산 거품이 터질 때까지 기다렸을 때의 처리 비용은 매우 높다는 사실을 확인해 줍니다. …… 비록 거품을 구별하는 것이, 특히 초기에는 매우 어렵다 할지라도 나는 그런 어려움 때문에 이 사태를 그냥 버려두어서는 안 된다는 결론을 내렸습니다.

이 연설 역시, 특히 더들리의 말을 듣던 청중이 매우 보수적인 경제계 인사들이라는 점에서 주목할 만하다. 그의 연설에서 더들리는 다른 중요하고 통찰력 있는 요소들을 지적했다. 예를 들어 그는 다른 종류의 거품이 존재하며, 레버리지와 신용 대출이 포함된 거품은 주식만이 관련된 거품보다 일반적으로 더 심한 피해를 끼치며 더 위험하다는 사실을 지적했다. 곧 대출이 주로 은행과 높은 레버리지를 가진 투자자들로부터 이루어졌으며 따라서 거품이 꺼질 때 금융 시스템은 이것으로부터 더 많은 피해를 본다는 것이다. 자산을 보유한 이들은 보통 레버리지를 하지 않으며 따라서 거품으로 인한 문제를 덜 겪게 된다. 둘째, 더들리는 거품을 인식하는 것뿐만 아니라 거품의 영향을 줄일 수 있는 방법을 찾는 데도 본질적인 어려움이 있다는 사실을 파악했다. 그는 "이 중 어떤 문제도 쉽지 않습니다. 효과적이면서 동시에 중요한 결과를 빠뜨리거나 불필요한 결과를 내놓지 않을 도구들을 개발하기 위해서는 많은 작업이 필요할 것입니다."라고 말했다.

이 부분에서 다른 과학 분야의 아이디어들이 아마 큰 도움이 될 것이다.

평형, 그리고 시장이 스스로를 규제한다는 아이디어는 독립적인 주체들의 활동에 의해 시장이 어떻게 되는지에 대한 놀라운 상상력에서 출발했다. 시장은 실로 놀라운 일을 해내지만, 그러나 이 아이디어에 대한 편협한 해석은 지금까지 더 나은 아이디어를 방해하는 주요 수단으로 작용해 왔다.

인간은 바람의 동역학에서 지진의 규모, 그리고 유체의 패턴에 이르기까지 우리를 둘러싼 수많은 자연 현상들을 이해하기 위해 쉽게 떠오르는 단순한 설명들을 극복하고 그 현상의 본질을 파헤쳐 왔다. 경제학 역시 이 현상들과 다르지 않다는 사실을 우리는 바로 지금 깨달아야 한다.

많은 이들이 이 책의 다양한 부분에서 나를 도와주었다. 관련된 연구 내용을 가르쳐 주었고, 미묘한 논리를 설명해 주었으며, 중요한 주제들에 대한 나의 관점을 넓혀 주었고, 각 장들을 읽고 비판해 주었으며, 자신들의 연구에 사용된 그림을 제공해 주었다. 여기에는 물리학자들, 경제학자들, 그리고 그 사이의 많은 이들이 있다.

특히 로버트 액설로드(Robert Axelrod), 스테파노 바티스톤 (Stefano Battiston), 알렉스 벤틀리(Alex Bentley), 장필리프 부쇼(Jean-Philippe Bouchaud), 윌리엄 브록(William Brock), 귀도 칼다렐리 (Guido Caldarelli), 실바노 싱코티(Silvano Cincotti), 킴 크리스텐센(Kim Christense), 도인 파머(Doyne Farmer), 비다 프레테(Vidar Frette), 자비에르 가베(Xavier Gabaix), 토비아스 갤러(Tobias Galla), 마우로 갈레가티(Mauro Gallegati), 더크 헬빙(Dirk Helbing), 제프 존슨(Jeff Johnson),

야노스 커테즈(János Kertész), 임레 콘도르(Imre Kondor), 폴 오머로드(Paul Ormerod), 에스테반 페레즈(Esteban Perez), 루치아노 피에트라네로(Luciano Piertranero), 에릭 헌세이더(Eric Hunsader), 닐 존슨(Neil Johnson), 앨런 커만(Alan Kirman), 블레이크 르바론(Blake Lebaron), 샌더 반 데어 리우(Sander van der Leeuw), 셴타이 리(Shentai Li), 앤드루 로(Andrew Lo), 마테오 마실리(Matteo Marsili), 알렉스 펜트랜드(Alex Pentland), 파비오 파몰리(Fabio Pammolli), 토비아스 프레이스(Tobiad Preis), 에릭 라이너트(Erik Reinert), 올레 뢰게베르그(Ole Røgeberg), 바클리 로서(Barkley Rosser), 엔리코 스칼라스(Enriko Scalas), 디디에 소르네뜨(Didier Sornette), 조지 소로스(George Soros), 진 스탠리(Gene Stanley), 스테판 터너(Stefan Thurner), 폴 움바노와(Paul Umbanhowar), 프랭크 웨스터호프(Frank Westerhoff), 폴 윌모트(Paul Wilmott), 마티아스 버넹고(Matias Vernengo), 그리고 이쳉 장(Yi-Cheng Zhang)이 그들이다. 내가 누군가를 빠뜨렸다면(그럴 확률이 높은데) 깊은 사과를 받아주기를 바란다.

늘 그렇듯이 가라몽 에이전시(Garamond Agency)의 리사 애덤스(Lisa Adams)는 내가 책을 시작하기 전 이 책을 명확하게 구상하는 데 있어 크나큰 도움을 주었다. 이 책의 내용에 확신을 가지고 자신들의 에너지를 불어 넣어 준 블룸스버리(Bloomsbury)의 미국 담당 편집자 벤저민 애덤스(Benjamin Adams)와 영국 담당 편집자 마이클 피쉬윅(Michael Fishwick)에게 또한 감사의 뜻을 표한다. 벤저민은 각 장들을 분리한 후, 보다 나은 형태로 다시 구성해 주었다.

마지막으로 1년 이상 나의 얼빠진 모습과 텅 빈 시선, 그리고 변덕 스럽고 짜증나는 "나는-다른-곳에-있다오."라는 식의 행동을 참아준 나의 아내 케이트에게 무한한 감사를 바친다. 그녀의 끝이 없는 인내와 격려, 그리고 나를 단호히 제어했던, 수시로 주어진 그녀만의 마감 시한들이 아니었다면 나는 이 책을 결코 끝내지 못했을 것이다.

1장 평형이라는 환상

1. 이것은 그 붕괴 후에 실시된 2010년 5월 6일자 사건 사후 분석에서 명확하다. 다음을 참조하라. Andrei Kirilenko et al., "The Flash Crash: The Impact of High Frequency Trading on an Electronic Market." http://papers.ssrn.com/sol3/papers.cfm?abstract id= 1686004에서 볼 수 있다.

2. "Findings Regarding the Market Events of May 6, 2010," Report of the Staffs of the CFTC and SEC to the Joint Advisory Committee on Emerging Regulatory Issues. September 30, 2010

3. Graham Bowley, "Lone $4.1 Billion Sale Led to 'Flash Crash' in May," *NewYork Times*, October 1, 2010. www.nytimes.com/2010/10/02/business/02fl ash.html .

4. 2002년, 경제학자 버넌 스미스는 (심리학자 대니얼 카너먼과 함께) 알프레드 노벨을 기념하는 경제학상인 스베리어릭스은행 상을 받았다. (실제로 이 상은 알프레드 노벨이 1895년에 만든 상이 아니지만, 노벨을 기념해 1968년에 스웨덴 중앙은행인 스베리어릭스은행이 제정했다.) 이 상의 수상 연설에서, 스미스는 "나는 학생들에게 경제학 분야는 좁게 읽고 과학 분야는 폭넓게 읽으라고 충고한다. 경제학 속에는 본질적으로 모든 경

우에 맞춰지는 단 하나의 모델밖에 없다. 그 모델은 쿠르노-내시 평형(Cournot- Nash equilibria)처럼, 한정된 자원이나 기관 규제, 그 외 다른 사람들의 행위 등의 제약 조건하의 최적화 모델이다. 경제학 문헌에서 전통적이고 기술적인 이런 모델링 방법을 뛰어넘는 새로운 영감을 찾기는 어렵다."라고 말했다.

5. 몇 년 전 부다페스트에서 물리학자 및 다른 자연 과학자와 주요 은행가들이 함께 하는 모임에서 경제학계 문화가 특이하다는 것을 알게 되었다. 나의 발표는 어떻게 가장 단순한 자연계(예를 들면, 상자 속 모래)마저도 매우 놀랍고 복잡한 일을 할 수 있는지 보여주는 일반적인 내용이었다. 상자를 위아래로 흔들면, 특정 진동수에서, 표면 위에 불가사의한 패턴의 세계가 나타날 것이다. 나는 경제와 금융 시스템은 확실히 이것보다 훨씬 더 복잡하므로, 단순한 평형 이론이 그 시스템의 행동에 관한 것을 많이 포착하기를 기대해서는 안 된다고 말했다. 나중에 연방 준비 은행에서 온 한 경제학자는 "이런 종류의 '창발 현상'은 자연 과학에서는 괜찮을지 몰라도, 경제학자들이 그들의 모델에서 보고 싶은 것이 아니다."라고 나에게 말했다. "경제학자가 모델을 제시하고 결국에 모자에서 토끼를 끄집어낸다면, 여러분은 그가 모자에 토끼를 집어넣을 때를 도중에 보여 줄 것이라고 확신할 수 있다. 우리는 뜻밖에 일어나는 일을 좋아하지 않는다."라고 그가 말했던 것을 기억한다. 이 말에 나는 어안이 벙벙해졌다. 다르게 말하면, 경제학자들은 어떤 놀라운 결과도 내놓지 않는 단순한 모델로 연구하고, 완전히 이해했다는 환상을 주고 싶어 한다는 것이다. 하지만 이런 모델들은 놀라운 일을 상당히 자주 내 놓는 실제 세상에 관해 정말 아무것도 알려 주지 않는다.

6. 나넥스는 웹사이트 www.nanex.net/FlashCrash/OngoingResearch.html에 연구 결과를 발표한다.

7. Mark Buchanan, "Meltdown Modeling," *Nature* 460 (August 5, 2009): 680 - 682.

8. Matt Taibbi, "Why Isn't Wall Street in Jail?"(February 16, 2011), www.rollingstone. com/politics/news/why-isnt-wall-street-in-jail-20110216.

9. David Colander et al., "The Financial Crisis and the Systemic Failure of Academic Economics," report of the working group on "Modeling of FinancialMarkets," the 98th Dahlem Workshop, December 2008.

10. Quentin Michard and Jean- Philippe Bouchaud, "Theory of Collective Opinion Shifts: From Smooth Trends to Abrupt Swings," *European-Physical-Journal-B*, 47 (2005): 151.

2장 신기한 기계

1. Adam Smith, *The Wealth of Nations*, chap. 2, book 4.

2. Alan Greenspan, The Adam Smith Memorial Lecture, Kirkcaldy, Scotland (February 6, 2005). Available at www.federalreserve.gov/boarddocs/speeches/2005/20050206/default.htm .

3. 이것을 나에게 지적해 준 앨런 커먼(Alan Kirman)에게 감사한다. Lettre no. 1454 to Hermann Laurent in William Jaffe, ed. *Correspondence of Leon Walras and Related Papers*, Vols. I- III (Amsterdam: North Holland, 1965).

4. John Geanakoplos, "The Arrow- Debreu Model of General Equilibrium," in The *New Palgrave Dictionary of Economics*, Steven N. Durlauf and Lawrence E. Blume, eds., 2nd ed. (New York: Palgrave Macmillan, 2008).

5. Franklin Fisher, "The Stability of General Equilibrium— What Do We Know and Why Is It Important?" chap. 5, in *General Equilibrium Analysis: A Century After Walras*, ed. by Pascal Bridel (London and New York: Routledge,2011), 34-45.

6. Binyamin Appelbaum and Eric Dash, "S. & P. Downgrades Debt Rating of U.S. for the First Time," *New York Times*, August 5, 2011. Available at www.nytimes.com/2011/08/06/business/us-debt-downgraded-by-sp.html.

7. Holbrook Working, "The Investigation of Economic Expectations," *American Economic Review* (May 1949): 158- 60.

8. Alfred Cowles, "Stock Market Forecasting," *Econometrica* 12 (1944): 206-214.

9. Paul Samuelson, "Proof That Properly Anticipated Prices Fluctuate Randomly," *Industrial Management Review* 6, no. 2 (Spring 1965): 41.

10. Joseph de la Vega, *Confusion of Confusions* (Boston: Baker Library, 1957). First published in 1688.

11. Frederic Morton, *The Rothschilds: A Family Portrait* (London: Secker and Warburg, 1962), 69.

12. Eugene Fama, "Mandelbrot and the Stable Paretian Hypothesis," *Journal of Business* 36, no. 4 (1963): 420-429.

13. Eugene Fama, "Efficient Capital Markets: A Review of Theory and Empirical Work," *Journal of Finance* 25 (1970): 383-417.

14. Andrew Lo, "Efficient Markets Hypothesis," in *The New Palgrave Dictionary of*

Economics, Steven N. Durlauf and Lawrence E. Blume, eds., 2nd ed. (New York: Palgrave Macmillan, 2008).

15. Greg Smith, "Why I Am Leaving Goldman Sachs," *New York Times*, March 14, 2012. www.nytimes.com/2012/03/14/opinion/why-i-am-leaving-goldman-sachs .html_r= 1.

16. 간단한 리뷰로 Esteban Pérez Caldentey and Matías Vernengo, "Modern Finance, Methodology and the Financial Crisis," *Real-World Economics Review* 52 (2010): 69–81 를 참조하라.

17. Michael Lewis, "Betting on the Blind Side," *Vanity Fair* (April 2010). www.vanityfair. com/business/features/2010/04/wall-street-excerpt-201004.

18. Robert C. Merton and Zvi Bodie, "Design of Financial Systems," *Journal of Investment Management* 3 (2005): 1–23.

19. R. Glenn Hubbard and William Dudley, "How Capital Markets Enhance Economic Performance and Facilitate Job Creation" (New York: Goldman Sachs Global Markets Institute, 2004).

3장 주목할 만한 예외

1. 2011년 잉글랜드 은행의 앤드루 홀데인의 연설을 보라. "Control Rights (and Wrongs)," Wincott Annual Memorial Lecture, Westminster, London (October 24, 2011). Available at www.bankofengland.co.uk/publications/speeches /2010/speech433.pdf.

2. 예를 들면, 애덤 데이비드슨의 기사에서 설명했듯이, 베인 캐피탈의 에드워드 코너드의 관점을 고려해 보라. Adam Davidson, "The Purpose of Spectacular Wealth, According to a Spectacularly Wealthy Guy," *New York Times*, May 1, 2012. Available at www. nytimes.com/2012/05/06/magazine/romneys-former-bain-partner-make-a-case-for-inequality.html?pagewanted=all.

3. 과학적인 관점에서, 이 진술은 좀 더 명확히 설명될 필요가 있다. 불안정한 평형도 중요하다. 시스템이 그런 상태 근방에서 오래 머물지 않는 경향이 있을지라도, 불안정 평형 상태의 존재는 대부분의 시간동안 시스템의 동역학에 영향을 끼칠 수 있다. 결정론적 혼돈(deterministic chaos, 단순한 동역학적 시스템에서도 생길 수 있는 불규칙하고 예측할 수 없는 운동)은 불안정한 평형 상태의 무한 집합의 존재를 반영하는 것으로 볼 수 있다. 시스템은 안정된 평형 상태를 갖기보다는 모든 불안정한 평형 상태에 가깝게 다가갔다

가는 다시 멀어지기를 반복한다. 시스템은 어느 것에도 결코 정착하지 않고, 그것이 다른 평형 상태로 밀어낼 만큼 충분히 가까워졌다가 다른 것 쪽으로 움직이기만 할 뿐이다. 혼돈의 수학적 분석은 보통 이런 각각의 불안정한 상태 근방에서 무슨 일이 있어나는지에 대한 분석이 될 수 있다. 그래서 불안정한 평형은 근본적인 의미에서 중요하지 않은 것은 아니지만, 시스템이 안주할 가능성이 있는 상태는 확실히 아니다.

4. 관련 중요 논문들은 Hugo Sonnenschein, "Do Walras' Identity and Continuity Characterize the Class of Community Excess Demand Functions?," *Journal of Economic Theory* 6 (1973): 345 –354; Gérard Debreu, "Excess Demand Functions," *Journal of Mathematical Economics* 1 (1974): 15 –21; Rolf Mantel, "On the Characterization of Aggregate Excess Demand," *Journal of Economic Theory* 7 (1974): 348 – 353.

5. Alan Kirman, *Complex Economics* (New York: Routledge, 2010)에서 인용됨.

6. 추가 연구(점점 늘어나는 절박함이라고 나는 말할 것이다.)는 경제가 평형을 찾을 수 있는 어떤 비법을 생각해 냈지만, 그것은 거의 완전히 타당성이 없다는 대가를 치른 비법이었다. 예를 들면 그 비법은 경제 안에 있는 사람들이 단독으로 가격을 조정하는 것이 아니라, 모든 시장에서 초과 수요뿐만 아니라 가격도 감시해, 복잡한 과정을 통해 가격을 조정하는 어떤 지혜로운 "경매인"에 의해 모든 것이 이루어진다. 다음 사례를 읽고, 이 사례가 실생활 경제와 얼마나 상관이 있는지 살펴보라.

경매인의 행동은 개별 행위 주체자가 표현한 총 초과 수요에 좌우된다. 처음에 경매인은 마이너스나 플러스의 초과 수요가 있을 때, 어떤 두 가격이라도 그 비율이 일정하게 유지되는 방식으로, 마이너스의 초과수요인 모든 상품의 가격을 내리고, 플러스의 초과 수요인 모든 상품의 가격을 올린다. 가격은 그 시장 중의 하나가 평형에 이를 때까지 이런 식으로 조정된다. 그런 다음 경매인은 이 상품의 초과 수요가 영으로 유지되도록 가격을 조정한다. 일반적으로 경매인은 가격의 초기 값에 대하여, …… 플러스(마이너스) 초과 수요 상품의 상대적인 가격을 최댓값(최솟값)으로 유지하고, 초과 수요가 0인 상품의 가격이 이 2개의 경곗값 사이에서 변하게 한다. 플러스(마이너스)의 초과 수요를 가진 시장 중 하나가 평형에 이르자마자, 대응하는 가격은 상대적인 상한(하한) 가격에서 멀어지면서 내려가고(올라가고), 경매인은 이 시장을 평형 상태로 유지하기 위해 초과 수요가 0인 다른 상품들의 가격과 이 가격을 동시에 조정한다. 반면에 초과 수요가 0인 상품의 가격 중 하나가 상대적인 상한(하한) 가격에 이르면, 이 시장은 더 이상 평형을 유지하지 못하지만, 대응하는 가격은 현재의 상대적인 상한(하한) 가격과 같게 유지된다. 이런 식으로, 경매인은 평형 가격 시스템으로 이어지는 가격의 경로를 추적한다.

G. van der Laan, A. J. J. Talman, "Adjustment Processes for Finding Economic Equilibria" *Economics Letters* 23 (1987): 119-23.

바로 이것이다. 어느 중앙 집권적인 기획자가 찾을 수 있는 것보다 뛰어난 상태를 시장 혼자서 찾는다는 아이디어로 시작하면, 시스템이 이런 굉장한 평형을 찾을 수 있는 유일한 방법은 엄청난 양의 정보를 가지고 중앙 기획자처럼 행동하는 경매인의 결연한 노력을 통해서라는 것을 알 수 있다.

7. Donald Saari, "Mathematical Complexity of Simple Economics," *Notices of the American Mathematical Society* 42 (1995): 222-30.

8. Frank Ackerman, "Still Dead After All These Years: Interpreting the Failure of General Equilibrium Theory," *Journal of Economic Methodology* 9, no. 2 (2002): 119-139.

9. 아커만이 인용한 교재는 Andreu Mas-Colell, Michael Whinston, and Jerry Green, *Microeconomic Theory* (New York: Oxford University Press, 1995)이다.

10. Mark Rubinstein, "Rational Markets: Yes or No? The Affi rmative Case," *Financial Analysts Journal 57*, no. 3, (May/June 2001)를 참조하라. 이 이야기는 S. Sontag and C. Drew, *Blind Man's Bluff: The Untold Story of American Submarine Espionage*(London: HarperCollins, 1998)에 나온다.

11. Francis Galton, "Vox Populi," *Nature* 75 (1907): 450-51.

12. James Surowiecki, *The Wisdom of Crowds* (New York: Anchor, 2005).

13. See Daniel Ariely, Predictably Irrational (London: HarperCollins, 2008).

14. Stanislas Dehaene et al., "Log or Linear? Distinct Intuitions of the Number Scale in Western and Amazonian Indigene Cultures," *Science* 230 (2008): 1217-20를 참조하라.

15. Jan Lorenz et al., "How Social Infl uence Can Undermine the Wisdom of Crowd Effect," *PNAS* 108, no. 22 (2011): 9020-25.

16. Harrison Hong, Jeffrey Kubik, and Jeremy Stein, "Thy Neighbor's Portfolio: Word-of-Mouth Effects in the Holdings and Trades of Money Managers," *Journal of Finance* 9, no. 6 (2005).

17. Olivier Guedj and Jean- Philippe Bouchaud, "Experts' Earning Forecasts: Bias, Herding and Gossamer Information," *International Journal of Theoretical and Applied Finance* 8 (2005): 933-46.

18. 1953년, 미국 경제학자 밀턴 프리드먼은 이런 차익 거래 과정이 시장에서 일종의 진화

적 선택을 통해 비이성적인 사람들을 제거하는 역할을 해야 한다고까지 말했다. 결국 비이성적인 사람들이 어리석은 거래를 하고 시장에 불균형을 초래하면, 좀 더 똑똑한 사람들은 그 불균형을 이용하러 끼어들고 이윤을 남길 것이다. 그 이윤은 어디인가에서 와야만 하는데, 그 어딘가가 비이성적인 투자자들의 주머니나 은행 계좌라고 프리드먼은 말했다. 비합리적인 사람들이 계속 어리석은 행동을 하면, 그들은 결국 시장에서 내몰릴 것이다.

19. Andrei Shleifer and Robert Vishny, "The Limits of Arbitrage," *Journal of Finance 52*, no. 1. (March 1997): 35-55. Available at http://pages.stern.nyu.edu /~cedmond/phd/Shleifer%20Vishny%20JF%201997.pdf.

20. Bob Woodward, Maestro: *Greenspan's Fed and the American Boom* (New York: Simon and Schuster, 2000).

21. "Remembering the Crash of 1987," CNBC at www.cnbc.com/id/20910471을 참조하라.

22. Annelena Lobb, "Looking Back at Black Monday: A Discussion with Richard Sylla," *Wall Street Journal Online*, October 15, 2007, at http://online.wsj.com/article/SB119212671947456234.html?mod=US-Stocks. Retrieved October 15, 2007을 참조하라.

23. www.lope.ca/markets/1987crash/1987crash.pdf을 참조하라.

24. David M. Cutler, James M. Poterba, and Lawrence H. Summers, "What Moves Stock Prices?" *Journal of Portfolio Management* (Spring 1989): 15, 3.

25. Ray Fair, "Events That Shook the Market," *Journal of Business* 75, no. 4 (October 2002), www.bis.org/publ/bppdf/bispap02b.pdf .

26. Graham Bowley, "The Flash Crash, in Miniature," *New York Times*, November 8, 2010. Available at www.nytimes.com/2010/11/09/business/09flash.html?pagewanted=all.

27. www.nanex.net/FlashCrash/OngoingResearch.html을 참조하라.

28. Susanne Craig, "Bank Stocks Get a Boost from Geithner," *New York Times*, October 6, 2011. Available at http://dealbook.nytimes.com/2011/10/06/bank-stocks-get-a-boost-from-geithner/.

29. 경제 금융의 언어로, 주가는 "합리적으로 기대되는 현재 가치와 같거나 또는 일정한 실질 할인율로 할인된 미래 실제 배당금"을 최적으로 예측해야 한다. 투자자들은 내년과 내후년, 또 앞으로 계속 회사로부터 자신들이 받을 배당금을 추산하며, 그들이 미래에 받을 금액이 인하되거나 "할인된" 가치라는 것을 염두에 두고 그 배당금의 합계를 낸

다. 여러분이 은행에서 5퍼센트의 이자를 받을 수 있다면, 95달러는 1년 후에 대략 100 달러가 된다. 그러므로 1년 후 100달러의 현재 가치는 단지 95달러이다.

30. Andrew Lo, "Effi cient Market Hypothesis," *The New Palgrave Dictionary of Economics*, in Durlauf and Blume, eds., 2nd ed. (New York: Palgrave Macmillan, 2008).

31. Armand Joulin et al., "Stock Price Jumps: News and Volume Play a Minor Role," *Wilmott* (September/October 2008).

32. 원칙적으로 효율적 시장 추종자들이 빠져나올 수 있는 마지막 방법이 있다. 아마 이런 큰 움직임은 시장의 몇몇 큰 손이 큰 거래를 함으로써 자신들의 사적인 정보를 관여시켰을 때 일어난다. 골드만삭스는 그들이 아는 것만을 기반으로 큰 거래를 하며, EMH 가 말하듯이, 가격은 자신의 근본적인 가치 쪽으로 되돌아가는 것으로 반응한다. 약간 기술적이라고 보여 주는 증거가 있지만, 이것 역시 사실처럼 보이지 않는다. 유용한 정보를 주는 거래를 하는 큰 손이 큰 움직임을 일으킨다면, 시장에서 가격의 큰 변화는 대량의 거래된 주식이 관여하는 거래와 연관되어 있어야 한다. 가장 큰 가격 변화를 살펴봤을 때, 그중 대부분이 대량의 거래에 관여했다는 것을 찾을 수 있어야 한다. 사실은 그렇지 않다. 파머와 그의 동료들은 이것을 2년 전에 살펴보았고, 큰 가격 변화에서 가격 변화와 거래된 주식의 양 사이에는 관계가 거의 없다는 것을 알았다. 그들이 말했듯이, "급격하게 큰 변화는 큰 거래량으로 일어나지 않는다."

J. Doyne Farmer et al., "What Really Causes Large Price Changes?," *Quantitative Finance* 4 (2004): 383–97을 참조하라.

33. http://delong.typepad.com/sdj/2011/10/calibration-and-econometric-non-practice. html을 참조하라.

34. http://ineteconomics.org/video/conference-kings/efficient-market-theory-jeremy-siegel을 참조하라.

35. Robert Lucas, "In Defence of the Dismal Science," *The Economist* (August 6, 2009). Available at www.economist.com/node/14165405. 루카스를 공정하게 대하려고 말한다. 그가 말하고 있는 "효율성"은 어떤 의미에서도 최적의 시장 기능과 관계가 없고, 다만 시장 예측의 어려움을 말한다고 이 논문에서 그는 명확히 했다.

36. 가끔 사람들은 이것을 "정보 효율성"이라고 하지만, 그 말의 이런 사용도 약간 특이하다. 폴 새뮤얼슨은 투자자들이 모든 이용 가능한 정보를 알아채면, 그들이 시장을 예측 불가능하게 만들 것이라는 것을 증명했을 수도 있지만, 이는 예측 불가능한 시장에서 모든 정보가 적절하게 사용되고 있다는 것을 의미하지 않는다. 어떤 일이라도 시장을 예측 불가능하게 만들 수 있었다. (핵심을 짚기 위해) 어떤 시장에서 투자자들이 동전

을 던져 사고파는 것을 결정한다고 가정하자. 그들의 행동은 시장에 어떤 정보도 가져 다주지 않지만, 가격은 무작위로 요동할 것이고 시장은 예측하기 어려워질 것이다.

37. "What Went Wrong with Economics," *The Economist* (July 16, 2009). Available at www.economist.com/node/14031376?Story_ID=14031376 .

38. "Lucas Roundtable," *The Economist* (August 6, 2009). Available at www.economist .com/blogs/freeexchange/2009/08/lucasroundtable .

39. Emanuel Derman, *My Life as a Quant: Reflections on Physics and Finance* (Hoboken, NJ: Wiley, 2004).

40. www.nobelprize.org/nobel prizes/economics/laureates/2002/smith-lecture.pdf.

4장 자연스러운 리듬

1. R. J. Geller, "Earthquake Prediction: A Critical Review," *Geophysical Journal International* 131 (1997): 425–50.

2. Rudiger Dornbush, "Growth Forever," *Wall Street Journal*, July 30, 1998.

3. Beno Gutenberg and Charles Richter, *Seismicity of the Earth and Associated Phenomena*, 2nd ed. (Prince ton: Princeton University Press, 1954).

4. 과학에서 나오는 멱함수 분포 법칙에 대한 간단한 리뷰로, 위키피디아에 있는 다음의 좋은 설명을 참조하라. www.en.wikipedia.org/wiki/Power_law.

5. 여러 대의 버스가 한 노선을 다니고, 처음에는 고른 간격으로 출발했을지라도, 계속 그런 간격을 유지하지는 않는다. 자연스러운 동역학은 그 버스들을 모아 놓는 경향이 있다. 10분 간격으로 떨어져 있는 2대의 버스를 상상해 봐라. 수요가 최고조에 달하는 시간에, 정류장마다 많은 승객이 있을 것이고 앞에 가는 버스는 정류장마다 사람이 타는 동안 멈춰 있어야 한다. 앞서 가는 버스가 승객을 많이 태우고 갔기 때문에 약간 뒤에 있는 버스가 도착했을 때는 승객의 수가 줄어들어 있을 것이다. 뒤따르는 버스는 오랫동안 멈출 필요가 없어서, 시간이 지남에 따라 앞서가는 버스를 따라잡는 경향이 있다.

6. Jim Andrews, "Japan Aftershocks: How Long Will They Go On?", AccuWeather. com,April 13,2011. Available at www.accuweather.com/en/weather-news/japan-aftershocks-how-long-wil-1/48298.

7. 오모리는 1906년 대지진 이후에 샌프란시스코를 방문했고, 반일 폭력 세력에게 공격당한 일이 있었음에도 흥미로운 시간을 가졌던 듯하다. 그는 상당히 너그러웠고, "내가 샌프란시스코에서 폭력배와 있었던 문제와 관련하여 …… 그 일로 나는 부상을 당하지 않

왔고, 적의를 품지도 않았다. 어느 나라에도 폭력배는 있다. 캘리포니아 사람들은 나에게 극도로 좋은 대우를 해 주었고 나는 그 여행에 아주 만족한다."고 나중에 썼다. 1906년 8월 14일, 『하와이 관보(*Hawaii Gazette*)』에서 "하와이는 지진에서 안전하다"("Hawaii Is Safe from Earthquakes,")를 참조하라.

8. Fabrizio Lillo and Rosario Mantegna, "Power-Law Relaxation in a Complex System: Omori Law after a Financial Market Crash," *Physical Review E* 68 (2003): 016119.

9. www.lope.ca/markets/1987crash/1987crash.pdf를 참조하라.

10. 미국 지질 조사 사이트 http://earthquake.usgs.gov/earthquakes/map/에서 가장 최근의 한 주에 캘리포니아에서 일어난 지진을 보여 주는 지도를 볼 수 있다.

11. 영국의 몇몇 경영대학 교수는 정규 분포에서 얻은 사건들의 실제 가능성에 대한 훌륭한 논의를 했다. www.ucd.ie/quinn/academicsresearch/workingpapers/wp_08_13.pdf를 참조하라. 그들이 결론지었듯이, "25-시그마 사건이 절대로 일어나지 않는다고 하는 추정은 아마 맞을 것이다."

12. Xavier Gabaix, "Power Laws in Economics and Finance," *Annual Review of Economics* 1 (2009): 255 - 93.

13. 이 점에 관한 가장 재미있는 논의는 역시 나심 탈레브의 것이다. *The Black Swan* (New York: Random House, 1997).

14. Edward Hallett Carr, *What Is History?* (New York: Penguin Books, 1990), 57.

15. 두툼한 꼬리 부분에 대한 연구의 역사는 길고 혼란스럽기까지 한다. 망델브로가 시장 움직임에서 두툼한 꼬리 부분을 처음 주목한 후 곧이어 다른 중요한 사실도 발견했다. 그는 서로 다른 시간 척도에서 본, 시장 수익률들의 패턴도 대체로 같다는 것을 알아챘다. 즉 1개월에 걸쳐 가격 움직임을 기록하고 그것을 30분의 1로 줄여 보면, 그것은 하루에 걸친 가격의 전형적인 기록처럼 보일 것이다. 망델브로가 알아챘듯이, 우리가 다른 시간에 일어나는 가격 변화를 독립적이라고 생각한다면 이 현상은 수수께끼이다. 물론 좀 더 긴 시간에 걸쳐 시장에서 일어난 일은 좀 더 짧은 시간에 걸쳐 연쇄적으로 일어난 일들의 결과이다. 그러므로 좀 더 짧은 시간에 대한 확률은 좀 더 긴 시간에 대한 확률을 결정한다. 이런 섬세한 자기 유사성을 만들어 낼 수 있는 방법이 있을까?

만델브로는 그런 방법이 있다는 것을 보였지만, 그 방법은 수학자 폴 레비가 원래 연구한 특별한 종류의 확률 분포에 성과 분포가 속했을 때만 가능하다. 이 분포는 두툼한 꼬리 부분을 가졌을 뿐만 아니라, 이 분포의 인접 데이터를 합하여 얻은 분포도, 정확히 똑같은 팻테일 지수를 가진, 두툼한 꼬리 부분을 갖는다. 딱 맞는 비법이었다. 몇 십 년 동안, 이 아이디어는 경제학에서 관심과 논란을 불러일으켰다. 우선, 가격 변동에 관해 무엇인가 꽤 이상한 현상이 있다는 것을 의미한다. 예를 들어, 그 아이디어는 가격의 분산(가격 요동의 제곱의 평균)이 말 그대로 무한이어야 한다.

많은 경제학자들은 이것을 받아들이기는 너무 어렵다는 것을 알았다. 하지만 시장 수익률 분포에 대해 망델브로가 "안정적 파레시안 가설"라고 부르는 것의 매력도 똑같이 강력했다. 그 가설은 두툼한 꼬리 부분의 존재를 설명하는 자연스러운 방법을 제공했고, 좀 더 짧거나 좀 더 긴 기간의 요동을 이해하고 그 두 요동 사이의 관계도 단번에 이해하는 것처럼 보였다. 이치에 맞게 보이는 방식으로 그 방법을 보여 주었다. 이 모든 것은 원래의 랜덤워크 이론을 약간만 수정한 것이어서 다른 시간에서의 변화는 독립적이라는 것을 여전히 보여 준다.

아, 하지만 다른 시간에서의 변화는 독립적일 수 없고, 우리가 지금 알고 있는 망델브로의 아이디어는 전혀 맞지 않다. 그 정도는 엄청난 양의 데이터를 쓰는 최근 연구로 증명되었다. 레비의 조합 수학은 팻테일의 지수가 0과 2 사이에 있을 때에만 쓸 수 있다는 것이 밝혀졌다. 이 분포들의 이차 모멘트는 무한이다. 즉 수학 용어로 가격 움직임의 표준편차가 무한이다. 표준 편차를 시간에 따라 계산하면, 여러분이 갖는 표준 편차의 평균 값이 계산하는 기간이 길어짐에 따라 계속 증가한다는 것이다. 실제 시장에서는 팻테일 지수가 실제로 3에 가깝게 때문에 그렇게 되지 않는다. 그러므로 그 데이터는 무한히 커지는 시장 요동의 상황은 전부 배제한다. 특히나 다른 시간에 일어난 움직임의 독립성에 기반하고 있는 이론을 배제한다.

하지만 안정적 파레시안 가설의 문제점은 현대의 데이터가 있기 전에도 꽤 명백했고, 만델브로의 원래 논문에서도 그 힌트가 있었다. 시장이 다른 시간 간격에 걸쳐 움직인다는 발상이 실제로 터무니없으며, 시장에 관해 우리가 알고 있는 모든 것에 위배된다. 시장은 일종의 기억을 가지고 있고, 그 기억은 시장을 풍부하게 하고, 어떤 일정한 확률의 요동이 설명할 수 있는 것보다 훨씬 더 복잡하게 만든다.

16. Zhuanxin Ding, Clive Granger, and Robert Engle, "A Long Memory Property of Stock Market Returns and a New Model," *Journal of Empirical Finance* 1 (1993): 83 – 106. Available at www.netegrate.com/index_files/Research%20Library/ Catalogue/Quantitative%20Analysis/Long-Range%20Dependence/A%20Long%20 memory%20property%20of %20Stock%20Returns%20and%20a%20new%20 Model%28Ding,Granger%20and %20Engle%29.pdf .

17. 경제학자들은 1960년대 이래로 변동성의 군집 현상(volatility clustering)에 관해 알고 있었다. 하지만 그 현상의 중요성에 대한 진가는 1990년대에 이르러서나 인정되었던 것처럼 보인다. 앤드루 로와 크레이그 맥킨리는 1991년 그들의 책인 『월 스트리트의

논랜덤워크 움직임(*A Non-Random Walk Down Wall Street*)』에서, 이미 금융 경제학자들 사이에서는 주식 시장 가격이 독립적이고 동일하게 분포(iid)되어 있는 것이 아니라는데 의견의 일치를 보고 있다고 말했다. 딩과 그레인저, 잉글이 보고한 장기 기억 효과는 1986년 초기에 경제학자 스티븐 테일러도 주목했었다. Stephen Taylor, *Modelling Financial Time Series* (New York: John Wiley and Sons, 1986)를 참조하라.

18. Lillo and Mantegna, "Power- Law Relaxation in a Complex System: Omori Law After a Financial Crash," *Physical Review* 68 (2003): 016119.

19. Alexander Peterson et al., "Quantitative Law Describing Market Dynamics Before and After Interest-Rate Change," *Physical Review E* 81 (2010): 066121. Available at http://polymer.bu.edu/hes/articles/pwhs10.pdf를 참조하라.

20. 예를 들어, Ary Goldberger et al., "Fractal Dynamics in Physiology," *PNAS* 99 (2002): 2466 –72를 참조하라.

21. Klaus Linkenkaer- Hansen et al., "Long- Range Temporal Correlations and Scaling Behavior in Human Brain Oscillations," *Journal of Neuroscience* 21 (2001): 1370 –77. Available at www.jneurosci.org/content/21/4/1370.full.pdf를 참조하라.

22. Mark Buchanan, *Ubiquity* (New York: Crown, 2001).

23. A. Lo and A. C. MacKinlay, "When Are Contrarian Profi ts Due to Stock Market Overreaction?," *The Review of Financial Studies* 3 (1990): 175 –205를 참조하라.

24. Bence Tóth and János Kertés, "Increasing Market Effi ciency: Evolution of Cross-Correlations of Stock Returns," *Physica A* 360 (2006): 505 –15를 참조하라. http://arxiv.org/PS_cache/physics/pdf/0506/0506071v2.pdf에서 구할 수 있음.

5장 인간 행동의 모형

1. 시장 보편성에 대한 우수한 리뷰가 다음에 있다. Lisa Borland et al., "The Dynamics of Financial Markets—Mandelbrot's Multifractal Cascades, and Beyond," *Wilmott Magazine*, June 10, 2009. Available at www.wilmott.com/pdfs/0503_bouchaud.pdf .

2. Benoit Mandelbrot, Adlai Fisher, and Laurent Calvet, "A Multifractal Model of Asset Returns," Cowles Foundation Discussion Paper #1164 (1997). http:// users .math .yale .edu/~bbm3 /web pdfs /Cowles1164 .pdf에서 구할 수 있음. 또, Benoit Mandelbrot and Richard Hudson, *The (Mis)behaviour of Markets* (Hoboken, NJ: Wiley, 2004)를 참조하라.

3. J. P. Bouchaud, A. Matacz, and M. Potters, "The Leverage Effect in Financial Markets: Retarded Volatility and Market Panic," *Physical Review Letters* 87 (2001): 228701.

4. Robert Axelrod, "Advancing the Art of Simulation in the Social Sciences," in *Simulating Social Phenomena*, ed. Rosaria Conte, Rainer Hegselmann, and Pietro Terna (Berlin: Springer, 1997), 21–40.

5. Milton Friedman, "The Methodology of Positive Economics," in *Essays in Positive Economics* (Chicago: Chicago University Press, 1953). http:// dieoff .org /_Economics /T heMethodologyOfPositiveEconomics .htm에서 구할 수 있음.

6. William Sharpe, "Capital Asset Prices: A Theory of Market Equilibrium," *Journal of Finance* 19 (1964): 425–42.

7. Richard Thaler, "From Homo economicus to Homo sapiens," Journal of Economic Perspectives 14, no. 1 (2000): 133–41.

8. 프리드먼의 주장의 철학적 혼란에 대한 추가 논의는 스티븐 킨의 *Debunking Economics* (Sydney: Zed Books, 2002)의 7장을 보라. 킨은 철학자 앨런 머스그레이브의 좀 더 자세한 분석을 사용한다.

9. Duncan Foley, "Rationality and Ideology in Economics," *Social Research* 71 (2004): 329–342. Available at http:// homepage.newschool.edu/%7Efoleyd/ratid.pdf .

10. Nick Goodway, "Bailey Hedge Fund Closes After Slump," posted at www.thisismoney. co.uk/money/markets/article-1591207/Bailey-hedge-fund-closes-after-slump.html (June 20, 2005).

11. http://bigpicture.typepad.com/comments/files/AQR.pdf.

12. http://bigpicture.typepad.com/comments/files/renaissance_technologies.pdf .

13. http://bigpicture.typepad.com/comments/files/Barclays.pdf.

14. Jack Schwager, *Market Wizards: Interviews with Top Traders* (Columbia, MD: Marketplace Books, 2006), 128에서 인용.

15. 물론 경제학자들은 게임에서의 행동이 합리적인 행동과는 거리가 있다는 것을 알고 있었다. 한 가지 재미있는 발견은, 게임은 충분히 단순하고, 모든 참가자는 충분히 똑똑해서 각자 합리적인 전략을 찾아낼 수 있고 다른 사람들도 마찬가지로 그 전략을 찾아낼 것이라고 믿을 수 있는 상황에서 고전적인 게임 이론의 예측이 이루어지는 경향이 있다는 것이다. 예를 들면 지네 게임(centipede game)으로 알려진 단순한 게임에서, 프로 체스 선수의 70퍼센트가 합리적인 전략을 선택한 반면, 일반인 대상 중 5퍼센트만이 합리적인 전략을 선택했다. 게다가 체스 그랜드 마스터는 상대방이 또 다

른 체스 선수라고 전해 들었을 때 모두 합리적인 전략을 선택했다. 상대가 학생들일 때는 그 전략을 자주 사용하지 않는다. 다음 논문을 참조하라. Steven Levitt, John List, and Sally Sadoff, "Checkmate: Exploring Backward Induction Among Chess Players," *American Economic Review* 101 (2011): 975 – 90. Available at www.fieldexperiments. com/uploads/133.pdf .

16. 사람들이 보통 합리적인 이상에 따라 게임을 하지 않는다는 것은 게임 이론의 초기부터 알려져 있었다. 1957년 캘리포니아 RAND 연구소의 두 연구원인 메릴 플러드와 멜빈 드레셔는 간단한 실험을 해, 내시의 아이디어가 사람들이 단순한 게임을 하는 방법을 정말로 포착하는지 알아보았다. 이 게임에서 내시의 평형을 계산하기는 그렇게 어렵지 않다. 그래서 그 둘은 원하기만 하면 쉽게 합리적으로 게임을 할 수 있었다. 하지만 그 실험에서, 두 참가자는 매우 다른 방법을 사용했다. 특히 그들은 결코 어떤 종류의 평형 전략에도 안주하지 않았다. 대신에 그들은 쫓고 쫓기는 복잡한 게임을 계속했으며, 그들의 행동은 계속 발전하고 요동쳤다. 플러드와 드레셔는 또한 참가자들이 게임하는 도중에 다른 사람의 행동 때문에 놀랐을 때 바뀌는 감정을 생각하면서 그들의 의견을 적게 했다. 참가자들은 자신의 행동을 통해 상대방이 좀 더 협조적이 되도록 고무하려고 애쓰는데, 어떤 때는 상대방의 행동으로 즐거운 비명을 지른다. "깜짝이야! 친절하군!" 또 어떤 때는 화가 나서 소리를 지른다. "지옥에나 가라!" 그리고 또 어떤 때는 당황하고 낙담해서, "이건 아이에게 대소변 가리기를 가르치는 것과 같아. 넌 참을성이 더 많아야 한다."고 말한다. 다음 논문을 참조하라. William Poundstone, *Prisoner's Dilemma* (New York: Anchor Books, 1993), p. 106 -16.

17. Interview with 데이브 클리프와의 인터뷰. http://physicsoffinance.blogspot.com /2011/12/interview-with-dave-cliff.html에서 볼 수 있음.

18. 에릭 라이너가 이 분야 자료를 분류하고 관련 웹사이트를 운영한다. www.othercanon .org/index.html를 참조하라.

19. John Maynard Keynes, *The General Theory of Employment, Interest and Money* (Cambridge: Cambridge University Press, 1936). Available at http://www.newschool. edu/nssr/.

20. Peter Lynch, *Beating the Street* (New York: Simon and Schuster, 1993).

21. Martin Pring, *Technical Analysis Explained: The Successful Investor's Guide to Spotting Investment Trends and Turning Points*, 4th ed. (New York: McGraw-Hill, 2002).

22. Christopher Neely and Paul Weller, "Technical Analysis in the Foreign Exchange Market," working paper 2011-001B, Federal Reserve Bank of St. Louis. Available at

http://research.stlouisfed.org/wp/2011/2011-001.pdf.

23. Juli Creswell, "Currency Market Expects Rate Cut by Bank of Japan," *Wall Street Journal*, September 5, 1995, C16.

24. Schwager, *Market Wizards*, 26.

25. John Conlisk, "Why Bounded Rationality?" *Journal of Economic Literature* 34 (1996): 669–700. Available at http://teaching.ust.hk/%7Emark329y/EconPsy/Why%20 Bounded%20Rationality.pdf.

26. A. Dijksterhuis et al., "On Making the Right Choice: The Deliberation Without Attention Effect," *Science 311* (2006): 1005–7를 참조하라.

27. P. Umbanhower, F. Melo, and H. L. Swinney, "Localized Exertions in a Vertically Vibrated Granular Layer," *Nature* 382 (1996): 793–96를 참조하라.

6장 신뢰의 생태학

1. Robert Nelson, *Economics as Religion* (University Park: Penn Sate University Press, 2001)

2. 왜 합리적 기대 관점이 그렇게 강력한 영향력을 유지해 왔고 대체되기 어려웠는지를 설명하는 것은 쉽지 않다. 이는 좋은 이론은 우아한 수식으로 포장되어야 하고 제대로 된 증명을 통해 입증되어야 한다는 강력한 문화적 관성을 반영한다. 합리적 기대 가설은 그들에게 이것을 제공했다. 경제학자 자신들도 이 현상을 설명하기 어려워했다. 예를 들어 파이낸셜 타임즈에 실린 빌럼 뷔터의 다음 글을 보라. "The Unfortunate Uselessness of Most 'State of the Art' Academic Monetary Economics." *Financial Times* (March 3, 2009). Available at www.voxeu.org/article/macroeconomics-crises-irrelevance.

3. William Chase and Herbert Simon, "Perception in Chess," *Cognitive Psychology* 4 (1973):55-61

4. 이 결과는 우리의 단기 기억에 7이 일종의 "매직 넘버"와 같다는 심리학자 조지 밀러의 유명한 실험 결과와 일치한다. 우리는 숫자이든, 단어이든, 체스 말이든, 한 번에 7가지 이상을 기억하지 못한다. George Miller, "The Magical Number Seven, Plus or Minus Two," *Psychological Review* 63 (1956):81-97.

5. 예를 들어 George Evans and Seppo Honkapohja, "Learning and Macroeconomics." *Annual Review of Economics* I (2009): 421-51. 이 논문은 경제 주체들이 합리적 기대를 가지고 있지 않고 단지 어떤 학습 알고리즘을 가지고 있다고 가정했을 때 보통의 합리적

기대 모델에서 어떤 일이 일어나는지를 다루고 있다. 이 논문은 어떤 종류의 학습 알고리즘은 합리적 기대 관점과 동일한 평형 결과를 이끌어 낸다는 것을 보였다. 그러나 그 학습 알고리즘은 다소 특별한 종류의 것이며, 따라서 이 결과는 보기보다 놀라운 결과는 아니다. 이 논문에서 다루고 있는 모델은 시장의 경제 주체들이 미래의 가격에 대한 기대를 계산하기 위한 올바른 수식을 이미 알고 있다고 가정한다. 그들이 학습해 나가는 것은 그 수식의 몇몇 변수의 값이다. 이는 마치 양자 역학을 배우려는 사람이, 양자 역학의 핵심 공식인 슈뢰딩거 방정식과 시간 및 공간에 대한 미분을 알고 있으며 단지 계수만을 모른다고 가정하는 것과 같다. 이것은 너무 엄청난 가정이다. 내게 이 논문을 알려준 이반 수토리스에게 감사를 표한다.

6. Jennifer Whiston and Adam Galinsky, "Lacking Control Increases Illusory Pattern Perception," *Science* 322 (2008): 115-17.

7. 어떤 경제학자는 게임 이론에서 혼합 전략으로 불리는, 매번 60퍼센트의 확률로 술집을 가는 전략이 게임 이론에서의 이 게임의 답이라고 반박할지 모른다. 그러나 이 전략 역시 이 게임에서는 먹히지 않는다. 아서의 게임에서는 적응적이고 진화적인 전략이 위의 혼합 전략만을 사용하는 것보다 더 성공적(곧 더 자주 만족한다.)이다. 게임 이론은 이 부분에서 완벽하지 않다.

8. 나는 아서가 시장 모델에서 적응적인 주체를 고려한 첫 번째 경제학자는 아니라는 것을 강조하고 싶다. 예를 들어 앨런 커먼은 시장의 자발적인 변동은 시장 참여자들이 최근의 시장 변화에 따라 "추세 추종자"와 "펀더멘털리스트" 사이를 오간다고 가정함으로써 이해될 수 있다는 중요한 연구를 했다. 예를 들어 황소 시장에서는 많은 펀더멘털리스트들이 추세 추종자로 바뀌며 이는 가격을 상승시키는 역할을 한다. 커먼은 개미들이 먹이를 모으는 행동에서 영감을 얻었다고 한다. Alan Kirman, "Epidemics of Opinion and Speculative Bubbles in Financial Markets," in M. Tayler, ed,. *Money and Financial Markets* (London: Macmillan, 1991).

9. Blake LeBaron, "Building the Santa Fe Artificial Stock Market," working paper, Brandeis University (June 2002), Available at http://people.brandeis.edu/~blebaron/wps/sfisum.pdf.

10. Blake LeBaron, "Agent-Based Financial Markets: Matching Stylized Facts with Style," in D. Colander, ed., Post Walrasian Macroeconomics: *Beyond the DSGE Model* (Cambridge: Cambridge University Press, 2006). Available at http://people.brandeis.edu/~blebaron/wps/style.pdf.

11. Damien Challet and Yi-Cheng Zhang, "Emergence of Cooperation and Organization

in an Evolutionary Game," *Physica A* 226 (1997): 407.

12. R. Savit, R. Manuca, and R. Riolo, "Adaptive Competition, Market Efficiency and Phase Transitions," *Physical Review Letters* 82 (1999): 2203.

13. "Interview: Cliff Asness Explains Why He Started a Managed Futures Fund," *Business Insider* (March 5, 2010). Available at http://articles.businessinsider.com/2010-03-05/wall_street/29960522_1_trend-inflows-trading-places.

14. Yi-Cheng Zhang, "Why Financial Markets Will Remain Marginally Inefficient." Available at http://arxiv.org/abs/cond-mat/0105373.

15. 이것이 거래량의 변화를 얻는 유일한 방법은 아니다. 거래량의 변화를 허용하는 다른 방법에는 경제 주체들이 시간에 따라 부를 축적하고 그들의 거래량이 그 부에 비례한다고 가정하는 방법도 있다. 이 역시 분명히 보다 현실적인 모델을 만드는 하나의 방법이며, 이런 간단한 모델로도 실제 시장에서 보이는 다양한 통계적 특징을 관찰할 수 있음을 알 수 있다.

16. G. Berg, M. Marsili, A. Rustichini, and R. Zecchina, "Statistical Mechanics of Asset Markets with Private Information," *Quantitative Finance* 1, no. 2 (2001): 203-11.

17. See, for example, C. H. Keung and Y. C. Zhang, "Minority Games," in R. Meyers, ed., *Encylopedia of Complexity and Systems Science* (Berlin: Springer, 2009).

18. Vince Darley, *Nasdaq Market Simulation: Insights on a Major Market from the Science of Complex Adaptive Systems* (New York: World Scientific, 2007).

19. 참고로 이 반응을 일어나게 하기 위해서는 일반 수소가 아닌 동위체, 곧 양성자 외에 중성자 하나 혹은 두 개가 더 있는 중수소 또는 삼중 수소를 사용해야 한다. 이들은 불안정한 핵으로 융합되며 곧 붕괴하고 결국 양성자 둘과 중성자 둘을 가진 안정된 헬륨으로 바뀐다.

20. 관성 봉입 융합에 대해 더 알기를 원한다면 아래 링크를 참고하라. https://lasers.llnl.gov/programs/nic/target_physics.php.

21. 이것은 기술적으로는 레일리-테일러 불안정성으로 알려져 있다.

22. 흥미롭게도 관성 봉입 융합 과정에서 일어나는 일은 초신성의 폭발 과정에서 일어나는 일의 역과정과 매우 유사하다. 즉 흐름은 내부를 향하지 않고 외부를 향하지만, 유사한 불안정성이 파동의 성장을 일으키며 결국 난류를 형성하게 된다.

23. 위키피디아에 일부가 정리되어 있다. http://en.wikipedia.org/wiki/Plasma_stability#Plasma_instabilities.

1. See Stephen Peter Rigaud, *Biographical Account of John Hadley, Esq. V.P.R.S., the Inventor of the Quadrant, and of His Brothers, George and Henry* (London: Fisher, Son & Co., 1835).

2. 코리올리의 힘으로 알려져 있는 이 물리적 현상은 회전하는 행성 위에서 대기의 각운동량 보존에 의해 발생한다. 고리 형태의 공기를 생각해 보자. 대기 상층부에 있는 공기가 북극으로 이동한다고 가정하면, 이 공기가 북극으로 이동할수록, 그 공기는 지구의 자전축으로 접근하는 셈이 된다. 그 고리의 각운동량이 보존되어야 하므로, 이 고리는 북극으로 갈수록 더 빨리 회전해야 한다. 이것이 중위도 지방의 높은 고도의 공기가 지표면에 대해 더 동쪽을 향하는 이유이다. 같은 논리로 적도를 향하는 저고도의 공기는 느려지며, 결과적으로 지표면에 대해 더 서쪽을 향하게 된다. 무역풍은 이렇게 설명된다.

3. 이 생각은 너무나 자연스러운 것이라 하들리의 논문을 듣지 못했던 독일의 철학자 이마누엘 칸트와 영국의 화학자 존 돌턴 역시 수십 년 내에 독립적으로 동일한 생각에 도달했다. See Edward Lorenz, "A History of Prevailing Ideas About the General Circulation of the Atmosphere," *Bulletin of the American Meteorological Society* 64 (1983): 730.

4. 이 발견의 공적을 한 명에게 돌릴 수는 없다. 그보다 이는 오스트리아의 알베르트 데판, 노르웨이의 빌헬름 비에르크네스, 영국의 에릭 이디, 그리고 미국인 줄 그레고리 차니 등을 포함하는 여러 명의 기상학자들의 작업을 통해 분명해졌다. 차니는 MIT에 오랫동안 근무하며 뛰어난 업적을 남겼다. 1979년 그는 대기의 이산화탄소와 기후의 관계를 조사하는 미국 국립 연구 회의(National Research Council)의 의장을 맡았다. 이들의 보고서는 최초로 지구 온난화 문제를 과학적으로 조사한 결과 중의 하나였고 이산화탄소가 2배가 될 경우 3도의 온도상승(오차 범위 1.5도)을 예견했다. 주목할 만한 사실은 이 결과가 30년 뒤의 국가 간 연구 조사 결과와 거의 일치한다는 점이다. 2007년 IPCC의 4차 조사 보고서는 "평형 기후 민감도는 2도에서 4.5도 사이이며, 가장 그럴듯한 값은 3도이다. 1.5도보다 낮을 확률은 매우 적다. 그 값이 4.5도보다 높을 확률도 배제할 수 없으나, 관찰 결과는 그 값들을 예측하기에 적절하지 않다."

5. 필립스의 실험에 대한 명쾌한 논의와 그 역사적 가치는 다음에서 발견할 수 있다. John Lewis, "Clarifying the Dynamics of the General Circulation: Phillips's 1956 Experiment," *Bulletin of the American Meteorological Society* (1998). Available at www.aos.princeton.edu/WWWPUBLIC/gkv/history/Lewis-on-Phillips98.pdf.

6. 프리드먼은 MIT의 경제학자 프랭클린 피셔와의 대화에서 이것을 말했다고 한다. 그

의 다음 논문을 보라. "The Stability of General Equilibrium—What Do We Know and Why Is It Important?," in P. Bridel, ed., *General Equilibrium Analysis: A Century After Walras* (London: Routledge, 2011). Available at http://economics.mit.edu/files/6988.

7. Lukas Menkhoff and Mark P. Taylor, "The Obstinate Passion of Foreign Exchange Professionals: Technical Analysis," *Journal of Economic Literature* 45, no. 4 (2007): 936–72.

8. 여러 연구자들이 이것을 따라 간단한 모델들을 연구했다. 예를 들어 다음의 논문을 보라. Thomas Lux and Michele Marchesi, "Scaling and Criticality in a Stochastic Multi-Agent Model of a Financial Market," *Nature* 397 (February 11, 1999): 498–500.

9. Amir E. Khandani and Andrew W. Lo, "What Happened to the Quants in August 2007? Evidence from Factors and Transactions Data," *Journal of Financial Markets* 14 (2011): 1–46.

10. 예를 들어 다음 논문이 도움이 된다. Lasse Pederson, "When Everyone Runs for the Exit," *International Journal of Central Banking* 5 (2009): 177–99, available at pages.stern.nyu.edu/~lpederse/papers/EveryoneRunsForExit.pdf.
이는 논리적으로 뱅크 런의 작은 변형과 동일하다. 물론 뱅크 런은 순수하게 사람들의 기대에 의해 일어나는 것으로, 사람들이 자신의 돈을 보호하기 위해 하는 행동이다. 레버리지 때문에 일어나는 것은 다소 다른데, 즉 기대와는 무관하게 빚을 갚기 위해 매도를 강제적으로 해야 하기 때문이다.

11. Stefan Thurner, J. Doyne Farmer, and John Geanakoplus, "Leverage Causes Fat Tails and Clustered Volatility," *Quantitative Finance* 12 (2012): 695– 707.

12. 다음 릭 북스태버의 블로그를 보라. http://rick.bookstaber.com/2007/08/can-high-liquidity-low-volatility-high.html.

13. 다음 주소에서 이 현상을 잘 묘사한 영상을 볼 수 있다. http://web.mit.edu/newsoffice/2009/traffic-0609.html.

14. Robert Merton and Zvi Bodie, "Design of Financial Systems: Towards a Synthesis of Function and Structure," *Journal of Investment Management* 3 (2005): 1–23.

15. Report from the *Ninth Annual OECD/World Bank/IMF Bond Market Forum*, May 22–23, 2007. Available at www.oecd.org/dataoecd/49/45/39354012.pdf.

16. S. Battiston, D. D. Gatti, M. Gallegati, B. C. N. Greenwald, and J. E. Stiglitz, "Liaisons Dangereuses: Increasing Connectivity, Risk Sharing, and Systemic Risk," *Journal of Economic Dynamics and Control* 36 (2012, 1121–1141).

17. William Brock, Cars Hommes, and Florian Wagener, "More Hedging Instruments May Destabilize Markets," Working Paper, Center for Non- linear Dynamics in Economics and Finance (May 2009). 다음 논문 역시 참고하라. Fabio Caccioli and Matteo Marsili, "Efficiency and Stability in Complex Finan- cial Markets," Economics Discussion Papers, No. 2010-3, Kiel Institute for the World Economy (2010).

18. John Cochrane, "Lessons from the Financial Crisis," *Regulation* (Winter 2009-2010): 34-7. Available at www.cato.org/pubs/regulation/regv32n4/v32n4-6.pdf.

19. "한심한 경제학(Economics of Contempt)" 블로그 주소는 다음과 같다. http:// economicsofcontempt.blogspot.fr/2010/02/mind-boggling-nonsense-from-john.html.

20. Robert Nelson, *Economics as Religion* (University Park: Pennsylvania State University, 2002).

21. Frank Westerhoff, "The Use of Agent-Based Financial Market Models to Test the Effectiveness of Regulatory Policies." 다음 주소에서 찾을 수 있다. www.uni-bamberg. de/fileadmin/uni/fakultaeten/sowi_lehrstuehle/vwl_ wirtschaftspolitik/Team/ Westerhoff/Publications/2011/P45_JfNS_FW .pdf.

8장 빛의 속도로 이루어지는 트레이딩

1. Lauren La Capra, "How P & G Derailed One Investor," *The Street* (May 17, 2010). Available at www.thestreet.com/story/10757383/5/how-pg-plunge-derailed-one-investor.html.

2. Joe Pappalardo, "New Transatlantic Cable Built to Shave 5 Milliseconds off Stock Trades," *Popular Mechanics*, October 27, 2011. Available at www.pop ularmechanics. com/technology/engineering/infrastructure/a-transat lantic-cableto-shave-5- milliseconds-off-stock-trades.

3. A. D. Wissner-Gross and C. E. Freer, "Relativistic Statistical Arbitrage," *Physical Review E* 82, (2010): 056104.

4. Paul Wilmott, "Hurrying into the Next Panic?" *New York Times*, July 28, 2009. Available at www.nytimes.com/2009/07/29/opinion/29wilmott.html.

5. Carol Clark, "Controlling Risk in a Lightning-Speed Trading Environment," *Federal Reserve Bank of Chicago Financial Markets Group*, Policy Discussion Paper Series PDP 2010-1 (2010).

6. Terrence Hendershott, Charles Jones, and Albert Menkveld, "Does Algorithmic Trading Improve Liquidity?" *Journal of Finance* 66 (2011): 1-33.

7. 위의 논문을 보라. 저자들은 자신들의 연구의 한계를 조심스럽게 지적했다. 그들은 "그러나 몇 가지 주의할 점이 있다. 우리가 조사한 구간은 대체로 주가가 상승할 때였고 2003년 자동 주문이 도입된 후 주식 시장이 충분히 조용하던 시기였다. 우리는 우리의 실험을 위해 주가와 변동성을 조절했지만 보다 난폭한 시장이나 하락세의 시장에서도 알고리즘 트레이딩과 알고리즘에 의한 유동성이 모두 시장을 이롭게 할지는 알 수 없다."

8. David Easley, Marcos Lopez de Prado, and Maureen O'Hara, "The Micro-structure of the Flash Crash," *Journal of Portfolio Management* 37 (2011): 118-28.

9. CFTC-SEC, *Findings Regarding the Market Events of May 6, 2010*, September 30, 2010.

10. 크리스 나지의 증언을 보라. TD Ameritrade Holding Corp's Managing Director of Order Routing, cited in "Panel Urges Big Thinking in 'Flash Crash' Response," Reuters, August 11, 2010.

11. Reginald Smith, "Is HFT Inducing Changes in Market Microstructure and Dynamics," working paper (2010).

12. Andrew Haldane, "The Race to Zero." Speech given at the International Economic Association Sixteenth World Congress, Beijing, China, July 8, 2011.

13. Neil Johnson et al., "Financial Black Swans Driven by Ultrafast Machine Ecology," See preprint at http://arxiv.org/abs/1202.1448.

14. Tapani N. Liukkonen, "Human Reaction Times as a Response to Delays in Control Systems." Available at www.tol.oulu.fi/fileadmin/kuvat /Kajaani/ReactionTime-ALMA.pdf.

15. Louise Story and Graham Bowley, "Market Swings Are Becoming New Standard," *New York Times*, September 11, 2011.

16. 다음 사이트를 참고하라.
www.nanex.net/FlashCrashFinal/FlashCrashAnalysis_Theory.html.

17. Dave Cliff and Linda Northrop, "The Global Financial Markets: An Ultra-Large-Scale Systems Perspective." Review of the U.K. Government's Foresight Project, The Future of Computer Trading in Financial Markets.

18. www.nanex.net/StrangeDays/06082011.html.

19. http://blogs.progress.com/business_making_progress/2011/02/beware-the-splash-crash.html.

20. S. V. Buldyrev et al., "Catastrophic Cascade of Failures in Interdependent Networks," *Nature* 464 (2010): 1025–28.

21. Robin Banerji, "Little Boy Lost Finds His Mother Using Google Earth," (April 13, 2012). Available at www.bbc.co.uk/news/magazine-17693816.

22. Sander van der Leeuwe, "The Archeology of Innovation: Lessons for Our Times," Athens Dialogues, Harvard University. Available at http:// athensdialogues.chs. harvard.edu/cgi-bin/WebObjects/athensdialogues.woa/wa/dist?dis=83.

23. Paul Wilmott, "Hurrying into the Next Panic?" *New York Times* July 28, 2009.

9장 우상의 쇠퇴

1. Gordon Winston, quote in Ole Røgeberg and Hans Olav Melberg, "Accep-tance of Unsupported Claims about Reality: A Blind Spot in Economics," *Journal of Economic Methodology* 18 (2011): 1, 29–52.

2. Ole Røgeberg and Hans Olav Melberg, "Acceptance of Unsupported Claims about Reality: A Blind Spot in Economics," *Journal of Economic Methodology* 18 (2011): 1, 29–52.

3. Bertrand Russell, *My Philosophical Development* (London: Routledge, 1995).

4. Robert Lucas, "Econometric Policy Evaluation: A Critique," in K. Brunner and A. Meltzer, *The Phillips Curve and Labor Markets*, Carnegie-Rochester Conference Series on Public Policy, 1 (New York: American Elsevier, 1976), 19–46.

5. M. H. R. Stanley, L. A. N. Amaral, S. V. Buldyrev, S. Havlin, H. Leschhorn, P. Maass, M. A. Salinger, and H. E. Stanley, "Scaling Behavior in the Growth of Companies," *Nature* 379 (1996): 804–6.

6. 그 댓글은 다음 블로그 글에 달린 첫 번째 댓글이다. http://mainlymacro .blogspot. fr/2012/03/microfounded-and-other-useful-models.html.

7. Ray C. Fair, *Testing Macroeconometric Models* (Cambridge: Harvard University Press, 1994).

8. George Evans and Seppo Honkapohja, "An Interview with Thomas J. Sargent," *Macroeconomic Dynamics* 9 (2005): 561–83.

9. F. Brayton and P. Tinsley, eds., "A Guide to FRB/US" (Washington: Federal Reserve Board, 1996). Available at www.federalreserve.gov/pubs /feds/1996/199642/199642abs.

html.

10. Paul Ormerod and Craig Mounfield, "Random Matrix Theory and the Failure of Macro-Economic Forecasts," *Physica* A 280 (2000): 497–504.

11. Volker Wieland and Maik Wolters, "Macroeconomic Model Compari- sons and Forecast Competitions." Available at www.voxeu.org/index.php?q=node/7616.

12. Narayana Kocherlakota, president of the Federal Reserve Bank of Minne- apolis, quoted in James Morley, "The Emperor Has No Clothes," *Macro Focus* 5, no. 2 (June 24, 2010).

13. Tobias Preis, Johannes J. Schneider, and H. Eugene Stanley, "Switching Processes in Financial Markets," *Proceedings of the National Academy of Sciences* 108 (2011): 7674–78.

14. George Soros, *The Alchemy of Finance* (New York: Simon and Schuster, 1987).

15. Casey Selix, "Financial Meltdown: Hyman Minsky Warned Us This Would Happen," *Minnesota Post*, September 17, 2008.

16. Hyman Minsky, *Stabilizing an Unstable Economy* (New York: McGraw-Hill Professional, 2008).

17. Mauro Gallegati, Antonio Palestrini, and J. Barkley Rosser, Jr., "The Period of Financial Distress in Apeculative Markets: Interacting Hetero-geneous Agents and Financial Conditions," *Macroeconomic Dynamics* 15 (2011): 60–79.

18. David Colander et al., "The Financial Crisis and the Systemic Failure of Academic Economics," discussion papers 09-03, University of Copenhagen, Department of Economics.

19. Robert E. Lucas Jr., "Asset Prices in an Exchange Economy," *Econometrica* 46, no. 6 (1978): 1429–45.

20. William Buiter, "The Unfortunate Uselessness of Most 'State of the Art' Academic Monetary Economics," *Financial Times*, March 3, 2009.

21. John Coates, *The Hour Between Dog and Wolf* (New York: Penguin, 2012).

10장 예측

1. Irving Fisher, "The Debt-Deflation Theory of Great Depressions," *Econometrica* 1 (1933): 337–57.

2. Nicholas Kaldor, "A Model of the Trade Cycle," *Economic Journal* 50 (1940): 78-92.

3. Alan Turing, "The Chemical Basis of Morphogenesis," *Philosophical Trans-actions of the Royal Society of London* 237 (1952).

4. 2012년 5월 하순부터 시작된 이 방향의 논의는 다음 글을 참고하라. Simon Johnson, "The End of the Euro: A Survivor's Guide," available at http://baselinescenario.com/2012/05/28/the-end-of-the-euro-a-survivors-guide/.

5. 인간의 반응이 그 이론을 참으로 만드는 경우도 있다. 사실 많은 연구들이 어떤 이론은 마치 자기 실현적 예언과 같이 사람들이 그 이론이 참이 되도록 행동하는 것을 장려하기도 한다. 우울하게도 경제학자들이 인간의 행동을 이기적이라고 가정하는 그 모델이 이런 경우에 해당된다. 예를 들어 심리학이나 컴퓨터학과의 학생들을 대상으로 한 실험에서는 자신들의 몫만이 아니라 공정성 역시 고려하는 결과가 나왔다. (일반인들 역시 같은 결과를 보였다.) 그러나 한 가지 예외가 있었는데, 경제학과의 대학원생들은 다른 분야의 동료들에 비해 체계적으로 이기적으로 행동했다. 이는 그들이 개인이 이기적으로 행동하는 모델을 받아들인 나머지 다른 이들도 그렇게 행동할 것으로 예측했기 때문이다. 그 결과 그들은 이기적으로 행동했다. 다음 연구를 보라. Robert Frank, Thomas Gilovich, and Dennis Regan, "Does Studying Economics Inhibit Cooperation?," *Journal of Economic Perspectives* 7 (1993): 159-71. This self-fulfilling dynamic can be quite damaging, of course, as it can undermine cooperation in a wide variety of settings.

6. Robert Friedman, *Appropriating the Weather* (Ithaca: Cornell University Press, 1989).

7. Lewis Fry Richardson, *Weather Prediction by Numerical Process* (Cambridge: Cambridge University Press, 1922).

8. 리처드슨은 비현실적인 대기 변화를 억제하는 수학적 평활(smoothing) 기술의 사용을 간과한 것으로 드러났다. 훗날 위의 오류를 수정해 그의 계산을 완성하자, 그가 손으로 이를 계산했는데도 그는 상당히 정확한 결과를 낼 수 있었음이 밝혀졌다.

9. 나는 거의 50년 동안 클리블랜드 브라운스의 충성스런 팬이었다. 나는 이런 꿈을 꿀 자격이 있다.

10. 우리가 "안다."라고 말하는 것은, 지금 우리가 예측할 수 없는 소행성이나 혜성이 달이나 지구와 충돌하게 되는 사건, 곧 '신의 간섭'을 제외했을 때의 이야기다.

11. Pierre Simone Laplace, "A Philosophical Essay on Probabilities," (New York: Dover, 1953).

12. 이제 이것은 더 이상 사실이 아니다. 중국은 날씨를 제어하려는 대규모 과학 연구 계획을 시작했다. 다음 기사를 보라. www.guardian.co.uk/environment/blog/2009/oct/01/

china-cloud-seeding-parade.

13. Rick Bookstaber, *A Demon of Our Own Design* (Hoboken: Wiley, 2007).

14. U.K. Government's Foresight Project, The Future of Computer Trading in Financial Markets, "The Global Financial Markets: An Ultra-Large-Scale Systems Perspective." Available at www.bis.gov.uk/assets/foresight/docs /computer-trading/11-1223-dr4-global-financial-markets-systems-perspective.

15. Michael Ocrant, "Madoff Tops Charts; Skeptics Ask How," *MarHedge* 89 (May 2001).

16. Joe LeDoux, *The Emotional Brain* (New York: Touchstone, 1996).

17. Andrew Haldane, "The $100 Billion Question," comments given at the Institute of Regulation and Risk, Hong Kong, March 30, 2010. Available at www.bankofengland.co.uk/publications/speeches/. . ./speech433.pdf.

18. William Dudley, "Asset Bubbles and the Implications for Central Bank Policy," remarks at the Economic Club of New York, New York City, April 7, 2010. Available at www.newyorkfed.org/newsevents/speeches/2010 /dud100407.html.

옮긴이 이효석

한국 과학 기술원(KAIST) 물리학과를 졸업하고 동 대학원에서 양자 광학으로 이학 박사 학위를 받았다. 전자 통신 연구소(ETRI)에서 연구원으로 LTE 표준화에 참여했고, 2008년부터 하버드 대학교 전자과에서 연구원으로 재직하며 무선 통신 분야를 연구하고 있다. 2012년 외신 번역 큐레이션 사이트인 뉴스페퍼민트를 만들었으며 현재 대표로 있다.

옮긴이 정형채

서울 대학교 물리학과를 졸업하고 펜실베이니아 대학교에서 이론 물리학으로 이학 박사 학위를 받았다. 메릴랜드 대학교에서 박사 후 연구원을, 프린스턴 대학교, 하버드 대학교 등에서 방문 연구원을 역임했다. 현재는 세종 대학교 물리학과 교수로 재직하고 있다. 타일링 및 기하학, 준결정 및 광결정, 비평형 통계 물리, 사회 물리, 진화 동역학 등을 연구하고 있다.

내일의 경제

1판 1쇄 펴냄 2014년 10월 6일
1판 4쇄 펴냄 2020년 11월 19일

지은이 마크 뷰캐넌
옮긴이 이효석, 정형채
펴낸이 박상준
펴낸곳 (주)사이언스북스

출판등록 1997.3.24(제16-1444호)
(06027) 서울특별시 강남구 도산대로 1길 62
대표전화 515-2000, 팩시밀리 515-2007
편집부 517-4263, 팩시밀리 514-2329
www.sciencebooks.co.kr

한국어판 ⓒ (주)사이언스북스, 2014. Printed in Seoul, Korea.

ISBN 978-89-8371-698-9 03400